高等职业教育网络工程课程群教材

网络安全运维技术

主　编　唐继勇　任月辉

副主编　叶　坤　邹　起　何雨虹　钟文辉

中国水利水电出版社
www.waterpub.com.cn
· 北京 ·

内 容 提 要

本书由高校与企业联合编写，主要介绍了网络安全体系框架的基本知识、网络安全技术及应用等，重点讨论了网络系统的安全保障和运行，包括网络设备的安全管理、局域网安全技术、网络访问控制技术、网络地址转换技术、防火墙技术、入侵检测与防御技术、虚拟专用网络技术和网络安全管理技术。本书围绕网络安全的原理和技术难点进行讲解，理论知识和实际应用紧密结合，典型实例的实用性和可操作性强。本书还配有各种类型和不同难度的习题及微课视频，方便教师教学和学生学习。

本书可作为高等职业院校计算机网络技术、信息安全与管理等专业的教材，也可作为网络管理人员、网络工程技术人员、信息安全管理人员和对网络安全感兴趣的读者的参考书。

图书在版编目（CIP）数据

网络安全运维技术 / 唐继勇，任月辉主编. -- 北京：
中国水利水电出版社，2021.8
高等职业教育网络工程课程群教材
ISBN 978-7-5170-9799-0

Ⅰ. ①网… Ⅱ. ①唐… ②任… Ⅲ. ①计算机网络－网络安全－高等职业教育－教材 Ⅳ. ①TP393.08

中国版本图书馆CIP数据核字(2021)第151850号

策划编辑：寇文杰　责任编辑：张玉玲　加工编辑：刘　瑜　封面设计：李　佳

书　名	高等职业教育网络工程课程群教材 网络安全运维技术 WANGLUO ANQUAN YUNWEI JISHU
作　者	主　编　唐继勇　任月辉 副主编　叶　坤　邹　起　何雨虹　钟文辉
出版发行	中国水利水电出版社 （北京市海淀区玉渊潭南路 1 号 D 座　100038） 网址：www.waterpub.com.cn E-mail：mchannel@263.net（万水） sales@waterpub.com.cn 电话：（010）68367658（营销中心）、82562819（万水）
经　售	全国各地新华书店和相关出版物销售网点
排　版	北京万水电子信息有限公司
印　刷	三河市航远印刷有限公司
规　格	210mm×285mm　16 开本　12.75 印张　318 千字
版　次	2021 年 8 月第 1 版　2021 年 8 月第 1 次印刷
印　数	0001—3000 册
定　价	43.00 元

前　　言

随着移动互联网、云计算、大数据、物联网等的兴起及其网络服务的广泛应用，网络技术的发展日新月异，随之而来的网络安全问题也越来越突出，恶意攻击者和间谍的犯罪比以往任何时候都来得频繁，作案工具越来越强大，作案手法更是层出不穷。云网络中的大数据对于恶意攻击者来说是极具吸引力的，往往成为被攻击的目标。一旦云网络系统被恶意攻击者攻破，大量有价值的数据信息将会泄露，对整个企业甚至整个行业而言都是毁灭性的打击。因此，现代网络的安全防护是至关重要的。如何提高网络系统的安全运行能力已成为人们亟须解决的问题。每个网络管理人员、工程技术人员和用户都应该掌握一定的网络安全知识与技能，以使得信息系统能够安全、稳定地运行，同时能够提供安全可靠的服务。

为了帮助读者掌握网络安全知识和技术，并能够在工作中采用正确的措施保护网络环境的安全，编者编写了《网络安全系统集成》（被教育部评为“十二五”职业教育国家规划教材）。然而，网络安全威胁不断出现新的变化，技术发展十分迅速，教材建设也需与时俱进，才能适应形势发展。我们在前书的基础上，组织行业、企业人员对教材内容进行了梳理论证，总结了编者多年来网络安全实践及教学的经验，依据教育部 2019 年颁布的《高等职业学校计算机网络技术专业教学标准》中的相关教学要求，按照网络安全纵深防御体系的构建思路，精心设计了 10 个教学项目，使得教材内容更加丰富，重点知识更加突出，更贴近教学实际。具体体现在以下几个方面：

（1）坚持“在做中学”的教育理念。通过任务项目化强化学生的技能训练，使学生能够在训练过程中巩固所学知识，将所学的知识与网络安全实践项目有机地结合起来。

（2）教学资源丰富。教材配套的教学资源是与业界知名设备商合作开发的，包括工作原理动画、操作实践微课视频、基于主题内容的 PPT 和题型多样的习题集等。

（3）教学可操作性强。本书使用思科的 Packet Tracer 7.3 网络模拟器作为学习平台，所有内容都可在 Packet Tracer 7.3 上实践，学生也可以在自己的计算机上完成课后实践作业。

本书主要内容涵盖网络设备的安全管理、局域网安全技术、网络访问控制技术、网络地址转换技术、防火墙技术、入侵检测与防御技术、虚拟专用网络技术和网络安全管理技术等，建议教学学时为 64 学时，理论学时与实践学时之比为 1∶3，各校可根据学生的学习基础和实际学情进行适当调整。

本书由重庆电子工程职业学院唐继勇、任月辉任主编，叶坤、邹起、何雨虹、钟文辉（锐捷网络股份有限公司）任副主编，其中，项目 1 和项目 2 由任月辉编写，项目 3～6 由唐继勇编写，项目 7 由叶坤编写，项目 8 由邹起编写，项目 9 由何雨虹编写，项目 10 由钟文辉编写。全书由唐继勇统稿。

本书在编写过程中参阅了同行的相关资料，得到编者所在学院、相关企业的大力支持和帮助，在此向有关同行和单位表示衷心感谢。

限于编者水平，书中难免有不妥和错误之处，恳请广大读者批评指正。

编　者

2021 年 5 月

目　　录

项目 1　网络安全概述

构成“网络世界”的数据有很多，可以是数字化的任何类型的数据，如数字、照片、视频和音频等，也可以是通过网络新技术收集到的其他形式的数据，如车辆、设备、个人和物料的位置信息等。这些数据都可能让网络犯罪分子从中分析到一些隐私信息。

由此看来，网络的安全及防范问题就变得非常重要，需要解决使用者对网络基础设施的信心和责任感问题，最终就是为了保障信息的机密性（Confidentiality）、完整性（Integrity）和可用性（Availability）。机密性用于防止向未授权的人员、资源或进程披露信息；完整性是指数据的准确性、一致性和可信度；可用性确保授权用户可以在需要的时候访问信息。

本项目围绕网络安全的目标，详细分析 CIA 安全策略开发模型的三条基本原则——机密性、完整性和可用性，使人们明确网络世界保护措施的轻重缓急。

1.1　数据面临的挑战

从使用的角度看，数据被划分为存储中的数据、传输中的数据和处理中的数据。

1.1.1　保护存储中的数据所面临的挑战

存储中的数据表示保留在存储设备中但没有用户或进程使用的数据。存储设备可以是本地设备，如直接连接存储（DAS）等，也可以是集中式设备，如网络附加存储（NAS）、存储区域网（SAN）、云存储等。

本地主机上的直接连接存储容易受到恶意攻击，存储的数据可能还需要备份。因此，组织应限制直接连接存储的设备上存储的数据类型，不应将关键数据存储在直接连接存储的设备上。集中式的网络存储系统提供了更安全和高性能的选择，但是它的配置和管理更加复杂，并且在设备出现故障时对组织构成的威胁更大。

1.1.2　保护传输中的数据所面临的挑战

数据传输是指一台设备向另一台设备发送信息。在设备之间传输数据的方法：通过物理方式，使用可移动介质将数据从一台计算机移动到另一台计算机；通过有线网络，使用电缆或光缆等有线介质传输数据；通过无线网络，使用无线电波等无线介质传输数据。保护传输中的数据是网络安全专业人员最具挑战性的工作之一，技术人员必须能够应对多项挑战，如网络犯罪分子可能会捕获（窃取）和保存传输中的数据，数据的机密性需要得到保护；网络犯罪分子可能会伪造和篡改传输中的数据，数据的完整性需要得到保护；网络犯罪分子可能会使用恶意设备或未经授权的设备中断数据的使用，数据的可用性需要得到保护。

1.1.3　保护处理中的数据所面临的挑战

处理中的数据是指初始输入、修改、计算和输出过程中的数据。数据的输入是数据的收集过程，如手动输入数据、扫描表单、上传文件以及从传感器收集数据。数据的修改是指对原始数据的改动，如用户手动修改数据、因程序处理和设备故障导致的数据修改。数据输出是将数据输出到打印机、电子显示屏或者直接输出到其他设备。这些方法对数据完整性都具有潜在威胁。

处理过程中的数据修改可能会产生负面影响。例如，在圣诞节前两周，Amazon 的一些第三方零售商的商品广告价竟然变成了仅仅一美分。这次故障持续了一个小时，有数千名购物者享受到终生难遇的优惠，但公司却遭受了损失。为保护处理过程中的数据，需要使用精心设计的系统，对系统定期进行测试、维护和更新，确保其能够以最少的错误运行。

1.2 网络安全的基本问题

网络安全是指网络系统的硬件、软件及其系统中的数据受到保护，不因偶然或者恶意的原因而遭受破坏、更改或泄露，系统能够连续、可靠、正常地运行，网络服务不中断。从本质上来讲网络安全就是网络上的信息安全。网络系统本身是一个复杂的系统，其连接形式多样，终端设备分布不均匀，网络的开放性和互连性都导致网络系统容易遭受恶意攻击者及恶意软件的攻击。因此，网络的安全及防范问题变得非常重要，需要解决使用者对网络基础设施的信心和责任感的问题，最终就是为了保障信息的机密性、完整性和可用性，这三者简称 CIA 三元组，如图 1-1 所示。

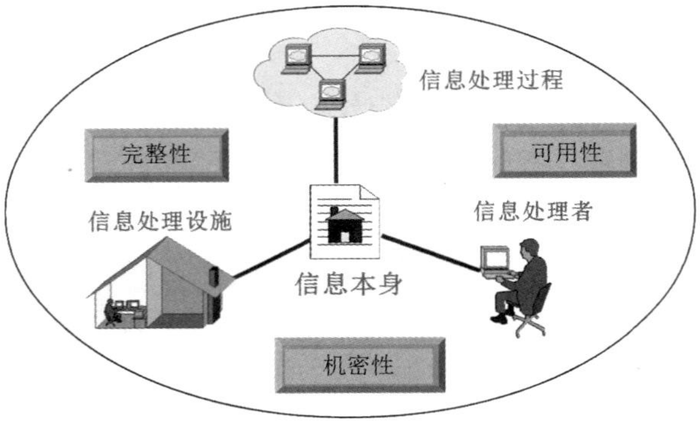

图 1-1 CIA 三元组

1.2.1 机密性

机密性是指只有获授权的个人、实体或进程可以访问敏感信息，用于防止向未授权的人员、资源和进程披露信息。例如，组织限制访问权限以确保只有授权操作人员才能使用数据或其他网络资源。用于确保数据机密性的方法包括数据加密、身份验证和访问控制。

1.2.2 完整性

完整性是指数据在整个生命周期内的准确性、一致性和可信度。数据会经历捕获、存储、检索、更新和传输等许多操作，在未经授权的实体执行所有这些操作的过程中，数据必须未曾更改过。用于确保数据完整性的方法包括散列法、版本控制、数据备份和访问控制。

1.2.3　可用性

数据可用性是指获授权的用户必须能够不受阻挡地访问重要资源和数据。网络攻击和系统故障均会导致无法访问信息系统和服务。例如，通过让竞争对手的网站瘫痪，以中断其可用性来为自己提供优势。这些拒绝服务（DoS）攻击阻止合法用户在需要时访问和使用信息系统，威胁到了数据的可用性。用于确保数据可用性的方法包括清理系统冗余、备份系统、提高系统恢复能力、维护设备、使用最新的操作系统和软件，以及制订从无法预料的灾难中快速恢复的计划。

机密性、完整性和可用性三者相互依存，形成一个不可分割的整体，三者中任何一个受到损害都将影响整个系统的安全。为保证安全性，可以使用各种加密应用对网络数据进行加密（使未经授权的用户无法读取）。例如，两个 IP 电话用户之间的对话是可加密的，计算机中的文件也是可加密的。事实上，有数据通信的地方几乎都可以加密，对所有的通信进行加密是未来的发展趋势。

1.3　网络安全体系框架

在设计网络体系时存在多种安全架构模型，本书将依据美国国家安全局提出的信息安全保障技术框架（Information Assurance Technical Framework，IATF）进行网络安全相关技术的介绍。IATF 模型框架如图 1-2 所示。

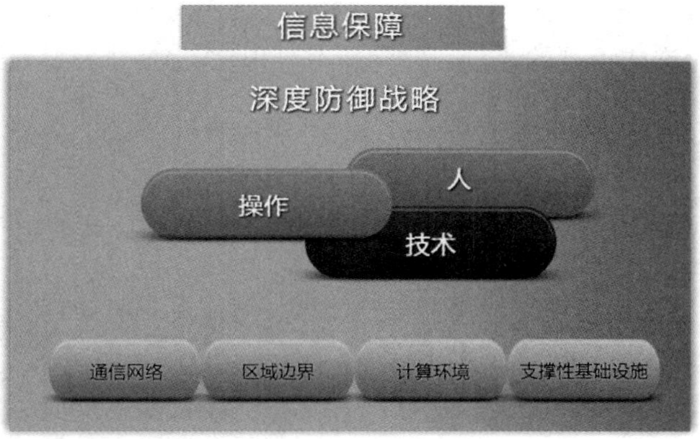

图 1-2　IATF 模型框架

1.3.1　IATF 模型框架介绍

IATF 依据“深度防护战略”理论，要求从整体、过程的角度看待信息安全问题，关注四个层次的安全保障——保护网络和基础设施、保护边界、保护计算环境、支撑基础设施，强调人、技术和操作这三个要素。

1. 人

人是信息的主体，是信息系统的拥有者、管理者和使用者，是信息保障体系的核心，是第一位的要素，同时也是最脆弱的。正是基于这样的认识，安全组织和安全管理在安全保障体系中是第一位的，要建设信息安全保障体系，首先必须建立安全组织和安全管理，包括组织管理、技术管理和操作管理等多个方面。

2. 技术

技术是实现信息安全保障的重要手段，信息安全保障体系所应具备的各项安全服务就是通过技术机制来实现的。当然 IATF 所指的技术是防护、检测、响应、恢复并重的、动态的技术体系。

3. 操作

操作也可称为“运行”，它体现了信息安全保障体系的主动防御，如果说技术的构成是被动的，那操作和流程就是将各方面技术紧密结合在一起的主动过程。运行保障至少包括安全评估、入侵检测、安全审计、安全监控、响应恢复等内容。

4. 纵深防御方法应用举例

组织必须使用一种纵深防御的方法识别威胁（资产的任何潜在危险）并保护易受攻击的资产（任何对组织而言有价值且必须加以保护的东西，包括服务器、基础设施设备、终端设备和数据）。此方法在网络边缘、网络内部以及网络端点上使用多个安全层。

例如，图 1-3 显示了纵深防御方法的简单拓扑。

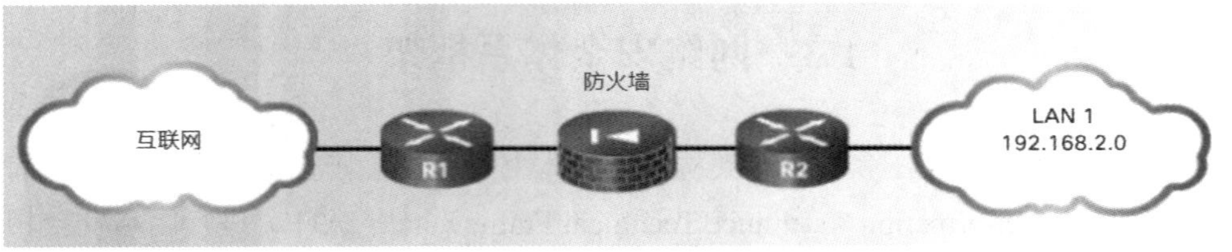

图 1-3　纵深防御方法的简单拓扑

（1）边缘路由器。第一道防线是边缘路由器（图 1-3 中的 R1）。边缘路由器上设置一组规则，用于指定允许或拒绝的流量。它将所有到内部 LAN 的连接传递给防火墙。

（2）防火墙。第二道防线是防火墙。防火墙是一个检查点设备，它执行额外过滤并跟踪连接的状态。它拒绝从外部（不受信任）网络向内部（受信任）网络发起连接，同时允许内部用户建立到不受信任网络的双向连接。它还可以执行用户身份验证（身份验证代理），以授予外部远程用户访问内部网络资源的权限。

（3）内部路由器。第三道防线是内部路由器（图 1-3 中的 R2），它可以在将流量转发到目标之前对流量应用最终的过滤规则。

纵深防御方法中使用的设备并不是只有路由器和防火墙。其他安全设备包括入侵检测系统（IDS）、入侵防御系统（IPS）、高级恶意软件防护（AMP）、Web 和邮件内容安全系统、身份服务、网络访问控制等。

在分层纵深防御安全方法中，各层共同创建一个安全架构，在这个架构中一个防护措施出现故障不会影响其他防护措施的效力。

1.3.2　网络安全分层保护

全方位的、整体的网络安全防范体系需要分层实现，不同层次反映了不同的安全问题。安全防范体系层次通常划分为物理层安全、网络层安全、系统层安全、应用层安全和管理层安全。

1. 物理层安全

物理层安全指计算机网络设施本身及其所在环境的安全。保证物理层安全就是防止由于自然或者人为因素造成的对网络的物理破坏，使得网络不能正常运行，如设备被盗、火灾、断电等。宜采用的安全方法是加强物理安全条件及防范人为破坏，如装设机房门禁系统等。

2. 网络层安全

网络层安全涉及网络设备、数据、边界等受到的各种威胁，如 DoS、DDoS、IP 地址欺骗、MAC 地址欺骗、ARP 欺骗、Sniffer、设备自身缺陷、ICMP 重定向等。宜采用的安全方法有访问控制列表（ACL）、防火墙、入侵检测系统、入侵防御系统、网络加密机（VPN 网关）等。

3. 系统层安全

常见的操作系统有 Windows、Linux、UNIX 等，在系统层的安全隐患主要有操作系统漏洞、缓冲区溢出、弱口令以及不可信的访问等。宜采用的安全方法有补丁升级、选用系统加固产品等。

4. 应用层安全

应用层的任务主要有邮件服务、文件服务、数据库、Web 服务器等，其安全隐患主要有网页篡改、程序及脚本解释器的溢出、SQL 注入、未加密的传输、缓冲区溢出、应用级 DoS、产品自身缺陷、数据容错及备份、信息泄密、病毒、木马等。宜采用的安全方法有防网页篡改、传输加密、漏洞扫描、防病毒等。

5. 管理层安全

管理层是最为关键的一层，是协助以上安全措施的有力保障，主要包括人员、制度。通过各管理系统、培训、人员考核、岗位职责、安全外包等方式来解决管理层的安全问题。

1.4　网络安全保护机制

网络安全问题不仅仅是计算机技术问题，也是一个安全管理问题，同时还是一种社会的道德与责任问题。面对网络安全问题，必须综合考虑各种安全因素，制订合理目标、技术方案、管理制度和配套法规等。

1.4.1　基于软件的保护措施

基于软件的保护措施包括操作系统保护、数据库保护以及在工作站、便携设备和服务器上运行的程序和服务的保护。管理员可在单独的主机或服务器上安装基于软件的对策或保护措施，以下几种基于软件的方法可用于保护组织的资产。

- 软件防火墙控制对系统的远程访问。操作系统中通常包括防火墙，用户也可以购买或下载来自第三方的软件。
- 网络和端口扫描程序发现并监控主机或服务器上的开放端口。
- 协议分析器或签名分析器是用于收集并检查网络流量的设备。它们识别性能问题、检测错误配置、识别行为异常的应用、建立基准和正常流量模式并调试通信问题。
- 漏洞扫描程序是旨在评估计算机或网络中薄弱环节的计算机程序。
- 基于主机的入侵检测系统（IDS）只检查主机系统上的活动。当 IDS 检测到异常活动时，它会生成日志文件和警报消息。基于主机的 IDS 适合存储敏感数据或提供关键服务的系统。

1.4.2 基于硬件的保护措施

以下几种基于硬件的方法可用于保护组织的资产。

- 防火墙设备阻止不必要的流量。防火墙包含的规则定义了允许进出网络的流量。
- 专用入侵检测系统检测网络中的攻击迹象或异常流量并发送警报。
- 入侵防御系统检测网络中的攻击迹象或异常流量，生成警报并采取纠正措施。
- 过滤服务控制令人不快或具有冒犯性的内容的访问和传输。

1.4.3 基于网络技术的保护措施

以下几种基于网络技术的方法可用于保护组织的资产。

- 虚拟专用网（VPN）是使用公共网络的安全虚拟网络。VPN 的安全性在于对定义该 VPN 的终端之间的数据包内容进行加密。
- 网络访问控制（NAC）要求进行一系列检查后才允许设备连接到网络。一些常用检查包括防病毒软件或操作系统的更新。
- 无线接入点安全包括实施身份验证和加密。

1.4.4 网络安全教育和培训

如果组织中的人是网络安全的薄弱环节，那么在技术方面投入大量资金不会起任何作用。安全意识计划对组织非常重要，员工可能并非出于有意识的恶意，而只是不知道正确的程序。实施正式培训计划有以下几种方式。

- 在员工入职过程中进行安全意识培训。
- 将安全意识与工作要求或绩效评估挂钩。
- 开展现场培训课程。
- 完成在线课程。
- 培养安全意识应该是一个持续的过程，因为新的威胁和技术总会不断涌现。

1.4.5 建设注重网络安全意识的文化

组织的成员必须了解安全策略，并具备将安全工作融入日常活动的能力。有效的安全意识计划取决于组织的环境和威胁的级别。建设注重网络安全意识的文化是一项长期工作，需要高级管理层的领导和所有用户与员工一起努力。影响组织的网络安全文化从管理层制订相关策略和程序开始。例如，许多组织设立了网络安全意识日。组织还可以悬挂横幅和张贴标志，提高整体网络安全意识。开办网络安全入职培训研讨会和讲座也有助于增强安全意识。

1.5 过关训练

1.5.1 知识储备检验

1. 填空题

（1）数据面临的三个挑战，即________、________和________。

（2）CIA 三元组是指________、________和________。

（3）IATF 模型框架的三要素是指________、________和________。

2. 选择题

（1）下列安全协议中，（　　）是应用层安全协议。

A．IPsec　　B．L2TP　　C．PAP　　D．HTTPS

（2）下列安全协议中，IP 层安全协议是（　　）。

A．IPsec　　B．L2TP　　C．TLS　　D．PPTP

（3）网络安全应用协议中的 SSL 协议工作在（　　），HTTPS 协议工作在（　　）。

A．数据链路层　　B．网络层　　C．传输层　　D．应用层

（4）以下对信息安全管理的描述错误的是（　　）。

A．信息安全管理的核心就是风险管理

B．人们常说，三分技术，七分管理，可见管理对信息安全的重要性

C．安全技术是信息安全的构筑材料，安全管理是真正的黏合剂和催化剂

D．信息安全管理工作的重点是信息系统，而不是人

（5）（　　）不是应该识别的信息资产。

A．网络设备　　B．客户资料　　C．办公桌椅　　D．系统管理员

3. 简答题

（1）安全防范体系层次通常包括哪几层？

（2）纵深防御结构中通常包含哪几类设备？分别有什么作用？

（3）基于硬件的保护措施中的硬件设备主要有哪些？

1.5.2 实践操作检验

使用 Packet Tracer 7.3 模拟软件，构建一个网络世界，在多台服务器上使用“服务”选项卡部署 FTP、Web、邮件、DNS 服务。

实践操作检验

1.5.3 挑战性问题

结合本项目的学习，规划一个网络安全总体框架模型，要求涉及安全需求问题、网络安全防护体系和保障体系等内容，并描述这一模型。

项目 2　网络安全技术

随着 Internet 的快速发展，安全通信已经变得无比重要，使用密码是实现安全通信的必要措施之一，它保证了信息的完整性、机密性，并实现了身份的认证。在传输数据时，如果攻击者向通信会话中植入了几个比特位或一些数据，而接收方没有发现这一点的话，数据的完整性就会受损。认证和加密是信息安全的两个不同属性的重要方面。对数据来说，加密用来确保数据内容的机密性，防止被动攻击，如截取、窃听数据等；认证用来确保数据来源的真实性，阻止主动攻击，如对数据篡改、冒充等。

本项目概述了密码学解决方案，详细阐述了对称加密算法、非对称加密算法、密钥交换技术、散列算法、数字签名技术和身份认证技术，为后续项目的学习建立加密算法和协议的基础。

2.1　密码技术简介

密码是一门古老的技术，自人类社会有了战争就出现了密码，距今已有几千年的历史。但 1949 年以前的密码只是一种艺术而不是科学，那时的密码专家常常凭直觉和经验来分析和设计密码，而不是靠严格的理论证明。1949 年，Shannon 发表了题为《保密系统的通信理论》一文，引起了密码学的一场革命。在这篇文章中，他把密码分析与设计建立在严格的理论推导基础之上，从而使密码真正成为一门科学。

2.1.1　数据加密技术的基本概念

密码学分为密码编码学和密码分析学。密码编码学致力于建立难以被敌方或对手攻破的安全密码体系，密码分析学则力图破译敌方或对手已有的密码体系。

（1）明文（Plaintext）：加密前的原始信息。

（2）密文（Ciphertext）：明文被加密后的信息。

（3）密钥（Key）：控制加密算法和解密算法实现的关键信息，分为加密密钥和解密密钥。

（4）加密（Encryption）：将明文通过某种算法转换成密文的过程。

（5）解密（Decryption）：将密文还原成明文的过程。

2.1.2　传统的数据加密与解密模型

加密和解密是两个相反的数学变换过程，都是用一定的算法来实现的。数据加密与解密的模型如图 2-1 所示。

（1）明文 X 用加密算法 E 和加密密钥 K 加密，得到密文 $Y=E_K(X)$。

（2）在传送的过程中可能会出现密文截获者（又称攻击者或入侵者）。

（3）到了接收端，利用解密算法 D 和解密密钥 K，解出明文为 $D_K(Y)=D_KE_K(X)=X$。

（4）在这里我们假定加密密钥和解密密钥都是一样的，但实际上它们可以是不一样的

（即使不一样，这两个密钥也必然有某种相关性）。

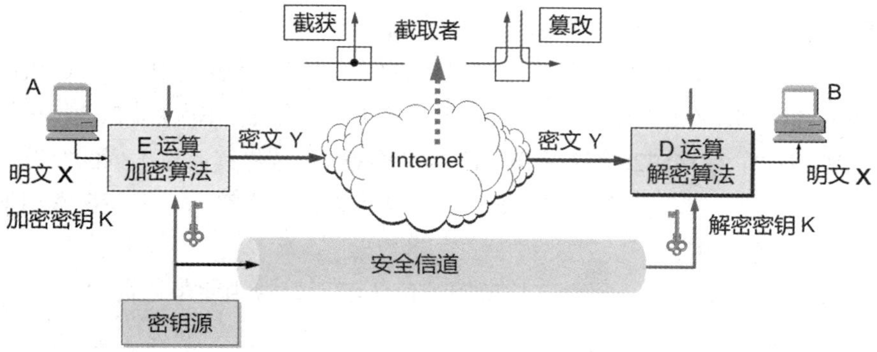

图 2-1　数据加密和解密的模型

（5）密钥通常是由一个密钥源提供，当密钥需要向远地传送时，一定要通过另一个安全信道。

2.1.3　常见加密算法举例

传统加密算法主要采用对明文字符的替换和换位两种技术来实现。这些加密技术的算法比较简单，其保密性主要取决于算法的保密性。下面简单介绍这两种加密算法：替代密码技术和换位密码技术。

1. 替代密码技术

替代密码技术的原理可用一个例子来说明。例如，将字母 a，b，c，d，…，w，x，y，z 的自然顺序保持不变，但使之与 D，E，F，G，…，Z，A，B，C 分别对应（即相差 3 个，如图 2-2 所示）。若明文为 caesar cipher，则对应的密文为 FDHVDU FLSKHU（此时密钥为 3）。由于英文字母中各字母的频度早已有人进行过统计，所以根据字母频度表可以很容易对这种替代密码进行破译。目前，替代密码只是复杂的编码过程中的一个中间步骤。

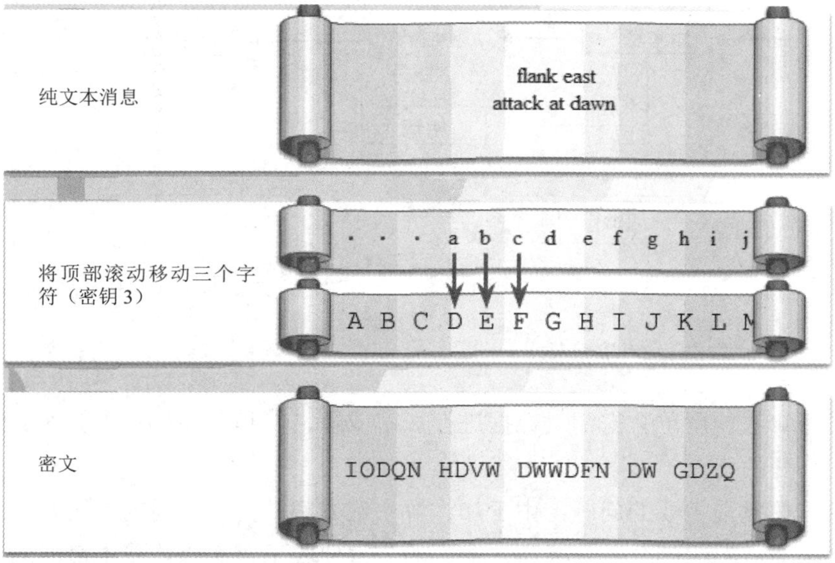

图 2-2　替代密码编码过程

如果用{0,1,2,…,25}表示 a～z 的 26 个字母，明文字母用 m，密文字母用 c，模运算（或求余）用 mod 表示，则以上过程简化为：加密 c=(m+3)mod 26，解密 m =(c−3)mod 26。

2. 换位密码技术

换位密码技术则是按照某一规则重新排列消息中的字符顺序。例如，以 CIPHER 这个字为规则。我们注意到，在此密钥中的英文字母顺序，C 为第 1，E 为第 2，……，R 为第 6. 于是得出密钥的顺序为 145326。这就表示在形成密文时，首先读取第 1 列的字符，然后读取第 5 列、第 4 列、第 2 列、第 3 列和第 6 列。明文也以 6 个字符为一组写在密钥下，如：

密钥　CIPHER

顺序　145326（注：此顺序与密钥等价，但不如密钥便于记忆。）

明文　attack

Begins

at two（注：明文的意思是“2 时开始进攻”。）

这样得出密文为 abacnwaittettg kso。接收者按密钥中的字母顺序按列写下并按行读出，即得明文。这种密码很容易破译，同样是作为加密过程中的中间步骤。

2.2　对称加密算法

随着数据加密技术的发展，现代密码学主要有两种加密算法，分别是对称加密算法和非对称加密算法。

2.2.1　对称加密算法通信模型

在一个密码体系中，加密密钥和解密密钥相同，该算法称为对称加密算法，对称加密算法的通信模型如图 2-3 所示。

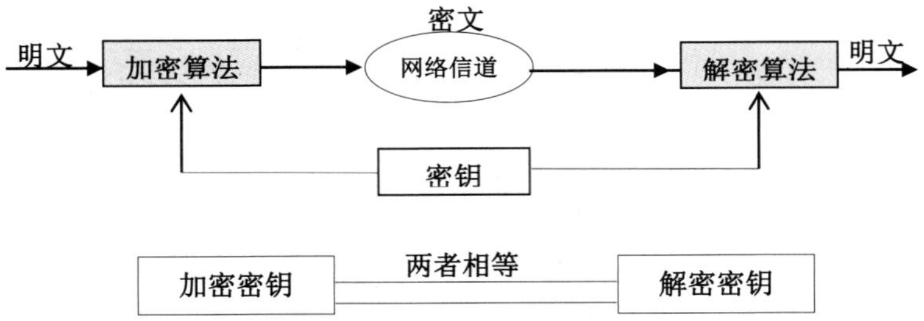

图 2-3　对称加密算法通信模型

2.2.2　对称加密算法的优缺点

对称加密算法使用单个密钥对数据进行加密或解密，具有加解密运算速度快、加密强度高、算法公开的优点。

对称密码体制最主要的问题：由于加、解密双方都要使用相同的密钥，因此在收发数据之前，必须完成密钥的分发。因而，密钥的分发便成了该密码体系中最薄弱、风险最大的环节。另外，密钥数与参与通信人数的平方成正比，这使得大系统的密钥管理几乎不可能。尽管密钥强度高，但仍有攻破的可能，此时无法进行源认证。

2.2.3　对称加密算法的应用

在虚拟专用网络（Virtual Private Network，VPN）的应用中，使用对称加密算法时，通过 VPN 相连的两台设备需要相同的密钥（甚至多个密钥），才能成功加密和解密数据。之所以使用对称加密算法来加密大量数据，是因为该算法的执行速度快，占用更少的 CPU 资源。VPN 在使用密钥时，使用密钥的长度进行说明，更长的密钥意味着更好的安全性。通常的密钥长度为 40～256bit，对于对称加密算法来说，比较安全的密钥长度应至少为 80bit。应用在 VPN 中的常见加密算法如下：

（1）数据加密标准（Data Encryption Standard，DES），由 IBM 开发，1997 年被美国政府所采纳，有效密钥长度为 56bit。

（2）三重 DES（3DES），有效密钥长度为 112bit 或 168bit。

（3）国际数据加密算法（International Data Encryption Algorithm，IDEA），由中国学者来学嘉博士和著名密码专家 James L.Massey 联合开发，于 1990 年提出的建议标准算法，有效密钥长度为 64bit 或 128bit。

（4）高级加密标准（Advanced Encryption Standard，AES），由美国国家标准与技术研究所开发，2000 年被美国政府采纳，有效密钥长度为 128bit、192bit 和 256bit。

2.3　非对称加密算法

针对对称加密算法密钥分发和密钥数量庞大难于管理等问题，人们提出了基于非对称加密算法的解决方案，这种算法也称为公开密钥加密算法。

2.3.1　非对称加密算法通信模型

非对称加密算法不是使用相同的密钥来进行加密和解密，而是将两个不同的密钥（其中一个称为公钥，另外一个称为私钥）构成一个密钥对，使用这两个不同的密钥进行加密和解密，非对称加密算法的通信模型如图 2-4 所示。

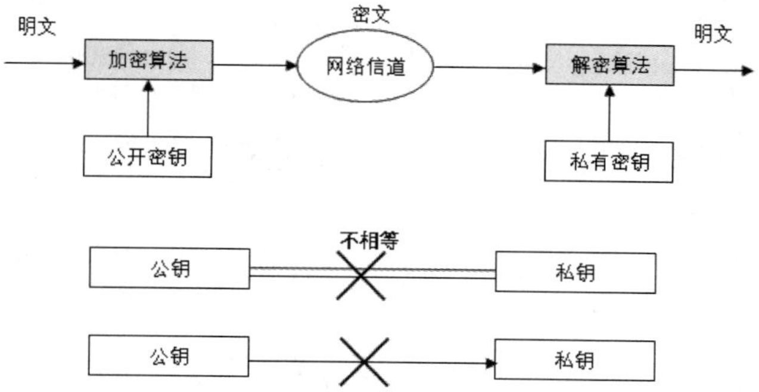

图 2-4　非对称加密算法通信模型

2.3.2　非对称加密算法的优缺点

非对称加密算法的每个用户都有一对唯一对应的密钥：公开密钥和私有密钥。公开密钥对外公开，私有密钥由个人秘密保存。用其中一把密钥来加密，就只能用另一把密钥来解密。

非对称加密算法解决了密钥的发布和管理问题，是目前商业密码的核心。使用非对称加密算法，进行数据通信的双方可以安全地确认对方身份，提供通信的可鉴别性。但非对称加密算法的解密和加密速度较慢，需要占用非常高的 CPU 资源，因此需要谨慎地使用非对称加密算法。

2.3.3 非对称加密算法的应用

在 VPN 中不使用非对称加密算法来加密大量数据，而是用它来验证 VPN 对等体的有效性，或用它来验证 VPN 生成的密钥材料有效性，这两种用法相对罕见。常见的非对称加密算法如下：

（1）RSA，基于大整数因子分解问题，由美国三位科学家 Rivest、Shamir 和 Adleman 提出，于 1978 年正式发表，密钥长度随着保密级别提高而增加很快，最低 1024bit。

（2）Diffie-Hellman 算法，基于陷门背包问题，由美国 Diffie 和 Hellman 提出，于 1978 年正式发表。

2.4 密钥交换技术

1976 年，Diffie 和 Hellman 在其题为《密码学的新方向》的论文中首次给出了公钥密码学的定义，并提出了 Diffie-Hellman 密钥交换算法（简称 DH 算法）。DH 算法解决了对称密码体制中的密钥分发问题，使得通信双方可以通过公开信道安全地交换共享密钥。其安全性建立在离散对数问题的困难性之上。

2.4.1 DH 算法思路

首先公开两个整数 p 和 q，其中 q 是大素数，p 是模 q 的本原，当 Router A 和 Router B 需要秘密通信时，执行如图 2-5 所示的步骤。

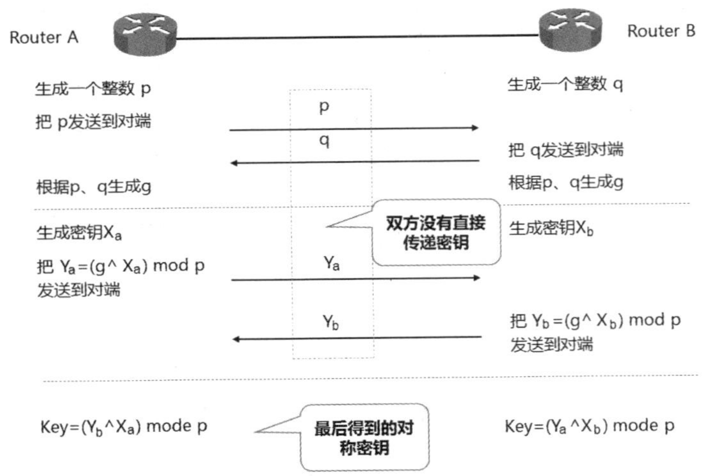

图 2-5 DH 算法执行步骤

2.4.2 DH 算法举例

为了加深对 DH 算法原理的理解，下面给出 DH 算法的一个实际例子。假定前面公式中的基本值 p 和 q 赋值为 p=5，q=563，设 A 的秘密信息为 X_p=9，B 的秘密信息 X_q=14，计算 A 和 B 的公开信息分别为 Y_a 和 Y_b：

$$Y_a = p^{X_p} \bmod q = 5^9 \bmod 563 = 78$$

$$Y_b = q^{X_q} \bmod q = 5^{14} \bmod 563 = 534$$

X_p 和 X_q 都是秘密信息，Y_a 和 Y_b 都是公开信息，A 和 B 使用 X_a、X_b、Y_a、Y_b 可以计算共享密钥：

$$K_{ab} = Y_b^{X_p} \bmod q = 534^9 \bmod 563 = 117$$

$$K_{ba} = Y_a^{X_q} \bmod q = 78^{14} \bmod 563 = 117$$

在这里，A 和 B 的共享密钥都是 117，就可以进行加密通信了。

2.4.3　DH 算法在 VPN 中的应用

从上面的分析可以看到，DH 算法仅限于密钥交换的用途，而不能用于加密或解密，因此该算法通常称为 DH 密钥交换。这种密钥交换的目的在于使用两个用户安全地交换一个秘密密钥，以便于以后的数据报文加密。

DH 的“组”是指提供 DH 密钥交换使用的系数大小（密钥长度）。组 1 使用 768bit 密钥，组 2 使用 1024bit 密钥，组 5 使用 1536bit 密钥。DH 组的作用是为两个 VPN 对等体创建它们在公钥加密算法（如 AES）中使用的共享密钥材料。值得注意的是，DH 交换本身不是对称的（而且非常占用资源），但它生成的密钥是对称的。

2.4.4　验证数据的加密与解密

验证数据的加密与解密

任务中的 IP 编址、网络配置和服务配置已经完成，网络拓扑结构如图 2-6 所示。在本任务中，用户将已加密的文件通过互联网传输到 FTP 服务器，另一位用户将从 FTP 服务器下载该文件并解密文件内容。

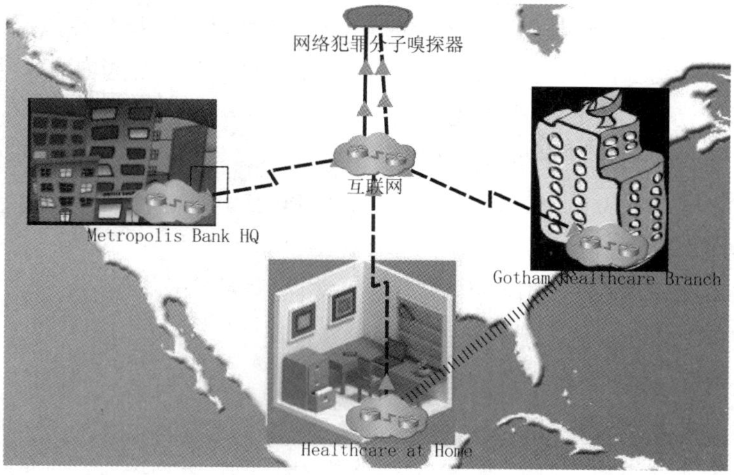

图 2-6　加密与解密验证拓扑图

1. 查找 Mary 的笔记本电脑的 FTP 账户凭证

（1）访问 Mary 的笔记本电脑上的文本文档。

1）单击 Healthcare at Home 站点，然后单击笔记本电脑 Mary。

2）单击桌面选项卡，然后单击文本编辑器。

3）在“文本编辑器”窗口中，依次单击“文件”→“打开”。

4）单击文档 ftplogin.txt，然后单击“确定”按钮。

（2）解密 Mary 的 FTP 账户信息。

1）突出显示并复制文件 ftplogin.txt 中的所有文本。

2）在自己的个人计算机上打开 Web 浏览器并浏览网站 https://encipher.it。

3）单击网站右侧的空白处并将加密的文本粘贴到其中。

思考：单击“破解”按钮并使用解密密码 maryftp123 解密加密的文本，单击“解密”按钮。Mary 的 FTP 账户的用户名和密码是什么？

2. 使用 FTP 上传机密数据

（1）查看 Mary 的笔记本电脑上的机密文档。

1）单击 Healthcare at Home 站点，然后单击笔记本电脑 Mary。

2）单击桌面选项卡，然后单击文本编辑器。

3）在“文本编辑器”窗口中，依次单击“文件”→“打开”。

4）单击文档 clientinfo.txt，然后单击“确定”按钮。数据是什么形式？

（2）远程连接到 FTP 服务器。

1）在 Healthcare at Home 站点中，单击笔记本电脑 Mary。

2）单击桌面选项卡，然后单击命令提示符。

3）在命令提示符后输入 ftp 209.165.201.3，连接到位于 Metropolis Bank HQ 的 FTP/Web 服务器。

4）输入在第 1 部分步骤 2 中找到的 Mary 的用户名/密码凭证。

（3）将文件上传到 FTP 服务器。

1）在 ftp>提示符后，输入 dir 命令，查看远程 FTP 服务器上当前存储的文件。

2）Mary 有一个包含加密的医疗客户信息的文件。输入 put clientinfo.txt 命令，将文件 clientinfo.txt 上传到 FTP 服务器。

3）在 ftp>提示符后，输入 dir 命令并检验文件 clientinfo.txt 现在是否在 FTP 服务器上。

思考：如果网络犯罪分子捕获了通过互联网传输的文件，哪些内容采用明文形式？

3. 查找 Bob 的 PC 的 FTP 账户凭证

（1）访问 Bob 的 PC 上的文本文档。

1）单击 Metropolis Bank HQ 站点，然后单击 PC Bob。

2）单击桌面选项卡，然后单击文本编辑器。

3）在“文本编辑器”窗口中，依次单击“文件”→“打开”。

4）单击文档 ftplogin.txt，然后单击“确定”按钮。

（2）解密 Bob 的 FTP 账户信息。

1）突出显示并复制文件 ftplogin.txt 中的所有文本。

2）在您的个人计算机上打开 Web 浏览器并浏览网站 https://encipher.it。

3）单击网站右侧的空白处并将加密的文本粘贴到其中。

4）单击“破解”按钮并使用解密密码 bobftp123 解密加密的文本，单击“解密”按钮。

思考：Bob 的 FTP 账户的用户名和密码是什么？

4. 使用 FTP 下载机密数据

（1）远程连接到 FTP 服务器。

1）在 Metropolis Bank HQ 站点中，单击 PC Bob。

2）单击桌面选项卡，然后单击命令提示符。

3）在命令提示符后输入 ftp 10.44.1.254，连接到位于 Metropolis Bank HQ 中的 FTP/Web 服务器。

4）输入在第 3 部分步骤 2 中找到的 Bob 的用户名/密码凭证。

（2）将文件下载到 Bob 的 PC。

1）在 ftp>提示符后，输入 dir 命令，查看远程 FTP 服务器上当前存储的文件。

2）Mary 已上传包含加密的医疗客户信息的文件 clientinfo.txt；输入 get clientinfo.txt 命令，将文件 clientinfo.txt 下载到 Bob 的 PC。

3）在 ftp>提示符后，输入 quit 命令。

4）在 PC>提示符后，输入 dir 命令并检验文件 clientinfo.txt 现在是否在 Bob 的 PC 上。

思考：如果网络犯罪分子捕获了通过互联网传输的文件，哪些内容采用明文形式？

5. 解密文件 clientinfo.txt 的内容

（1）收取 Mary 发出的解密密钥。

1）在 Metropolis Bank HQ 站点中，单击 PC Bob。

2）单击桌面选项卡，然后单击邮件。

3）在"邮件"窗口中，单击"收取"按钮。

4）单击主题为"解密密钥"的邮件，并在下面记录解密密钥。

思考：用于访问文件 clientinfo.txt 中机密信息的解密密钥是什么？

（2）解密文件 clientinfo.txt 的内容。

1）在 Metropolis Bank HQ 站点中，单击 PC Bob。

2）单击桌面选项卡，然后单击文本编辑器。

3）在"文本编辑器"窗口中，依次单击"文件"→"打开"。

4）单击文档 clientinfo.txt，然后单击"确定"按钮。

5）突出显示并复制文件 clientinfo.txt 中的所有文本。

6）在自己的个人计算机上打开 Web 浏览器并浏览网站 https://encipher.it。

7）单击网站右侧的空白处并将加密的文本粘贴到其中，单击"破解"按钮并使用 Mary 邮件中的解密密码来解密加密的文本，单击"解密"按钮。

思考：文件 clientinfo.txt 中的第一个账户名称是什么？

2.5　散列算法

散列（Hash）算法是将任意长度的数据映射为固定长度的数据，这个固定长度的数据称为散列值。散列值是一段数据唯一的、紧凑的表示形式。如果对一段明文只改变其中的一个字母，随后的散列变换都将产生不同的散列值。要找到散列值相同的两个计算是不可能的，所以数据的散列值可以用来检测数据的完整性。

通常的实现方案是对任意长度的明文 M 进行单向散列变换，计算出固定长度的比特值，作为报文摘要。对于 Hash 函数 h=H(M)的要求如下：

（1）可用于任意大小的数据块。

（2）能产生固定大小的输出。

（3）软/硬件容易实现。

（4）对于任意 m，找出 x，满足 H(x)=m，是不可行的。

（5）对于任意的 x，找出 y≠x，使得 H(x)=H(y)，是不可行的。

（6）找出任意(x,y)，使得 H(x)=H(y)，是不可行的。

前三项要求显而易见是实际应用和实现的需要。第四项要求就是所谓的单向性。这个条件使得攻击者不能由偷听到的 m 得到 x。第五项要求是为了防止伪造攻击，使得攻击者不能用自己伪造的假信息 y 冒充原来的信息 x。第六项要求是为了对付生日攻击。

常见的散列算法类型有报文摘要算法、散列消息认证码算法和安全散列算法，下面分别进行介绍。

2.5.1 报文摘要算法

报文摘要算法是用来鉴别在网络通信的过程中，通信的接收方能够验证所收到报文的真伪，包括验证发送方的身份、发送时间、报文内容等。目前，使用最广泛的报文摘要（Message Digest，MD）算法是 MD5，它是 Ronald L.Rivest 设计的一系列 Hash 函数中的第五个，其基本思想是使用足够复杂的方法把报文比特充分弄乱，使得每一个输出比特都受到每一个输入比特的影响。

报文摘要算法的实现过程如图 2-7 所示。

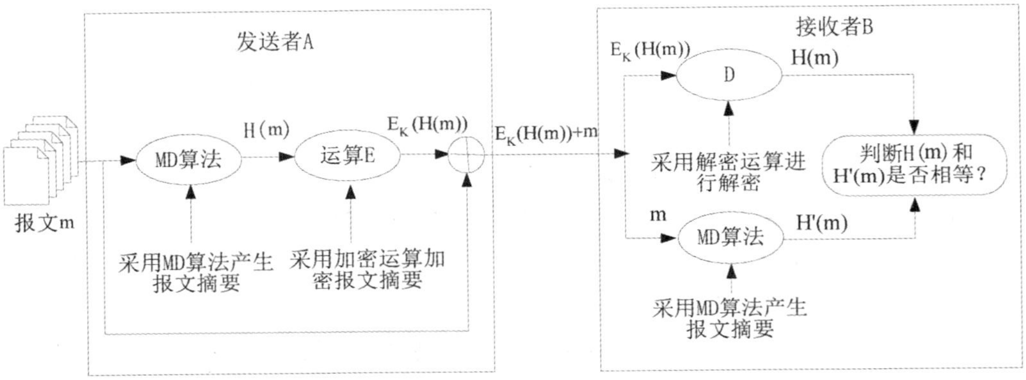

图 2-7　报文摘要算法的实现过程

（1）在发送方，将长度不变的报文 m 经过报文摘要算法运算后，得到长度固定的报文 H(m)，H(m)称为报文摘要。

（2）使用密钥 K 对报文 H(m)进行加密，生成报文摘要密文 E_K(H(m))，并将其拼接在报文 m 上，一起放到接收方。

（3）在接收方，接收到报文 m 和报文摘要密文 E_K(H(m))后，将报文摘要密文解密还原为 H(m)。

（4）将接收到的报文 m 经过 MD 算法得到报文摘要，并将该报文摘要和 H(m)进行比较，若结果相同，则报文未被篡改；若结果不相同，则报文被篡改。

2.5.2 散列消息认证码算法

散列消息认证码（Hashed Message Authentication Code，HMAC）算法使用散列机制，但它比散列上升了一个档次。任何人都可以用散列算法进行计算，与此不同的是，HMAC

在其计算中加入了某种类型的秘密密钥，只有同样知道这个秘密密钥的人，才可以通过计算得到正确的散列值，并进行验证。使用这种机制时，恶意攻击者窃听并截获数据包后，无法在不被察觉的情况下向数据包中添加或删除数据，因为他没有密钥来进行计算，所以无法重新计算出修改后数据包的正确散列值。

2.5.3　安全散列算法

安全散列算法（Secure Hash Algorithm，SHA）是 1992 年美国国家安全局（National Security Agency，NSA）研制并提供给美国国家标准和技术研究所（National Institute of Standards and Technology，NIST）的。后来，NSA 公开了 SHA 的一个弱点，导致 1995 年出现了一个修正的标准文件，这个文件描述了经过改进的版本，即 SHA-1，现在是 NIST 的推荐算法。这种算法接受的输入报文长度小于 264bit，产生 160bit 的报文摘要。

该算法的设计目标是使得找出一个能够匹配给定的散列值的文本是不可能的。SHA-1 的安全性比 MD5 算法的安全性高，但其计算速度比 MD5 算法要慢。SHA 除了 SHA-1 之外，还有 SHA-224、SHA-256、SHA-384、SHA-512 多个变体，它们的散列值长度分别为 224bit、256bit、384bit 和 512bit，这四者有时并称为 SHA-2。SHA 被广泛应用于基于远程访问的 VPN 和基于点对点的 VPN 中，使用散列值来验证每一个数据包的完整性。

2.5.4　数据完整性验证

数据完整性验证

本任务的 IP 编址、网络配置和服务配置已经完成，如图 2-8 所示。本任务将使用散列值检验多个文件的完整性，以确保文件未受到篡改。如果怀疑任何文件遭到篡改，则将其发送到 Sally 的 PC 机进行进一步分析，将使用位于不同地理区域的客户端设备来检验和传输任何可疑文件。

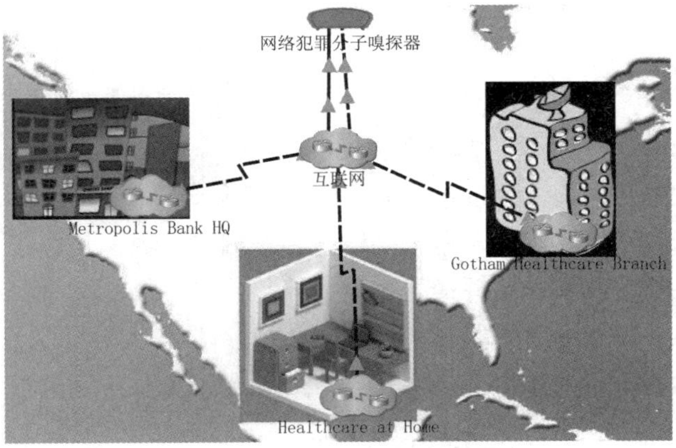

图 2-8　加密解密验证拓扑图

1. 将客户端文件下载到 Mike 的 PC

（1）从 Mike 的 PC 访问 FTP 服务器。

1）单击 Gotham Healthcare Branch 站点，然后单击 PC Mike。

2）单击桌面选项卡，然后单击 Web 浏览器。

3）输入 URL（http://www.cisco.corp）并单击转到。

4）单击链接下载最新文件。

思考：访问备份文件服务器上的此网页，使用什么协议？

（2）文件服务器受到恶意攻击者攻击，通知 Sally。

1）在 Gotham Healthcare Branch 站点中，单击 PC Mike。

2）单击桌面选项卡，然后单击邮件。

3）创建邮件并发送到 Sally@cisco.corp，告诉她有关文件服务器的消息。

2. 将客户端文件从备份文件服务器下载到 Mike 的 PC

（1）从 Mike 的 PC 访问外部 FTP 服务器。

1）在 Gotham Healthcare Branch 站点中，单击 PC Mike。

2）单击桌面选项卡，然后单击 Web 浏览器。

3）输入 URL（https://www.cisco2.corp），然后单击转到。

4）单击链接查看最新的文件及其散列值。

思考：访问备份文件服务器上的此网页，使用什么协议？备份服务器上的客户端文件的文件名和散列值是什么？

（2）将客户端文件下载到 Mike 的 PC。

1）在 Gotham Healthcare Branch 站点中，单击 PC Mike。

2）单击桌面选项卡，然后单击命令提示符。

3）在命令提示符后输入 ftp www.cisco2.corp，连接到备份文件服务器。

4）输入用户名 mike 和密码 cisco123。

5）在 ftp>提示符后，输入 dir 命令，查看远程 FTP 服务器上存储的当前文件。

6）输入 get FILENAME.txt 命令，依次将 FILENAME 替换为六个客户端文件名（NEclients.txt、NWclients.txt、Nclients.txt、SEclients.txt、SWclients.txt 和 Sclients.txt）之一，从而将六个客户端文件下载到 Mike 的 PC。

```
ftp> get NEclients.txt
Reading file NEclients.txt from www.cisco2.corp:
文件传输中...
[Transfer complete - 584 bytes]
584 bytes copied in 0.05 secs (11680 bytes/sec)
```

7）下载所有文件后，在 ftp>提示符后输入 quit 命令。

8）在 PC>提示符后，输入 dir 命令并检验客户端文件现在是否在 Mike 的 PC 上。

3. 使用散列法检验客户端文件的完整性

（1）检查 Mike 的 PC 上的客户端文件散列值。

1）在 Gotham Healthcare Branch 站点中，单击 PC Mike。

2）单击桌面选项卡，然后单击文本编辑器。

3）在“文本编辑器”窗口中，依次单击“文件”→“打开”。

4）单击第一个文档 NEclients.txt，然后单击“确定”按钮。

5）复制整个文本文档的内容。

6）在您的个人计算机上打开 Web 浏览器并浏览网站 https://www.tools4noobs.com/online_tools/hash/。

7）单击空白处并将文本文档的内容粘贴到其中，确保算法已设置为 md2，单击 Hash this!按钮。

8）要确定文件未受到篡改，您要将得出的散列值与第 2 部分步骤 1 中找到的文件名和散列信息进行比较。

9）对每个客户端文件重复步骤 4）到步骤 8），并将生成的散列值与第 2 部分步骤 1 中显示的原始散列值进行比较。

思考：哪个文件因遭到篡改导致散列值不正确？

（2）将可疑文件下载到 Sally 的 PC。

1）单击 Metropolis Bank HQ 站点，然后单击 PC Sally。

2）单击桌面选项卡，然后单击命令提示符。

3）在命令提示符后输入 ftp www.cisco2.corp，连接到备份文件服务器。

4）输入用户名 sally 和密码 cisco123。

5）在 ftp>提示符后，输入 dir 命令，查看远程 FTP 服务器上存储的当前文件。

6）下载第 3 部分步骤 1 中发现遭到篡改的文件。

7）在 ftp>提示符后，输入 quit 命令。

8）在 PC>提示符后，输入 dir 命令并检验遭到篡改的客户端文件现在是否在 Sally 的 PC 上，等待稍后进行分析。

4. 使用 HMAC 检验关键文件的完整性

（1）计算关键文件的 HMAC。

1）在 Metropolis Bank HQ 站点中，单击 PC Bob。

2）单击桌面选项卡，然后单击命令提示符。

3）在 PC>提示符后，输入 dir 命令并检验名为 income.txt 的关键文件是否在 Bob 的 PC 上。

4）在桌面选项卡中，单击文本编辑器。

5）在“文本编辑器”窗口中，依次单击“文件”→“打开”。

6）单击文档 income.txt，然后单击“确定”按钮。

7）复制整个文本文档的内容。

8）在您的个人计算机上打开 Web 浏览器并浏览网站 http://www.freeformatter.com/hmac-generator.html。

9）单击空白处并将文本文档的内容粘贴到其中，输入密钥 cisco123，确保算法已设置为 SHA-1，单击计算 HMAC。

思考：计算得出的文件内容 HMAC 是什么？使用 HMAC 如何比常规散列法更安全？

（2）检验计算得出的 HMAC。

1）在 Metropolis Bank HQ 站点中，单击 PC Bob。

2）单击桌面选项卡，然后单击 Web 浏览器。

3）输入 URL（https://www.cisco2.corp），然后单击转到。

4）单击链接查看最新的文件及其散列值。

思考：文件 income.txt 的 HMAC 散列值是否相符？

2.6 数字签名技术

在现实生活中，一般使用手写签字或印章签署合同、文件、命令、条约等。在虚拟网络环境中，实现类似“亲笔签字或签章”的功能也是很重要的。数字签名在技术和法律上有保证，提供了完整性校验、数据源认证和抗抵赖三大功能。因此，数字签名技术会涉及前面已经讨论的公钥和私钥对、散列和加密的相关知识点。

2.6.1 数字签名的概念

简单地说，数字签名是指使用密码算法对待发的数据进行加密处理，生成一段信息，附着在源文件上一起发送。这段信息类似现实中的签名或印章，接收端对其验证，判断原文真伪。数字签名是 HMAC 的替代方案。

2.6.2 数字签名的实现条件

数字签名的实现采用了密码技术，其安全性取决于密码体系的安全性。现在的数字签名机制采用的是公开密钥算法，特别是 RSA 算法。下面结合密码技术的相关知识，分析实现数字签名必备的三个条件：

（1）接收者能够核实发送者对报文的签名。

（2）发送者事后不能抵赖对报文的签名。

（3）接收者不能伪造对报文的签名。

假设当 A 方打算发一条签名的消息 X 给 B 方，A 方首先用他的私钥 K_d 对 X 加密，得到签名 $S=f_{K_d}(X)$，然后发送有序信息对（X,S）。B 方收到（X,S）后，用 A 方的公开密钥 K_e 对 S 解密，得到 $Y=f_{K_e}(S)$。因此，只要 Y=X，就可以确定：消息 X 确实由 A 方发来；签名 S 确实由 A 方生成；B 方收到的消息是完整的。

由于只有 A 方自己知道他的密钥 K_d，所以通过上述签名和验证可以防止：A 方否认他曾经发送过消息 X，因为只有 A 方能生成 S，而 S 与 X 是对应的；B 方伪造消息，因为他得不到 K_d，无法证明与伪造消息对应的签名是 A 方生成的。为了防止 B 方事后否认收到过消息 X，A 方可以要求 B 方提供收信回执，如“B 从 A 处得到 X”一段文字，并且要求 B 方用他的私钥对这段文字进行签名，以防抵赖。

综上所述，数字签名可以有效地对抗冒充、篡改、抵赖等威胁。

2.6.3 数字签名的应用

目前，已有多种实现各种数字签名的方法。但采用私钥加密算法要比采用公钥加密算法更容易实现。

1. 具有报文摘要的数字签名

由于数字签名算法的私钥加密算法都非常慢，在信息较长时，为了提高速度，采用对报文摘要，而不是对长信息本身进行数字签名的方法。利用单向散列函数和私钥加密算法实现数字签名的过程如图 2-9 所示。

A 方先用单向散列函数对明文进行处理得到报文摘要，再用他的私钥对报文摘要进行处理得到签名，然后将报文（不需要加密）和签名发送给 B 方。B 方收到报文和签名后，用单向散列函数生成新的报文摘要，并用 A 方的公钥对收到的签名解密，得到 A 方发过来的报文摘要，最后比较新的报文摘要和接收的报文摘要是否等同，从而验证签名和报文的完整性。

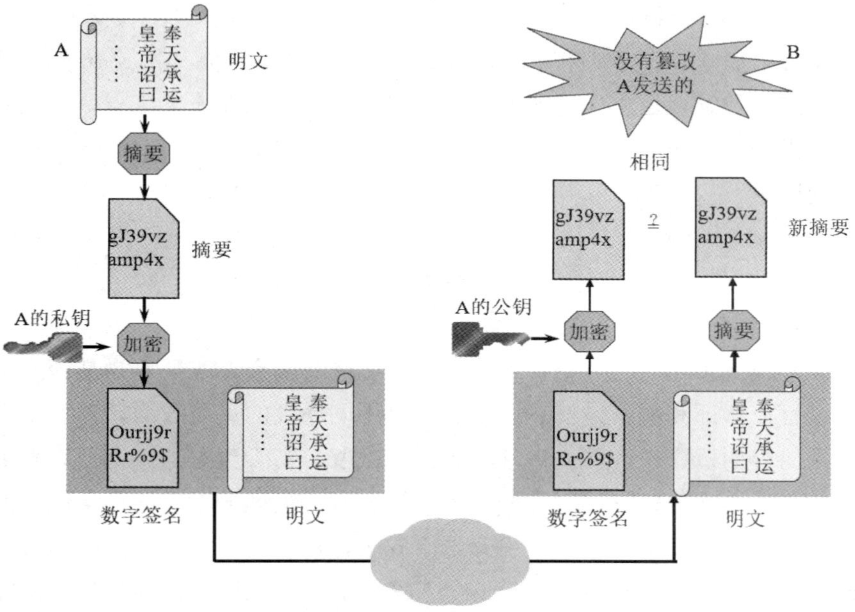

图 2-9　具有报文摘要的数字签名的原理

2. 直接用私钥进行加密的数字签名

对于较短的报文，可以不用散列函数产生报文摘要，而直接用发送者的私钥加密该短报文。否则，私钥加密算法的速度较慢，会导致签名效率大幅度降低。直接利用私钥进行加密的数字签名过程如图 2-10 所示。

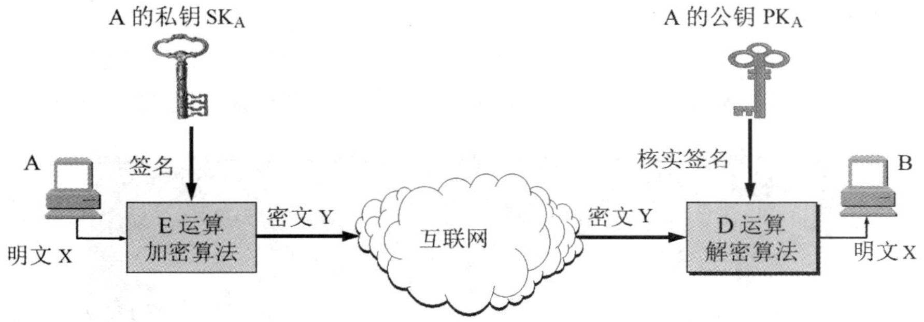

图 2-10　直接利用私钥进行加密的数字签名的原理

3. 具有保密性的数字签名

对于一些重要场合，可能还要对签名结果进行保密，例如银行的转账系统。为了叙述方便，用摘要报文直接签名的方式来讲述。具有保密性的数字签名过程如图 2-11 所示。

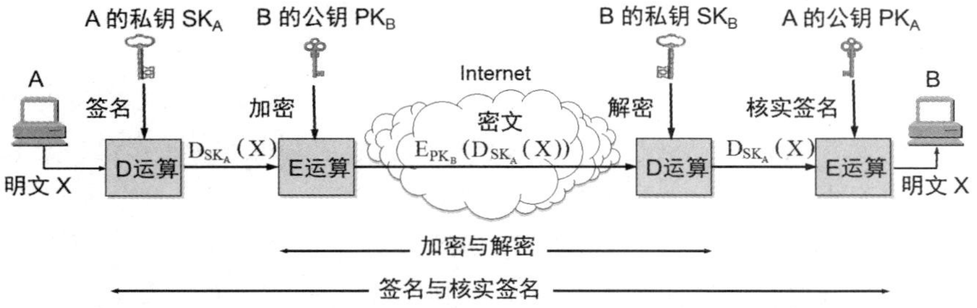

图 2-11　具有保密性的数字签名的原理

在图 2-11 中，A 方将报文发送出去之前，用 A 的私钥对报文进行签名，再用 B 的公钥对签名报文进行加密。B 方则采取相反的过程，这样可以达到加密和签名的双重效果。

在报文的加密和签名过程中，如何保证这些公钥的合法性呢？这需要通过受信任的第三方证书颁发机构来完成，该证书可以证实公钥拥有者的身份。关于这一主题，我们将在下节进行详细讨论。

2.7 身份认证技术

认证（Authentication）又称鉴别或确认，它是证实某个人或某事物是否名副其实或者有效的一个过程。认证和加密是信息安全的两个不同属性的重要方面。对数据来说：加密用来确保数据内容的机密性，防止被动攻击，如截取、窃听数据等；认证用来确保数据来源的真实性，阻止主动攻击，如对数据篡改、冒充等。认证一般有站点认证、消息认证和用户身份认证等。认证技术往往是应用系统中安全保护的第一道防线，是信息安全理论的一个重要研究方面。例如，身份认证是安全系统中的第一道关卡，用户在访问安全系统之前，首先经过身份认证系统识别身份，一旦身份认证系统被攻破，那么系统的所有安全措施将形同虚设，所以加强身份认证理论及其应用的研究是一个非常重要的课题。

2.7.1 身份认证的特点

用户以用户名或 ID 证明自己的身份。此外，用户还需要提供以下的某一项来验证自己的身份。

1. 知道的某物

知道的某物：如密码、密码短语或 PIN 等。密码短语、口令、密钥或 PIN 统称为密码，密码是指用于证明用户身份的字符串。最常用的身份验证形式是使用密码，如图 2-12 所示。

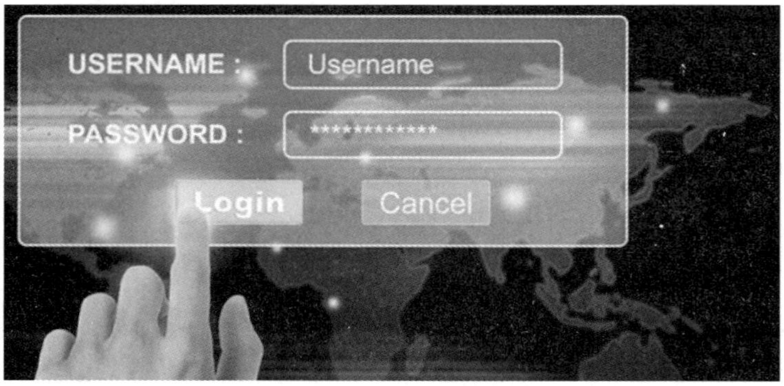

图 2-12 密码身份验证

2. 拥有的某物

拥有的某物：如智能卡、安全密钥卡等。智能卡可存储个人信息，如银行账号、个人身份、病历和数字签名，提供身份验证和加密功能，以保持数据安全。它使用称为双因素身份验证的流程，比用户名和密码组合更安全。首先，用户输入个人识别码（PIN），如果正确，安全密钥卡将显示一个数字，这是用户登录设备或网络时必须输入的第二个因素。例如，当到 ATM 上取现金时，需要有银行卡，而且需要知道 PIN 码，如图 2-13 所示。

图 2-13　银行卡身份验证

3. 自身的某物

自身的某物：如指纹、视网膜或语音等。能够标识特定用户的独一无二身体特征被称为生物识别。生物识别将身体特征与存储的资料进行比较，以验证用户身份，如图 2-14 所示。配置文件是指包含个人已知特征的数据文件，如果用户的特征与保存的设置匹配，则系统会授予用户访问权限。生物特征标识符有以下两种类型：

（1）生理特征，包括指纹、DNA、面部、手部、视网膜或耳朵特征。

（2）行为特征，包括行为模式，如手势、语音、键入的速度或走路方式。

图 2-14　指纹识别身份

2.7.2　预共享密钥认证方式

预共享密钥认证就是收发双方预先配置一个相同的共享密钥，认证时相互交换由这个共享密钥所产生的散列值来实现认证，这个思路和 OSPF（Open Shortest Path First）协议对路由更新的认证方法基本一致。通过密码来提供机密性的关键所在就是密钥的安全性，而预共享密钥在密钥的分发过程中存在被泄露的安全风险。

2.7.3　公钥私钥对认证方式

2.6 节用实例说明了数字签名提供的完整性、源认证和抗抵赖三大安全特性。那么源认证是否可用于 VPN 的发起方和接收方之间的身份认证呢？答案是肯定的，因为数字签名是基于私钥加密算法，特别是 RSA 算法，所以不用担心密钥在分发过程中的泄露问题。另外，为了能实现数字签名的认证，双方需要各自产生私钥和公钥，而且还要将公钥发送给对方并保证其合法性，这是数字签名认证的关键。

2.7.4 基于远程认证拨号用户服务

1. AAA 简介

下面介绍基于远程认证拨号用户服务（Remote Authentication Dial In User Service，RADIUS）协议的验证、授权和记账（Authentication、Authorization 和 Accounting，AAA）技术。

AAA 的概念涉及三项安全服务：身份验证、授权和记账，这些服务提供了用于控制访问的主要框架。

（1）身份验证。验证用户的身份以防未经授权的用户访问。

（2）授权。授权用于确定用户可以访问的资源以及用户可以执行的操作。有些系统使用访问控制列表（ACL）来实现此功能。ACL 在用户验证身份后确定用户是否具有特定的访问权限，其原因在于，可以登录企业网络并不意味着有权使用高速彩色打印机。授权还可以控制用户有权访问特定资源的时间，例如，员工在工作时间有权访问销售数据库，但是下班后，系统就会锁定访问销售数据库的权限。

（3）记账。记账用于跟踪用户执行的操作，包括用户访问的资源、访问资源的时间以及作出的任何更改。例如，银行会跟踪每个客户账户，对该系统进行审核，可以显示所有交易的时间和金额以及执行交易的员工或系统。网络安全记账服务的工作方式与此相同，系统跟踪每笔数据事务并提供审核结果。

AAA 的概念与使用信用卡类似，信用卡标识了可以使用它的用户、用户可以支出的金额以及用户所购买的物品或服务的账目，如图 2-15 所示。

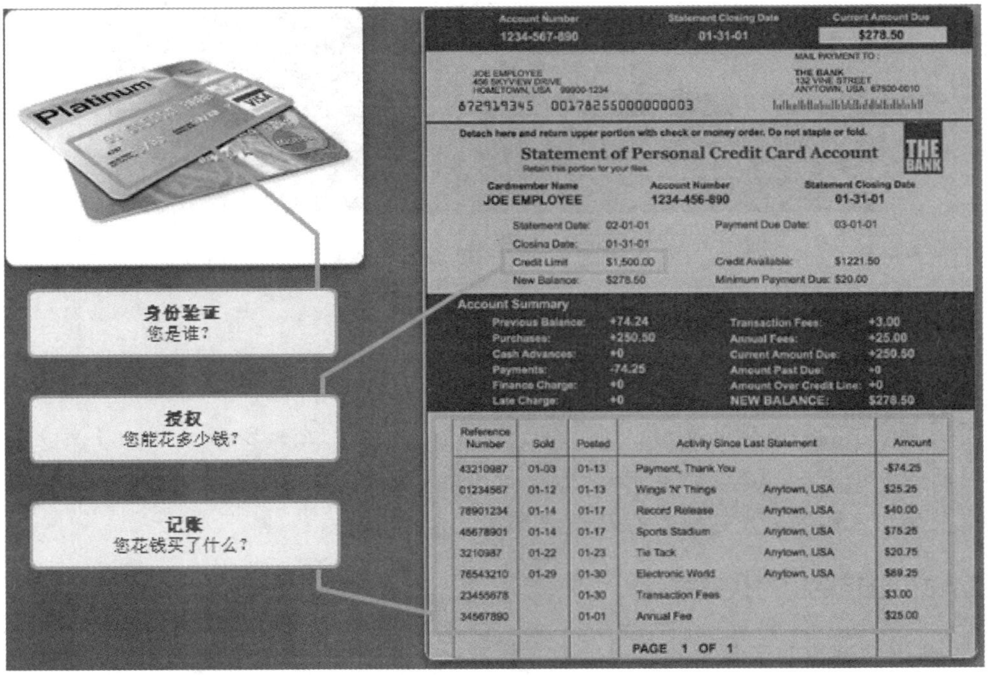

图 2-15　银行卡的 AAA 类比

2. RADIUS 简介

基于远程认证拨号用户服务是实现 AAA 的方法之一，它由 IETF 的 RFC2865 和 2866 定义。使用 RADIUS 可以实现集中化的认证和计费功能，可以减少管理员的负担和费用，同时可以实现很多可扩展的功能，如用户拨号时间的限定、配额，根据用户分配特定的 IP 地址等。RADIUS 是基于 UDP 的一种客户机/服务器协议。RADIUS 客户机是网络访问服务器（Network Access Service，NAS），它通常是一个路由器、交换机或无线访问点。RADIUS 通常用在 Linux 或 Windows 服务器上运行的监护程序。RADIUS 协议的认证端口是 1812，计费端口是 1813。

（1）RADIUS 协议的主要特点。

1）客户/服务器模式。网络接入服务器作为 RADIUS 的客户端，负责将用户信息传递给指定的 RADIUS 服务器，然后根据返回的信息进行操作。RADIUS 服务器负责接收用户的连接请求，认证用户后，返回所有必要的配置信息以便为客户端提供服务。RADIUS 服务器可以作为其他 RADIUS 服务器或认证服务器的代理。

2）网络安全。客户端与 RADIUS 计账服务器之间的通信是通过共享密钥的使用来鉴别的，这个共享密钥不会通过网络传送。此外，任何用户口令在客户机和 RADIUS 服务器之间发送时都要经过加密处理，以免有人通过嗅探非安全网络得到用户密码。

3）灵活认证机制。RADIUS 服务器支持多种用户认证的方法。当用户提供了用户名和原始口令后，RADIUS 服务器可支持 PPP、PAP、CHAP、UNIX 登录和其他认证机制。

4）协议的可扩充性。所有的事务都是由不同长度的“属性-长度-值”三元组构成的，新属性值的加入不会影响到原有协议的执行。

（2）RADIUS 的工作过程。RADIUS 协议旨在简化认证流程，其典型认证过程如图 2-16 所示，主要包括如下过程。

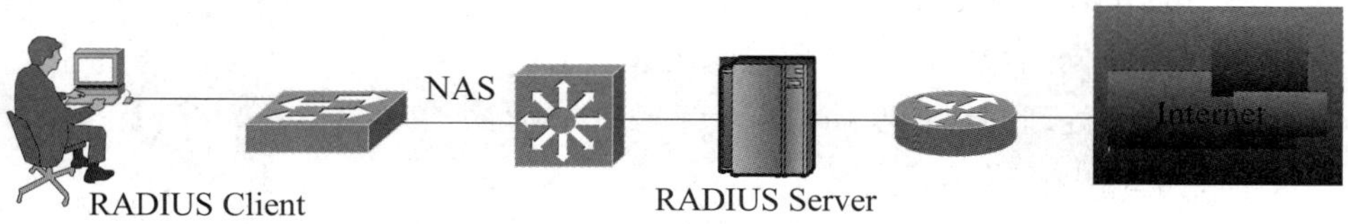

图 2-16　RADIUS 认证过程

1）用户输入用户名、口令等信息到客户端或连接到 NAS。

2）客户端或 NAS 产生一个“接入请求”报文到 RADIUS 服务器，其中包括用户名、口令、客户端（NAS）ID 和用户访问端口 ID，口令经过 MD5 进行加密。

3）RADIUS 通过查询认证数据库对用户进行认证。

4）若认证成功，RADIUS 服务器向客户端或 NAS 发送允许接入包，否则发送拒绝接入包。

5）若客户端或 NAS 接收到允许接入包，则为用户建立连接，对用户进行授权和提供服务；若接收到拒绝接入包，则拒绝用户的连接请求，结束协商过程。

2.8　过关训练

2.8.1　知识储备检验

1．填空题

（1）常见的对称加密算法有________、________、________和________。

（2）常见的非对称加密算法有________和________。

（3）常见的散列算法类型有________、________和________。

（4）数字签名的主要功能有________、________和________。

（5）常见的身份认证方式有________、________和________。

2. 选择题

（1）（　　）用于描述密码编码学和密码分析学的科学。

A．密码学　B．欺骗　C．干扰　D．假冒

（2）将字母重新排列以创建密文的方法称为（　　）。

A．一次性密码本　B．恩尼格玛

C．换位　D．替换

（3）（　　）加密算法使用相同的预共享密钥来加密和解密数据。

A．非对称　B．散列　C．一次性密码本　D．对称

（4）（　　）加密算法使用一个密钥加密数据，并使用另一个密钥解密数据。

A．一次性密码本　B．非对称　C．换位　D．对称

（5）（　　）协议没有使用非对称密钥算法。

A．Pretty Good Privacy (PGP)　B．安全套接字层(SSL)

C．安全外壳（SSH)　D．Telnet

（6）（　　）非对称算法提供用于共享密钥的电子密钥交换方法。

A．散列处理　B．DES　C．WEP　D．Diffie-Hellman

（7）使用散列函数的优势是（　　）。

A．它是单向函数，无法进行逆向运算

B．它只能处理固定长度的消息

C．它的输出长度不固定

D．可以创建两个具有相同输出的不同文件

（8）某用户从网站下载显卡的更新驱动程序。系统弹出一个警告消息窗口，指示该驱动程序未经批准。该软件缺少（　　）。

A．数字签名　B．有效 ID　C．源代码　D．代码识别

（9）全公司最近流传的一封邮件指出，安全策略将发生变化。被推定发送该邮件的安全官员表示，该邮件不是从安全办公室发出的，公司可能是欺骗性邮件的受害者。为了确保邮件真的来自某人，可在邮件中添加（　　）。

A．非对称密钥　B．不可否认性　C．数字签名　D．散列处理

（10）老板指示某用户去寻找更好的方法来保护传输中的密码。该用户研究了多种方法并决定使用 HMAC。实施 HMAC 所需的关键要素是（　　）。

A．信息摘要和非对称密钥　B．密钥和信息摘要

C．对称密钥和非对称密钥　D．IPsec 和校验和

（11）为了进行身份验证，（　　）不可用于验证身份。

A．您做的事情　B．您知道的信息

C．您拥有的东西　D．您具有的特征

（12）（　　）服务用于确定用户可以访问的资源及可执行的操作。

A．记账　B．验证　C．授权　D．生物识别

（13）（　　）不是访问控制安全服务。

A. 可用性　　B. 验证　　C. 授权　　D. 记账

3. 简答题

（1）简述对称加密算法和非对称加密算法的优缺点。

（2）DH 算法主要用于解决什么问题？

（3）创建数字签名的流程是什么？

（4）HMAC 与数字签名有什么区别？

（5）举例说明身份认证有什么特点。

（6）简述 RADIUS 的工作过程。

2.8.2 实践操作检验

作为世界上最大的个人数据存储库之一，Google 存储了大量的数据。Google 在所有互联网搜索活动中所占的比例将近 50%。更复杂的是，Google 拥有并运营着 YouTube、Android 操作系统和许多其他的主要数据收集来源。在本任务中，观看视频短片（https://www.youtube.com/watch?v=TQoKFovvigI），写出 Google 之类的组织为了保护信息和信息系统所采取的安全措施和服务。

2.8.3 挑战性问题

为了确保数据的机密性，可采用各种数据掩码技术，其中数据混淆和隐写是用于实现数据掩码的两种技术。请查阅相关资料，分别说明它们各解决什么问题，在实现上有什么区别。

项目 3　网络设备的安全管理

对于一个组织的网络管理员而言，配置和管理网络设备是一件再平常不过的工作。但是，未经授权发起的恶意网络设备管理流量有可能对网络构成威胁，例如，攻击者可以通过拦截登录信息（如用户名和密码）来破坏网络基础设施，因此需要研究配置、管理和维护一台设备使用到的各类协议和访问方式，并对网络设备实施安全保护。作为网络前沿关口的路由器和网络数据转发枢纽的交换机，也可能成为被攻击的对象，如果设备自身的安全都无法保障，那整个网络也就毫无安全可言。因此，需要加强路由交换设备的自身安全保护，可以采取的技术措施主要有：设置健壮的密码；保护系统文件；用户身份认证；加密管理协议；网络安全监控。

3.1　设置健壮的密码

密码是指用于证明用户身份的字符串，如图 3-1 所示。如果该字符串与用户相关（如姓名、出生日期或地址），网络犯罪分子将更容易猜出用户的密码。用户需要为不同的系统使用不同的密码，否则一旦犯罪分子破解用户的密码一次，他将能够访问用户的所有账户。

图 3-1　密码身份验证

3.1.1　密码配置注意事项

密码的使用关注的就是如何保护所有的网络资源，对所有需要加强安全性的网络设备来说，应参考以下密码的注意事项。

1. 最小长度

密码的字符数越多，猜测密码所需的时间就越长。

2. 混合字符

密码应该是大小写字母、数字、元字符（符号和空格）的组合。字符种类和数量越多，攻击者需要尝试的密码组合就越多。

3. 不要使用字典单词

避免使用字典中出现的单词，从而减少字典攻击的成功率。

4. 经常变更密码

经常变更密码可以限制密码被破解后的有用性，从而降低整体损失。

读者可以访问 https://howsecureismypassword.net/测试密码设置的强度。密码管理器可帮助用户创建和记住强密码，读者可以访问 https://strongpasswordgenerator.com/，查看强密码生成器。

3.1.2 配置安全访问端口密码

配置安全访问端口密码

con 0 映射为物理控制台（Console）端口；aux 0 映射为物理辅助（Auxiliary）端口；vty 0 4 表示进入路由器的 5 个默认逻辑虚拟终端（VTY）端口。将控制台端口、辅助端口和虚拟终端端口都看作线路（line）。在线路（con 0、aux 0 和 vty 0）上执行命令 login 时将启动密码检查，如果没有该命令（no login），则不检查已配置的密码（默认非加密），或者在激活线路时进行密码检查。由于通过特权模式，用户可以完全地访问路由器，因而应该将特权模式接入保留给受信的网络管理员。

1. 严格控制 Console 口的访问

如果可以开机箱，则可以切断与 Console 口互联的物理线路。

（1）改变默认的连接属性，如修改波特率（默认是 9600，可以改为其他）。

（2）配合使用访问控制列表控制对 Console 口的访问，如：

```
R1(Config)#access-list 1 permit 192.168.0.1     //定义访问列表
R1(Config)#line con 0                           //进入 Console 线路终端模式
R1(Config-line)#transport input none            //拒绝所有输入
R1(Config-line)#login local                     //使用路由器本地的用户数据库进行远程登录验证
R1(Config-line)#exec-timeout 5 0                //线路超时时间为 5 分钟
R1(Config-line)#access-class 1 in               //将上面定义的访问列表应用在 Console 口上
```

2. 给 Console 口设置高强度的密码

执行如下命令：

```
R1(config)#line con 0                           //进入 Console 线路终端模式
R1(config-line)#password Up&atm@7!              //给 Console 口设置高强度密码
R1(config-line)#login                           //使用本地密码验证登录方式
```

3. 禁用不需要的 Auxiliary 口

如果不使用 Auxiliary 口，则禁止这个端口，默认是未被启用，如：

```
R1(config)#line aux 0                           //进入 Auxiliary 线路终端模式
R1(config-line)#transport input none            //拒绝所有输入
R1(config-line)#no exec                         //关闭连接
```

3.1.3 设置使能密码

由于通过特权模式，用户可以完全地访问路由器，因而应该将特权模式接入保留给受信的网络管理员，如：

```
R1(config)#enable password cisco        //密码未加密，执行 show run 命令能查看到
R1(config)#enable secret cisco          //密码已使用 MD5 加密，执行 show run 命令不能获得密码的
真实内容
```

若同时配置了 enable password 和 enable secret 密码，生效的是后一种。

3.1.4 加密配置文件中的密码

使用 service password-encryption 将配置文件中当前和将来的所有密码加密为密文，主

要用于防止未授权用户查看配置文件中的密码，但很容易通过密码破解程序破解，如图 3-2 所示。

图 3-2　密码加密

3.1.5　设置最短密码长度

网络管理策略应说明用于访问网络设备的密码的最小长度，最小密码长度的范围是 1～16 个字符，建议路由器密码的最小长度为 10 个字符，这将影响 user password、enable secret password 和 line password 等命令。执行如下命令：

R1(config)#**security passwords min-length** 10　　　　//设置密码的最小长度为 10 位

另外，在本地数据库中维护用户和密码列表以执行本地登录验证，执行如下命令：

R1(config)#**username** name **secret 0** password|5 **encrypted-secret**

表 3-1 为以上命令各参数的详细说明。

表 3-1　参数说明

参数	说明
name	指定用户名
0	（可选）这个选项指出明文密码被路由器用 MD5 进行散列
password	明文密码，用 MD5 进行散列运算
5	（可选）这个选项指出加密的安全密码被路由器用 MD5 进行散列
encrypted-secret	加密的安全密码，用 MD5 进行散列运算

3.1.6　修改连接属性控制 Console 口的访问

修改连接属性控制 Console 口的访问

1．配置网络拓扑图

采用如图 3-3 所示的网络拓扑图，使用串行电缆将路由器与配置终端的串行口连接起来。

图 3-3　Console 口的安全登录

2．修改 Console 口的通信连接参数

通过修改 Console 口的连接属性来加强线路端口的安全：

（1）设置波特率（speed）为 4800。

（2）设置数据位（databits）为 7 位。

（3）设置校验方式（parity）为奇校验（even）。

（4）设置停止位（stopbits）为 2 位。

（5）设置流控（flowcontrol）方式为软件（software）。

即便非授权人员能够物理接触 Console 线路，但不知道通信参数，也无法登录到路由器上，这样就提高了登录路由器的安全控制能力。具体配置如下：

```
Router(config)#line console 0
Router(config-line)#speed 4800
Router(config-line)#databits 7
Router(config-line)#parity even
Router(config-line)#stopbits 2
Router(config-line)#flowcontrol software
```

3. 设置超时时间

用户在操作结束后，应立刻退出 Console 口的登录状态。如果用户忘记退出或长时间使会话处于空闲状态，会带来极大的安全隐患。可以为 Console 线路的会话配置超时时间，这样超时时间一到，设备就会自动注销会话以保证安全，比如将超时会话时间设置为 0 分 15 秒，可以执行如下命令：

```
Router(config-line)#exec-timeout 0 15
```

当会话空闲 15 秒后，路由器自动结束会话，并退出路由器的登录状态。

4. 配置结果验证

（1）使用超级终端软件，默认通信参数不能登录路由器。

（2）将通信参数修改为与路由器上配置的通信参数一致后，能够登录。

3.2　保护系统文件

在网络管理过程中，需要维护大量的路由交换设备，但设置的登录密码由于种种原因已丢失，现网络管理员需要密码破除并重置，但不能影响设备上的配置信息。另外，为了防止网络设备的配置文件和映像系统受损，并可在需要的时候随时恢复，还需备份启动配置文件和 IOS 文件。

3.2.1　非授权人员不能随意接触网络设备

如果攻击者物理上能接触到网络设备，则攻击者通过断电重启，实施“密码修复流程”，进而登录到网络设备，就可以完全控制网络设备。路由器也提供了一个选项，就是禁止访问 ROMMON 模式。为了保护 ROMMON 模式，需要输入 no service password-recovery。如果禁用密码恢复功能，那么将无法恢复丢失的密码或访问 ROMMON 模式，因此禁用密码恢复功能时一定要格外慎重。

3.2.2　执行密码修复流程

执行密码修复流程

1. 接入 ROMMON 模式

本例使用的网络拓扑图如图 3-4 所示。关闭路由器电源并重新开机，当控制台出现启动过程时，1 分钟内按 Ctrl+Break 组合键中断路由器的启动过程，使路由器进入 ROMMON 模式，如下：

```
System Bootstrap, Version 12.1(3r)T2, RELEASE SOFTWARE (fc1)
Copyright (c) 2000 by cisco Systems, Inc.
cisco 2811 (MPC860) processor (revision 0x200) with 60416K/5120K bytes of memory
monitor: command "boot" aborted due to user interrupt
rommon 1 >
```

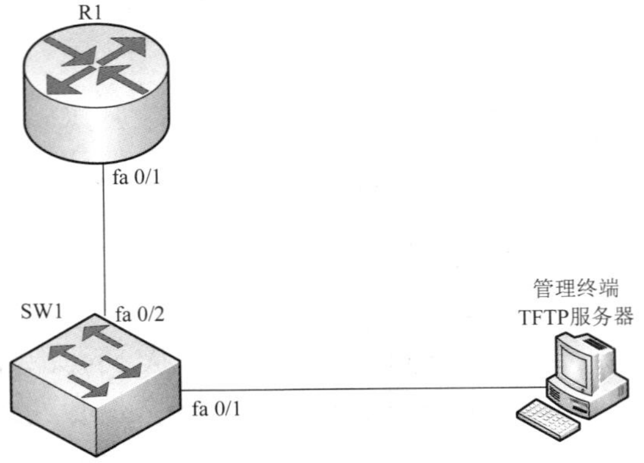

图 3-4 网络设备密码破除及 IOS 管理拓扑结构

2. 绕过启动配置

（1）在 ROMMON 模式下执行如下命令。请读者自行根据命令后的提示，在空白处补齐命令。

```
rommon 1 > (        ) 0X2142      //使路由器绕过启动配置
rommon 2 >reset                   //路由器随后重新启动，但会忽略保存的配置
```

（2）此时启动配置文件仍然存在，只是启动路由器时跳过了已忽略的不知道的口令。在每个设置问题后面输入 no，跳过初始设置过程。执行如下命令：

```
Router> (      )                  //进入特权模式
Router# (      )                  //将 NVRAM 中的配置文件复制到内存，切记不要执行 copy r
                                  //running-config startup-config，否则会擦除启动配置
```

（3）执行 show running-config 命令，查看原有配置是否存在。

3. 重置密码

路由器启动配置后，将 NVRAM 中配置文件调任 RAM 后，需要重新修改原有密码，否则仍然不能成功登录设备。执行如下命令：

```
Router# (      )                             //进入全局配置模式
Router(config)# (      )                     //设置路由器的主机名为 R1
R1(config)# (      )                         //设置熟悉密码为 cisco
R1(config)# (      )                         //把寄存器的值恢复为正常值 0x2102
R1(config)#exit                              //回退到特权模式
Router#copy running-config startup-config    //保存配置
Destination filename [startup-config]?       //输入保存配置文件的名称
Router#reload                                //重启路由器，检查路由器是否正常
```

备份及恢复系统文件

3.2.3 备份及恢复系统文件

1. 搭建 TFTP 服务器

（1）在 PC 中安装并运行 TFTP 服务器。在 PC 中一旦安装了 TFTP 服务器软件，就会

自动启动 TFTP 服务。

（2）配置 TFTP 服务器 IP 地址。由于 TFTP 服务器安装在 PC 上，配置 TFTP 服务器的 IP 地址就是配置该 PC 的 IP 地址。这里将 TFTP 服务器这台 PC 的 IP 地址配置为 192.168.10.200，子网掩码配置为 255.255.255.0，和路由器直接相连。

2. 备份配置文件和 IOS 软件

（1）通过 Console 口登录到路由器，配置以太网接口的 IP 地址。需要注意的是，路由器以太网接口的 IP 地址必须和上面配置的 TFTP 服务器的 IP 地址在同一网段。执行如下命令：

```
R1>enable                                          //进入特权配置模式
R1#config terminal                                 //进入全局配置模式
R1(config)#interface fastethernet 0/1              //选择路由器接口 1
R1(config-if)#ip address 192.168.10.1 255.255.255.0  //配置端口 IP 地址和子网掩码
R1(config-if)#no shutdown                          //激活接口 1
```

（2）检验路由器与 TFTP 服务器之间的连通性。在 TFTP 服务器所在的 PC 上打开命令窗口，ping 路由器以太网接口的 IP 地址，确保 TFTP 服务器与路由器之间的网络连通性。应能 ping 通，若不能 ping 通，需再检查上面的配置。

（3）将路由器启动配置文件备份到 TFTP 服务器中。

1）备份配置文件。备份前，需将当前配置文件保存在 NVRAM 中。另外，路由器第一次启动时，是不存在配置文件的，必须将当前运行的配置文件保存为配置文件才可以，否则执行下面的命令时会报错。

```
Router#copy running-config startup-config          //保存配置
Destination filename [startup-config]?             //输入保存配置文件的名称
Building configuration...
[OK]
Router#copy startup-config tftp                    //备份配置文件到 TFTP 服务器
Address or name of remote host []? 192.168.10.200  //输入 TFTP 服务器的 IP 地址
Destination filename [Router-confg]? startup-config  //输入指派给配置文件的名称
Writing startup-config..!!!!                       //装载配置文件成功
[OK – 573 bytes]
573 bytes copied in 3.45 sec (0 bytes/sec)
```

这时，查看 TFTP 服务器的存放目录，会看到一个名为“startup-config”的配置文件。

2）备份 IOS 文件。执行 show flash: 命令，查看路由器中的 IOS 映像文件，命令如下：

```
Router#show flash:                                 //显示路由器的 IOS 映像文件
System flash directory:
File    Length    Name/status
3       50938004 c2800nm-advipservicesk9-mz.124-15.T1.bin  //Flash 中存放的 IOS 文件名称和大小
2       28282     sigdef-category.xml
1       227537    sigdef-default.xml
[51193823 bytes used, 12822561 available, 64016384 total]
63488K bytes of processor board System flash (Read/Write)
```

show flash: 命令是一个可以收集有关路由器闪存和映像文件信息的重要工具。此命令可以提供路由器上总的闪存大小为（　　）、可用闪存大小为（　　）、闪存中存储的映像文件名称是（　　）。

执行 copy flash tftp 命令，将 IOS 映像文件备份到 TFTP 服务器，命令如下：

```
Router#copy flash: tftp:       //将路由器中的 IOS 映像文件备份到 TFTP 服务器
Source filename []? c2800nm-advipservicesk9-mz.124-15.T1.bin      //输入要备份的 IOS 映像文件名称
Address or name of remote host []? 192.168.10.200                 //输入 TFTP 服务器的 IP 地址
Destination filename [c2800nm-advipservicesk9-mz.124-15.T1.bin]?  //输入目标文件的名称
```

```
Writing c2800nm-advipservicesk9-mz.124-15.T1.bin!!!          //将映像文件写入 TFTP 服务器
```

查看 TFTP 服务器存放目录，是否存在后缀名为.bin 的 IOS 映像文件。

3. 从 TFTP 服务器恢复启动配置文件

（1）执行 copy tftp startup-config 命令，如下：

```
R1#copy tftp: startup-config
Address or name of remote host []? 192.168.10.200
Source filename []? startup-config
Destination filename [startup-config]?
Accessing tftp://192.168.10.200/startup-config…
Loading startup-config from 192.168.10.200:!
[OK – 526 bytes]
573 bytes copied in 0.047 sec (11191 bytes/sec)
R1#
```

（2）再次重新加载路由器，加载完成时，路由器应会显示 R1>，执行命令 show startup-config，检查恢复的配置文件是否完整。

4. 恢复 IOS

在监控模式下，使用 tftpdnld 命令恢复 IOS。当路由器的 IOS 操作系统丢失后，路由器便无法进入正常的工作状态。下面以 Cisco 2800 系列路由器为例，介绍如何快速地恢复路由器的 IOS 操作系统。

（1）恢复 IOS 前的准备工作。

1）准备一台 PC 和交叉线，PC 上要有相应的 TFTP 软件和所需要的 IOS 映像文件。

2）在连接 TFTP Server 的 PC 至路由器时，必须使用路由器的第一个以太网接口。

3）在使用连接电缆时，一定要用交叉网线，因为这种情况属于 DTE 和 DCE 之间的连接。

4）TFTP Server 的地址可以随意定义，但必须和路由器定义的地址在同一网段。

（2）IOS 恢复操作步骤如下：

```
rommon 1>                                    //进入监控模式
rommon 2>ip_address=192.168.10.1             //路由器第一个以太网接口 IP 地址
rommon 3>ip_subnet_mask=255.255.255.0        ///以太网接口 IP 地址的网络掩码
rommon 4>default_gateway=192.168.10.1        //默认网关指向 TFTP 服务器的 IP 地址
rommon 5>tftp_server=192.168.10.200          //设置 TFTP 服务器的 IP 地址
rommon 6>tftp_flie=c2600-I-mz                //IOS 文件名
rommon 7>tftpdnld                            //该命令从 TFTP 服务器恢复 IOS
ip_address:192.168.10.1
ip_subnet_mask:255.255.255.0
default_gateway:192.168.10.1
tftp_server:192.168.10.200
tftp_flie:c2600-I-mz
……                                           //此处省略部分输出
Do you wish to continue?y/n:[n] y            //回复 y(yes)，开始从 TFTP 服务器上恢复 IOS
rommon 8>reset                               //重启路由器
```

3.2.4 保护 IOS 映像和配置文件

Cisco 的路由器具有保护正在运行的映像并维护配置的工作副本的功能，可以防止删除非易失性存储器和闪存中的内容。此功能可保护最小的文件工作集，以保留永久的存储空间，并且保护主 IOS 映像文件不需要额外的空间。

1. 显示路由器闪存中的文件

执行 show flash: 命令将显示子目录的内容。dir 命令仅显示当前目录的内容。请记录可用字节数和所使用的字节数。

2. 保护 IOS 映像并存档运行配置的副本

（1）执行 secure boot-image 命令启用 IOS 映像恢复能力，这将隐藏 dir 命令和 show 命令中的文件。执行 EXEC 模式命令无法查看、复制、修改或删除该文件。第一次打开时，运行的映像是安全的。

```
R1(config)#secure boot-image
%IOS_RESILIENCE-5-IMAGE_RESIL_ACTIVE: Successfully secured running image
```

（2）执行 secure boot-config 命令获取路由器运行配置的快照，并将其安全存档在永久存储器（闪存）中。

```
R1(config)#secure boot-config
%IOS_RESILIENCE-5-CONFIG_RESIL_ACTIVE: Successfully secured config archive [flash:.runcfg-19930301-051929.ar]
```

3. 验证映像和配置是否安全

只能执行 show secure bootset 命令来显示存档的文件名。能看见主 IOS 文件名，但看不见保护的 IOS 映像文件名。

4. 显示路由器闪存中的文件

使用 show flash: 命令显示闪存的内容。结果中没有列出 IOS 映像或已归档的运行配置文件，主要原因是这些文件已经被隐藏了。但 IOS 映像肯定还在，在启用 IOS 映像恢复能力前后，分别使用 show flash: 命令，通过比较发现 Flash 中的可用字节数和所使用的字节数是不一样的，由此可以推断 IOS 映像还在。

5. 禁用 IOS 和配置文件恢复能力配置功能

执行如下命令：

```
R1(config)#no secure boot-im
R1(config)#no secure boot-image
%IOS_RESILIENCE-5-IMAGE_RESIL_INACTIVE: Disabled secure image archival
R1(config)#no secure boot-config
%IOS_RESILIENCE-5-CONFIG_RESIL_INACTIVE: Disabled secure config archival [removed flash:/.runcfg-19930301-051929.ar]
```

6. 验证 IOS 映像此时在闪存中是否可见

执行 show flash: 命令显示闪存中的文件，可以发现原来的映像文件还在。

3.3　远程安全管理

如果工作地点不在设备间，为了便于后期对网络设备进行配置与管理，需要在设备间先通过控制台完成对网络设备的基本配置并对其实现远程管理。远程登录提供了访问远程设备的功能，使本地用户可以通过 TCP 连接登录到远程设备，就像控制本地主机一样。远程登录的方式有 Telnet、SSH、HTTP、SNMP，本书主要介绍 Telnet、SSH 和 SNMP 的远程安全登录。

3.3.1　使用 ACL 限制 Telnet 的远程访问

使用 ACL 限制 Telnet 的远程访问

网络管理员通常会使用 Telnet 来访问交换机或路由器。Telnet 是一种不安全的协议，并且包含以下漏洞：

（1）所有的用户名、密码和数据都是以明文的方式穿越公共网络。

（2）用户使用系统中的一个账户可以获得很高的权限。

（3）远程攻击者可以使 Telnet 服务瘫痪，通过发起 DoS 攻击，比如打开过多的虚假 Telnet 会话，就可以阻止合法用户使用该服务。

（4）远程攻击者可能会找到启用的客户账户，而这个客户账户可能属于服务器可信域。

下面以交换机为例，采用如图 3-4 所示的网络拓扑图，讨论如何使用 ACL 限制 Telnet 远程管理访问的配置过程。

1. 设置交换机的远程登录验证密码

如果采用密码验证方式，需要设置本地验证密码；如果采用本地数据库验证方式，可以不设置验证密码，而在创建本地账户的时候指定密码。即执行如下命令：

```
SW1(config)#line vty 0 4                //进入线程，0 4 表示同时允许 5 台主机登录
SW1(config-line)#password 1234          //配置 Telnet 密码并配置本地验证
SW1(config-line)#login                  //本地密码验证
SW1(config-line)#login local            //使用交换机本地的用户数据库进行远程登录验证
```

2. 设置使能密码

执行如下命令：

```
SW1(config)#enable password/secret 1234
//如密码设置为 1234，其中选项 password 为以明文方式存储，secret 以密文方式存储
```

3. 设置网络设备管理 IP 地址

在配置交换机的管理 IP 地址时，主要通过配置 SVI 接口的 IP 地址来实现。执行如下命令：

```
SW1(config)#interface vlan 1            //在交换机上进入 VLAN 接口配置模式
SW1(config-if)#ip address 192.168.10.2 255.255.255.0       //配置交换机的管理 IP 地址
SW1(config)#ip default-gateway 192.168.10.1
//和管理 IP 地址在同一个子网，由核心层、汇聚层或路由器定义，实现跨网段的远程访问能力
```

4. 建立本地用户数据库

执行如下命令：

```
SW1(config)#username  deng  password  deng
```

5. 限制远程管理 IP 地址的范围

执行如下命令：

```
SW1(config)#access-list 10 permit 192.168.10.0 0.0.0.255
//定义访问列表 10，设置可登录的 IP 地址访问为 192.168.10.0 网段
SW1(config)#line vty 0 4                //进入线程，0 4 表示同时允许 5 台主机登录
SW1(config-line)#access-class 10 in     //将上面定义的访问列表应用在虚拟终端 vty 0～vty 4 上
```

6. 配置结果验证

在管理终端的命令行中，执行命令 telnet 192.168.1.1，输入正确的用户名和密码，测试登录是否成功。登录成功后，执行 show users 命令，查看当前登录用户及所在 IP；再输入 enable 密码，只能执行 show 命令查看。

3.3.2 使用 SSH 远程管理网络设备

使用 SSH 远程管理网络设备

在使用 SSH 进行登录时，整个登录会话（包括密码的传输）都是加密的，因此外部攻击者无法获取密码。SSHv1 有各种安全性隐患，建议管理员使用 SSHv2 代替 SSHv1。目前 SSH 正在成为企业标准，因为它对于安全性具有更为严格的要求。

1. SSH 的简单运行过程

SSH 工作在客户端/服务器模式，其运行过程如下：

（1）Client 端向 Server 端发起 SSH 连接请求。

（2）Server 端向 Client 端发起版本协商。

（3）协商结束后 Server 端发送 Host Key 公钥、Server Key 公钥、随机数等信息。

（4）Client 返回确认信息，并附带用公钥加密过的一个随机数，用于双方计算 Session Key。

（5）进入认证阶段，从此以后所有通信均加密。

（6）认证成功后，进入交互阶段。

2. 配置 SSH 前的准备工作

（1）检查设备 IOS 版本，以支持 SSH。

（2）确保网络设备有唯一的主机名（不要使用 Router）。

（3）确保路由器使用正确的网络域名（必须设置）。

（4）确保目标网络设备配置了本地验证或用于用户名和密码验证的 AAA 服务。

（5）配置终端与被管理网络设备三层联通。

3. 采用 login local（本地鉴别）方式配置 SSH

SSH 不支持密码验证，因此只能采用“用户名+密码”的认证方式。根据采用的用户数据库在网络中的位置不同，SSH 支持本地鉴别方式、基于 AAA 的本地鉴别方式和基于外部 AAA 的鉴别方式。本例的用户数据库是建立在路由器上的，采用的网络拓扑图如图 3-4 所示。执行如下命令：

```
R1(config)#ip domain-name span.com                    //配置网络的 IP 域名
R1(config)#crypto key generate rsa general-keys modulus 1024    //产生单向密钥，长度为 1024 位
The name for the keys will be: R1.span.com
% The key modulus size is 1024 bits
% Generating 1024 bit RSA keys, keys will be non-exportable...[OK]
R1(config)#
*Dec 13 16:19:12.079: %SSH-5-ENABLED: SSH 1.99 has been enabled
R1(config)#username Bob secret cisco  //验证或创建一个本地用户名数据库入口
R1(config)#line vty 0 4
R1(config-line)#login local
R1(config-line)#transport input ssh              //启用 VTY 入向的 SSH 会话
R1(config-line)#exit
```

在和 R1 路由器连通的路由器上，执行命令 ssh-l Bob 192.168.10.1，输入密码 cisco，两台路由器之间便建立了一个 SSH 连接，然后在 R1 路由器的特权模式下执行命令 show ssh，查看进出 R1 的 SSH 会话和用户名。

3.4　用户身份认证

用户身份认证

Telnet 数据以明文形式传输，很容易受到暴力破解攻击。SSH 会加密所有数据，比 Telnet 更加安全。但由于需要在每台设备上设置用户名和密码，使用本地数据库进行认证无法很好地扩展，因此使用外部集中式服务器的 AAA 是一种更具可扩展性的解决方案。

AAA（认证、授权、审计）使用集中部署的标准化方法来质询用户的认证凭证，审计记录用户在网络设备上的操作行为。用户通过身份认证后，才能对授权资源进行访问。

如图 3-5 所示的网络拓扑图中，R1 和 R2 的用户数据库创建在 AAA Server 上，由 AAA Server 集中管理，方便灵活且有很强的扩展性。具体实现步骤如下。

1. 网络基本配置

按照图 3-5 所示规划的 IP 地址，在路由器上完成设备名称、接口 IP 地址和静态路由的配置；在 PC 和 AAA Server 上配置 IP 地址参数；在 PC 上能够 ping 通 AAA Server 的 IP 地址，确保网络的连通性。

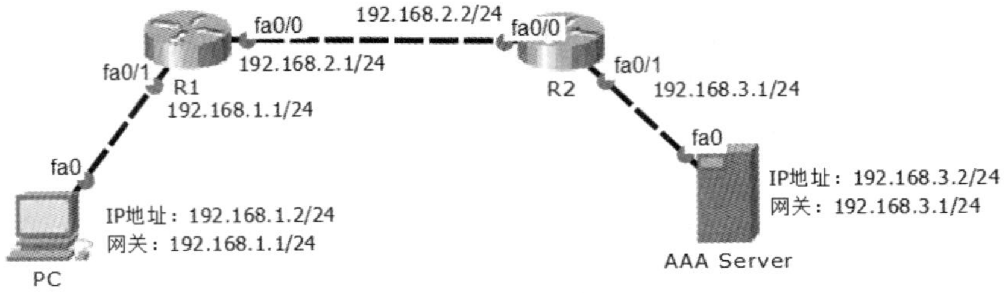

图 3-5 外部 AAA 认证方式网络拓扑图

2. 外部认证服务器配置

在 Packet Tracer 7.3 中打开 AAA Server 的配置界面，如图 3-6 所示，设置客户端的名称为 R2，客户端 IP 地址为 192.168.3.1，服务类型为 Radius，认证密钥为 123456，单击“添加”按钮即可。添加用户名为 cqcet、密码为 cisco 的用户账号，用于设备登录的身份认证。

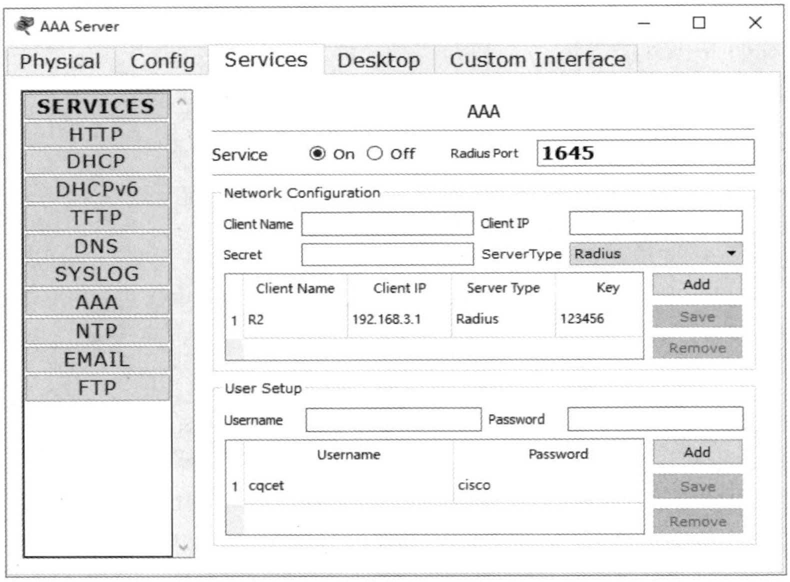

图 3-6 外部认证服务器配置界面

3. 在路由器 R2 上配置 AAA 认证服务

在路由器 R2 上设置的认证密钥与 AAA Server 上配置的密钥要完全一致。执行如下命令：

```
R2(config)#aaa new-model                                    //启用 AAA 服务
R2(config)#aaa authentication login default group radius   //在 AAA 中设置认证方法列表
R2(config)#radius-server host 192.168.10.3 key 123456      //设置 radius 服务器的 IP 地址和认证密钥
R2(config)#line vty 0 4                                     //进入线路模式
R2(config-line)#login authentication default                //在 R2 的线路上应用认证方法列表
```

4. 配置结果的验证

在 PC 上执行命令 ssh -l cqcet 192.168.2.2，输入密码 123456，成功登录 R2。

3.5　过关训练

3.5.1　知识储备检验

1. 填空题

（1）交换网络环境中常见的攻击方式有________、________和________。

（2）交换机或路由器上常见的登录验证方式主要有________、________和________。

2. 选择题

（1）（　　）是访问路由器的第一个关口，也是防御攻击的第一道防线。

A．VTY 登录端口　　B．Console 端口

C．根端口　　D．Auxiliary 端口

（2）如果字符“cisco”经过 service password-encryption 加密后生成的密文为 0822455D0A16，那么将路由器的控制台密码设置为 cisco，路由器的配置为

Router(config)#line console 0

Router(config-line)#password 7 ？

Router(config-line)#login

Router(config-line)#exit

则在“？”处应输入（　　）。

A．cisco　　B．cisco0822455D0A16

C．0822455D0A16　　D．0822455D0A16cisco

（3）service password-encryption 和 enable secret 设置的两种加密密文，（　　）更安全。

A．service password-encryption

B．enable secret

C．由于它们都采用 MD5 单向散列算法，所以安全性相同

D．无法比较，因为它们采用的算法不同

（4）需输入（　　）线路配置模式命令，防止由于休眠而造成线路（如控制台、Auxiliary 或 VTY 线路）连接超时。

A．no service timeout　　B．timeout-line none

C．exec-timeout 0 0　　D．service timeout default

3. 简答题

（1）简述使用安全 ACL 方式限制 Telnet 远程管理网络设备的配置步骤。

（2）如何在网络设备上配置健壮的密码系统？

（3）写出在路由器上执行密码恢复的流程。

（4）写出严格控制 console 端口访问的措施。

（5）设置最小密码长度后，以前设置的密码是否会受到此策略的影响？哪些类型的密码会受到影响？

（6）与 Telnet 相比，SSH 有哪些优势？

（7）设置用户名以及使用本地数据库进行认证的可扩展性如何？

（8）为什么使用集中式日志服务器比仅在本地使用路由器日志更好？

（9）写出 SSH 的配置步骤。

3.5.2 实践操作检验

如图 3-7 所示的网络拓扑图中，管理终端上连交换机，交换机的另一个接口与路由器相连，路由器与外部认证服务器相连，主要为管理终端和管理交换机提供网关功能。而 AAA 认证服务器 RADIUS Server 为终端采用 SSH 方式远程管理交换机提供统一鉴别方式。IP 地址及 VLAN 规划如图 3-7 所示。请完成相关配置，在管理终端上采用 SSH 方式管理路由器。

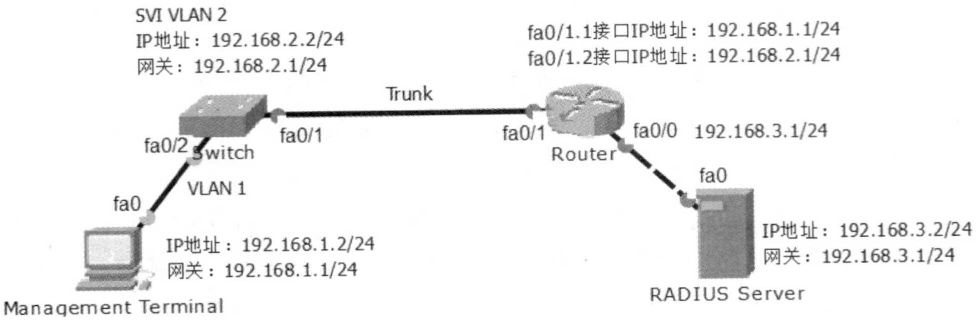

图 3-7　使用 SSH 方式远程管理网络设备拓扑图

3.5.3 挑战性问题

如图 3-8 所示的网络拓扑结构中，将路由器 R1 和 R2 的日志信息记录到日志服务器上；为了确保记录信息的有序，网络中部署了 NTP 服务器。日志信息和 NTP 服务的安全性主要由服务器自身来保障。在时间同步过程中，R1 和 R2 与 NTP 服务之间交互的信息通过协议认证来加强。另外，在网络中的 R1 上部署了 NetFlow，将 R1 的 fa0/0 接口下的流量（ICMP、Telnet）统计到报告系统，并用流量分析器进行监控。

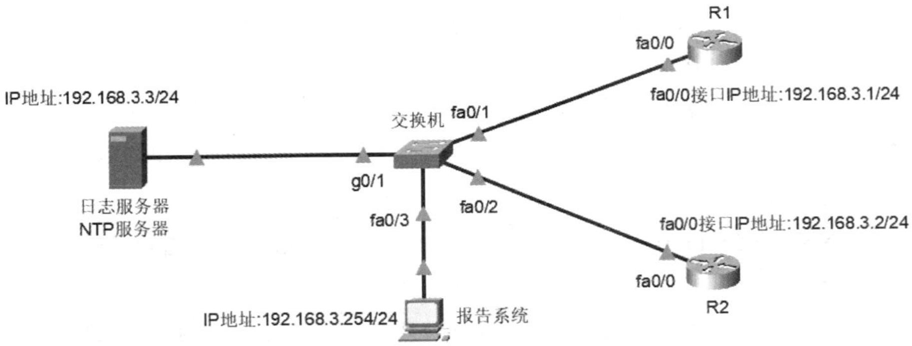

图 3-8　网络安全监控规划与部署拓扑结构

项目 4　局域网安全技术

通常局域网工作在数据链路层。但考虑到网络规模和网络管理等要素，在实际运行中，将局域网划分为多个逻辑子网。根据应用场景的不同，局域网中的关键设备可以是交换机、三层交换机或路由器。

存在很多威胁因素可能对局域网的网络架构造成严重破坏。例如，如果可以访问内部网络的攻击者能够捕获数据帧，那么在数据链路层以上实现的所有安全解决方案都将失效。实际上，许多网络攻击是从局域网内部发起和传播的，这就需要组织局域网中的网络设备自身能够提供一定程度的安全防护，以缓解 MAC 泛洪、VLAN 跳跃、STP 操纵、ARP 欺骗和 DHCP 欺骗等安全攻击带来的影响。

4.1　局域网安全威胁概述

在网络技术快速发展的今天，网络安全不再单纯依赖单一设备和技术来实现，交换机作为网络骨干设备，自然也肩负着构筑网络安全防线的重任。在目前的网络体系中，路由器是网络互联的重要设备，因为路由器一般位于防火墙之外，是边界网络的前沿，所以路由器的安全运行成为了第一道防线。

4.1.1　交换机安全

安全交换机是指当交换机作为网络节点加入到网络中时，网络的脆弱性不会增加。相比之下，传统的非安全交换机加入到网络中时，除了进行数据转发外，往往还会成为病毒等网络不安全因素的主要传播工具，在遭受攻击时，还会因为设备自身的脆弱性而影响网络的正常运行。运营商在规划和改造网络时，希望加入的任何一个节点都是安全的，并要求在交换机等汇聚层设备上（当然最好在接入层设备上，越靠近用户越好）有一层安全屏障。而对于企业网，很多病毒和攻击都是从内部发起和传播的，这时候防火墙往往无能为力。这就需要企业内部的交换机能够提供一定程度的安全防护。在这种需求的驱动下，安全性成为新一代交换机的必备属性，具有这种属性的交换机通常被人们称作安全交换机。

现在，新的焦点关注到利用二层交换机操作而发起的恶意攻击，如交换机设备访问攻击、MAC 层攻击、欺骗攻击等，因此需要在接入层交换机上建立安全策略和配置恰当的特性来防护潜在的恶意攻击。表 4-1 简要描述了常见攻击的类型和缓解措施。

表 4-1　交换机常见攻击类型及缓解措施

攻击类型	攻击方法	描述	缓解措施
交换机设备访问攻击	Telnet/SSH	Telnet 用于远程管理设备，以明文发送密码，容易被窃听	使用 SSH 和使用 vty ACL 控制 Telnet（已在项目 3 中讨论）
MAC 层攻击	MAC 泛洪攻击	通过发送虚假源 MAC 地址的帧，占满 MAC 地址表，导致交换机泛洪数据帧	启用端口安全
	VLAN 跳跃攻击	包括 VLAN 跳跃和 VLAN 双层标记攻击。还包括相同 VLAN 内部设备之间的攻击	禁用 DTP、创建黑洞 VLAN

续表

攻击类型	攻击方法	描述	缓解措施
MAC 层攻击	STP 操纵攻击	劣质交换机成为根交换机，严重影响网络性能	控制 STP 的 BPDU 报文
欺骗攻击	DHCP 欺骗	先冒充 DHCP client 申请 IP 地址，耗尽 DHCP Server 的 IP 地址，然后再冒充 DHCP Server 分配 IP 地址	启用 DHCP Snooping
	ARP 欺骗	冒充别的计算机或者网关进行 ARP 应答，实现中间人攻击	在 DHCP Snooping 基础上，启用动态 ARP 检测
	IP 地址欺骗	冒充别的计算机 IP 发送 DoS 拒绝服务攻击数据包	在 DHCP Snooping 基础上，启用 IP 源防护

4.1.2 路由器安全

目前的路由器种类繁多，优质的路由器针对网络存在的各种安全隐患都有自己丰富的安全机制。路由器必须具有的安全特性包括身份认证、访问控制、信息隐藏、数据加密和防伪、安全管理、可靠性和线路安全。可靠性要求主要是针对故障恢复和负载能力提出来的，当主设备运行故障时，备份设备可以自动接替工作。主设备运行故障时，备份设备可以自动接替工作。负载分担主要指网络流量增大时，备份链路承担部分主要线路上的网络流量。网络安全身份认证包括访问路由器的身份认证、Console 登录配置、Telnet 登录配置、SNMP 登录配置、Modem 远程配置、对其他路由的身份认证、直接相连的邻居路由器配置、逻辑连接的对等体配置、路由信息的身份认证以及防伪造路由信息的侵入安全特性。

本项目主要介绍路由协议的认证，访问控制和信息隐藏特性分别在项目 5 和项目 6 中讨论，其他内容已在项目 3 中作了分析。

链路发现的攻击与缓解

4.2 链路发现的攻击与缓解

网络设备提供了向其邻居宣告自我存在性的一种自动化机制。思科的发现协议（CDP）工作于数据链路层，默认启用，周期间隔 60 秒。链路层发现协议（LLDP）提供了与 CDP 类似的功能，但是它基于公有的 IEEE 802.1ab 标准定义，能够运行在多厂商的网络环境中。LLDP 或 CDP 可以将自己的系统名、管理地址、端口描述以及供电需求信息通告发送给其他能够解读这些信息的接收设备（交换机、语音或视频设备），而这些信息完全可以被攻击者利用。为了提高安全性，通常仅在部分端口上启用 LLDP/CDP 特性。下面结合具体实例讨论 LLDP 的实现和缓解链路的侦查攻击。

1. 网络拓扑结构

本案例使用类似思科 CDP 的国际标准协议 LLDP，发现网络中设备的邻居，采用的网络拓扑如图 4-1 所示。

2. 配置网络设备名称

按图 4-1 在每台设备上执行 hostname 命令，配置每台设备名称，以便在启用 LLDP 后能够知晓各设备之间的连接状况。

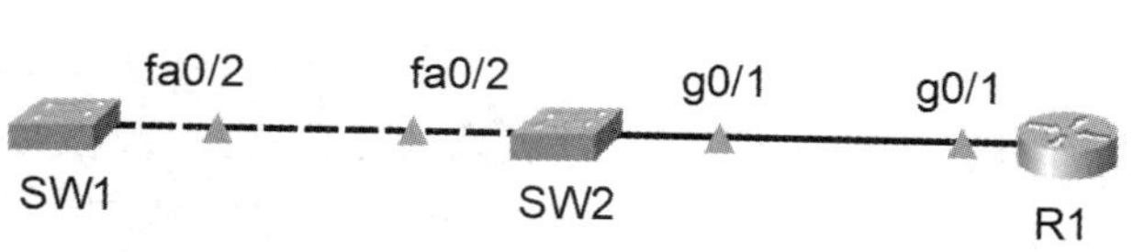

图 4-1 LLDP 网络拓扑结构

3. 开启 LLDP

（1）在所有设备上执行 lldp run 命令，全局开启 LLDP。此时所有接口都会发送和接收 lldp 通告。

（2）在 SW1 上，选定 fa0/2 接口，执行 no lldp transmit 命令，控制 SW1 设备只接收 SW2 的 LLDP 通告信息，不将自己的设备信息通告给它的邻居 SW2。

（3）在 R1 上，选定 g0/1 接口，执行 no lldp receive 命令，控制 R1 只将 LLDP 通告发送给邻居 SW2，不接收 SW2 的 LLDP 通告。

4. 配置结果验证

执行相关命令查看已经发现的邻居设备的汇总信息，如设备名称、接口名称、设备类型。在验证前需要等待一段时间。

（1）在 SW2 上执行 show lldp neighbors 命令，查看发现的邻居情况。由于 SW1 未通告 LLDP，因此只发现路由器 R1。

（2）在 SW1 上执行 show lldp neighbors 命令，查看发现的邻居情况。因为 SW2 上全局开启 LLDP，故发现邻居设备 SW2。

（3）在 R1 上执行 show lldp neighbors 命令，查看发现的邻居情况。没有任何邻居信息。

如果要查看更为详细的内容，可以执行 show lldp neighbors detail 命令。LLDP 的操作非常简单，对网络管理来讲也非常适用，然而一旦被恶意攻击者所利用，就可能带来极大的安全风险，所以对关键设备要慎用 LLDP 或 CDP。

4.3 VLAN 的跳跃攻击与缓解

VLAN 的跳跃攻击与缓解

为提高网络性能并简化维护工作，可以将网络从逻辑上划分为若干 VLAN。一个 VLAN 就是一个广播域，交换机端口仅能接收它所在 VLAN 中的数据包。如果交换机之间需要传递 VLAN 流量，就需要使用 IEEE 802.1q（国际标准）或 ISL（思科私有标准）打上 VLAN 标签，才能通过中继链路传输。

1. 中继端口的欺骗攻击

默认情况下，交换机之间的链路上使用动态中继协议（DTP）。攻击者可以通过配置主机以冒充交换机来实现 VLAN 访问，并使用 802.1q 中继协议和 DTP 与连接交换机建立中继链路，诱使目标交换机端口成为中继端口，如图 4-2 所示。进入中继模式后，攻击者就能获取所有 VLAN 流量。

2. 双层标记 VLAN 的欺骗攻击

如图 4-3 所示，攻击者向交换机 A 发送一个带有双层标记的帧，外层是 VLAN 10（与 Native VLAN 相同）的标记，内层是 VLAN 20 的标记，指向目标 VLAN。交换机 A 收到双层标记帧之后检查外层的标记并剥去 VLAN 10 的标记，然后将仅带有 VLAN 20 标记的帧转发给交换机 B。因为 VLAN 10 是 Native VLAN，所以不再重新标记。中继链路另一端的交换机 B 收到该帧后将内部标记 VLAN 20 剥离，然后将其转发给目标 VLAN 20。这种攻击通常是单向的，因为回来的流量也要求双层标记，但攻击者不会有意构建这种双层标记的数据帧。

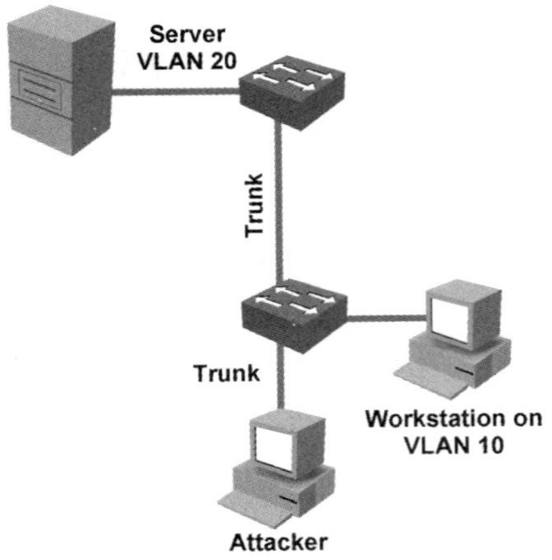

图 4-2　欺骗交换机端口成为中继端口

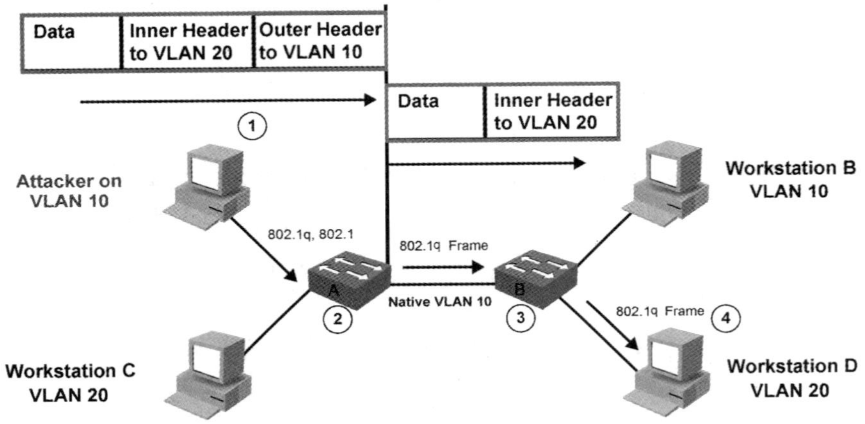

图 4-3　双层标记 VLAN 的欺骗攻击拓扑图

3. 缓解 VLAN 跳跃攻击的措施

缓解 VLAN 跳跃攻击的技术措施主要包括以下几个方面：

（1）禁用所有不使用的端口，并将它们分配到一个不使用的 VLAN 中。

（2）将用户端口配置为接入模式并禁用 DTP 协商。

（3）将交换机之间的链路配置为中继模式并禁用 DTP 协商。

（4）将本征 VLAN 设置为一个不使用的 VLAN，强制为本征 VLAN 打上标签，在中继链路上修剪本征 VLAN。

（5）不要使用 VLAN1 作为交换机的管理 VLAN。

下面用一个具体案例说明缓解 VLAN 跳跃攻击的实施过程。

4. 缓解 VLAN 跳跃攻击实施案例

本例中，VLAN 规划及设备连接情况如图 4-4 所示，其中交换机 S1 和交换机 S2 通过千兆口相连，创建了 3 个用户 VLAN，分别接入用户终端。这样的网络环境会存在 VLAN 跳跃攻击，使得流量不经利用就从一个 VLAN 被转发到另一个 VLAN，存在数据被拦截的风险。

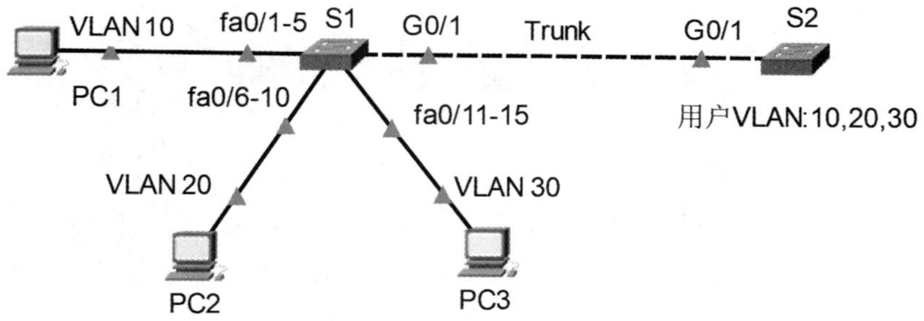

图 4-4 缓解 VLAN 跳跃攻击拓扑图

（1）禁用未使用的交换机接口。

1）执行 show vlan 命令，查看未使用的接口。

2）选定未使用的接口。

3）关闭未使用的接口。

（2）将未使用的接口划分到一个不使用的 VLAN 中。

1）创建 VLAN 100。

2）把不使用的接口划分到 VLAN 100 中。

（3）将交换机之间的链路配置为中继模式并禁用 DTP 协商。

1）将 G0/1 口设置为 Trunk 模式。

2）执行相关，命令查看是否开启 DTP 协商。

3）在 S1 上进入 G0/1 接口。

4）关闭自动协商。

```
S1(config-if)#switchport nonegotiat
//在 S2 上作同样的配置，过程与 3）完全相同。
```

（4）将本征 VLAN 更改为其他 VLAN，并在中继链路上修剪本征 VLAN（不让它通过）。

1）执行相关 show interface trunk 命令，查看当前的本征 VLAN。

2）创建 VLAN 40。

3）进 S1 的 G0/1 口。

4）执行 switchport trunk native vlan 40 命令，设置本征 VLAN 为 VLAN 40。

5）修剪 VLAN 只让用户业务 VLAN 10、VLAN 20、VLAN 30 通过。

```
S1(config-if)#switchport trunk allowed vlan 10,20,30
//在 S2 上作同样的配置
```

（5）使用其他 VLAN 作为交换机的管理 VLAN。执行如下命令：

```
S1(config)#vlan 255                    //创建 VLAN 255
S1(config-vlan)#int vlan 255           //创建 SVI VLAN 255 接口
S1(config-if)#ip address 192.168.255.1 255.255.255.0          //配置 IP 地址和子网掩码
S2(config)#vlan 255                    //创建 VLAN 255
S2(config-vlan)#int vlan 255           //创建 SVI VLAN 255 接口
S2(config-if)#ip address 192.168.255.2 255.255.255.0          //配置 IP 地址和子网掩码
```

（6）配置结果验证。

1）执行 show ip interface brief 命令，查看不使用端口状态。

2）分别在 S1 和 S2 上执行相关命令，查看是否禁用 DTP 协商、本征 VLAN 和修剪通过的 VLAN。

```
S1#show interfaces switchport | begin Gig0/1
```

端口安全技术与实践

4.4 端口安全技术与实践

1. 交换机端口安全概述

在有些情况下，必须控制哪些工作站能够访问网络，以确保网络的安全。如果用户的工作站不会挪动，则连接到交换机端口的工作站的 MAC 地址将保持不变。如果工作站是移动的，就可动态获悉它们的 MAC 地址，或将其加入到交换机端口的预期地址列表中。交换机端口安全主要有两类：一是限制交换机端口下连接的主机数，以限制用户恶意的 ARP 攻击；二是针对交换机端口进行 MAC 地址、IP 地址的绑定，其安全接入规则见表 4-2。

表 4-2　端口安全接入规则

端口安全规则	处理规则
MAC 最大数量 MAC 绑定 MAC+VLAN 绑定	如果 MAC 最大数量>MAC 绑定：自动学习“MAC 最大数量-MAC 绑定”个 MAC 作为 IP/MAC 过滤项； 如果 MAC 最大数量=MAC 绑定：只有被绑定的 MAC 才能合法接入网络
IP 绑定	主机符合被绑定的 IP 才能合法接入网络
IP+MAC+VLAN	主机符合被绑定的 IP+MAC+VLAN 才能合法接入网络

2. 交换机端口安全默认配置

端口安全能够基于主机 MAC 地址来控制流量通过。单个端口能够允许若干个 MAC 地址流量通过。根据交换机型号的不同，允许的最大 MAC 地址数也不相同，表 4-3 是 Cisco 2960 交换机端口安全默认配置。

表 4-3　Cisco 2960 交换机端口安全默认配置

内容	默认设置
端口安全开关	关闭
最大安全地址过滤项个数（MAC）	128
安全地址过滤项	无
违例处理方式	保护

3. 交换机端口安全配置步骤

（1）在端口上启用端口安全（端口安全属性默认是关闭的）。执行如下命令：

```
Switch(config)#interface fastethernet 0/1              //进入要设置的端口
Switch(config-if)#switchport mode access               //设置端口模式
Switch(config-if)#switchport port-security             //启用端口安全
```

（2）绑定 MAC 地址。MAC 地址与交换机端口绑定其实就是交换机端口安全功能的核心，可以配置一个端口，只允许一台或者几台确定的设备访问交换机，可以根据 MAC 地址确定哪些设备可以访问交换机。允许访问交换机的设备的 MAC 地址可以手动配置，也可以从交换机自动学习到。当一个未批准的 MAC 地址试图访问安全端口时，交换机采取措施禁止访问。具体可以采用三种模式绑定 MAC 地址。

1）静态可靠的 MAC 地址：这种模式是在交换机模式下手动配置的，这个配置会被保存在交换机 MAC 地址表和运行配置文件中，保存配置以后交换机重新启动数据不丢失。配置命令如下：

```
Switch(config-if)#switchport port-security mac-address mac    //地址
```

2）动态可靠的 MAC 地址：这种模式是交换机默认的方式。交换机动态学习 MAC 地址，但是这个配置只会保存在 MAC 地址表中，不会保存在运行配置文件中，交换机重新启动后，这些 MAC 地址表中的 MAC 地址会自动被清除。

3）黏性可靠的 MAC 地址：这种类型下，可以手动配置 MAC 地址和端口的绑定，也可以让交换机自动学习来绑定。这个配置会被保存在 MAC 地址表和运行的配置文件中。如果保存配置，交换机重新启动后不用再重新自动学习 MAC 地址，配置命令如下：

```
Switch(config-if)#switchport port-security mac-address sticky
```

在上面这条命令配置完成并且该端口学习到 MAC 地址后，会自动生成一条命令：

```
Switch(config-if)#switchport port-security mac-address mac-address
```

（3）设置安全端口最大连接数。通过 MAC 地址来限制端口流量，此配置允许一个安全端口最多通过若干个 MAC 地址的流量，超过限定的数值时，来自新主机的数据帧将丢失。

如果将最大端口连接数设为 1，并且为该端口配置一个安全地址，则连接到这个端口的工作站（其地址为配置的安全地址）将独享该端口的全部带宽。设置了安全端口上安全地址的最大连接数以后，可以用以下方式加满端口上的安全地址：

- 手工配置安全端口的所有安全地址。
- 端口自动学习地址，这些自动学习到的地址将变成该端口上的安全地址，直到达到最大数。

安全端口最大连接数配置命令实例如下：

```
Switch(config-if)#switchport port-security maximum 1          //指定最大连接数为 1
```

（4）指定安全违例行为（默认行为是永久性关闭端口）。配置命令如下：

```
Switch(config-if)#switchport port-security violation protect | restrict | shutdown
```

当超过设定 MAC 地址数量的最大值，或访问该端口设备的 MAC 地址不是这个端口绑定的 MAC 地址，或同一个 VLAN 中的一个 MAC 地址被配置在几个端口上时，就会违反 MAC 地址安全，这个时候采取的措施有以下三种。

- protect：当安全 MAC 地址数量达到了端口所允许的最大 MAC 地址数时，交换机会继续工作，但将把来自新主机的数据帧丢弃，直到删除足够数量的 MAC 地址并使其低于最大值。
- restrict：交换机继续工作，向网络管理站（SNMP）发出一个陷阱 Trap 通告。
- shutdown：交换机将在特定的时间周期内或永久性地关闭端口，端口进入“err-disable”状态，并发送 SNMP 的 Trap 陷阱通告。

如果端口进入了“err-disable”状态，要恢复正常必须在全局模式下执行 errdisable recovery cause psecure-violation 命令，或者手动地执行 shutdown 命令关闭端口，再执行 no shutdown 命令。

4. 交换机端口安全配置总结

在交换机上可以配置单个端口，使其能够允许一个（以上）到某个特定数目的 MAC 地址，如上面讨论的端口安全；交换机能够丢弃源自所配置 MAC 地址的流量，防止未授权主机向网络发送流量，因此也可以在交换机上执行命令 R1(config)#mac-address-table static 001a.a900.0001 vlan vlan-id drop，配置基于主机 MAC 地址限制流量。端口安全技术不能配置在 Trunk 端口、Aggregate Port 端口、交换式端口分析器 SPAN 等。另外，端口安全和 802.1x 认证端口是互不兼容的，不能同时启用。

5. 验证端口的安全性

（1）显示端口的安全配置信息。执行如下命令：

```
Switch#show port-security interface type mod/num
```

（2）检查 MAC 地址表。执行如下命令：

```
Switch#show mac-address-table
```

DHCP 欺骗攻击与防范

4.5 DHCP 欺骗攻击与防范

DHCP 的主要作用是为网络终端动态分配 IP 地址，在一定程度上减少了网络管理员的工作量并节约了 IP 地址，但 DHCP 工作时采用无验证机制，任何终端都可以申请获取 IP 地址或网络中可以存在多台 DHCP 服务器。

1. DHCP 服务欺骗攻击

如图 4-5 所示，当攻击者伪造 DHCP 服务器（攻击 DHCP 服务器）连接到网络并向合法的客户端提供错误 IP 配置参数时，会发生 DHCP 欺骗攻击。两台 DHCP 服务器都会向 DHCP 客户端发 DHCP offer 和 DHCP ack 消息，但是，当攻击 DHCP 服务器距离 DHCP 客户端较近时，客户机就会优先从攻击 DHCP 服务器获取 IP 地址。攻击 DHCP 服务器向 DHCP 客户端提供虚假的网关地址（通常是攻击者的设备）、DNS 服务器地址等信息，从而将客户机的流量引向攻击者所期望的目的地。

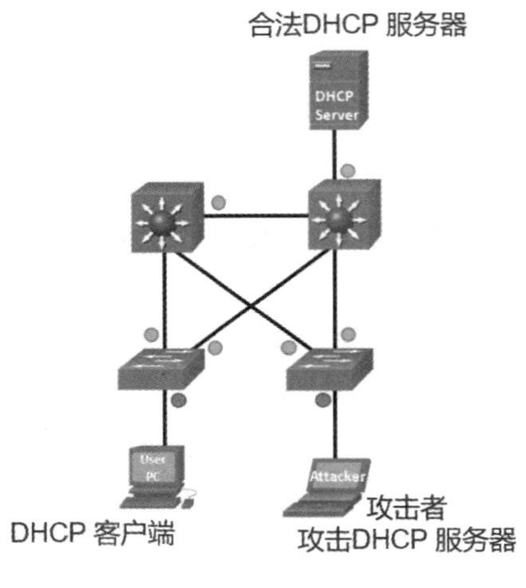

图 4-5 DHCP 服务欺骗攻击拓扑图

2. IP 地址耗尽攻击

如图 4-6 所示，攻击者通过不断修改 MAC 地址来请求 IP 地址，攻击者使用伪造的 DHCP 请求泛洪 DHCP 服务器，并租用所有可用的 IP 地址，这将导致新的客户端无法获取 IP 地址，即出现拒绝服务（DoS）攻击。

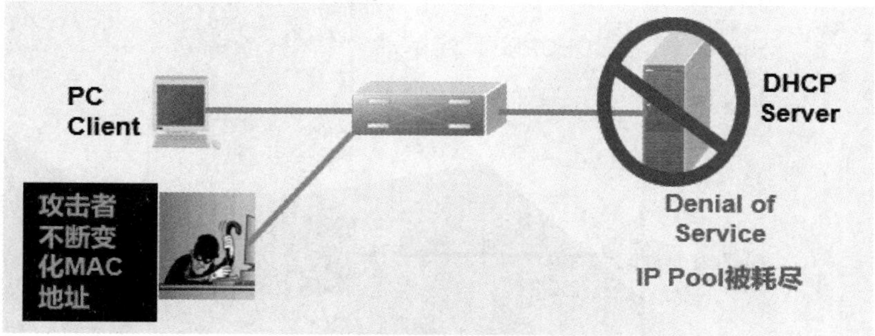

图 4-6　DHCP 服务 IP 地址耗尽攻击拓扑图

3. DHCP 监听机制

如图 4-7 所示，使用 DHCP 监听（DHCP Snooping）可以防御 DHCP 攻击。DHCP 监听识别如下两种类型的端口：

（1）可信任端口，仅连接到上游 DHCP 服务器的端口。

（2）非信任端口，这些端口连接不应提供 DHCP 服务器消息的终端或主机。

一旦在接口上启用 DHCP 监听后，交换机将拒绝包含以下内容的数据包：来自非信任端口的未经授权的 DHCP 服务器消息（如 DHCP Offer 报文）；不遵守 DHCP 监听绑定数据库或速率限制的未经授权的 DHCP 客户端消息。

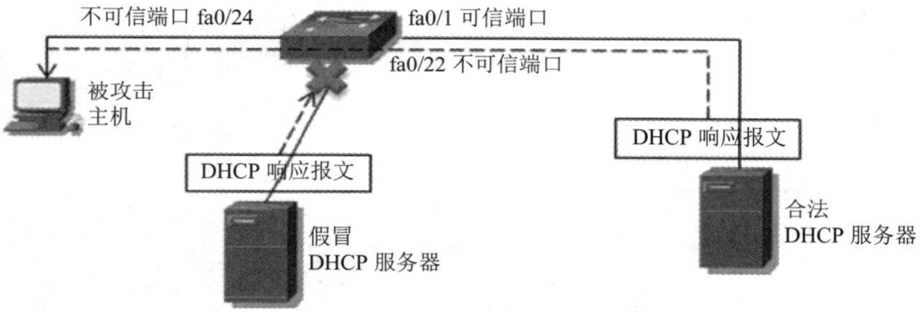

图 4-7　DHCP 监听机制网络拓扑图

4. DHCP 监听机制实践

本例采用如图 4-8 所示的网络拓扑结构，Router 模拟一台合法的 DHCP 服务器，向用户 PC 动态分配 IP 地址。Switch 规划了 VLAN 5，将接口 fa0/1、fa0/2、fa0/3 划分至 VLAN 5 中。网络中模拟了一台攻击服务器接入 Switch 的 fa0/3，将造成合法用户主机获取错误的 IP 地址。

（1）网络基本配置。按照图 4-8 规划的 VLAN 及 IP 地址，在交换机上完成 VLAN 5 的创建与划分操作，在路由器上配置接口 IP 地址。

（2）DHCP 服务配置。在路由器上配置合法 DHCP 服务器，具体要求：建立地址池名称为 NET5，分配的网段为 192.168.5.0/24，下发默认网关为 192.168.5.1/24；配置非法 DHCP 服务器的 IP 地址为 192.168.5.10/24。在攻击服务器的配置界面中，单击 Servers 菜单，在弹出界面的左侧窗格中选中 DHCP，然后在右侧窗格的 Service 项选中 on 单选按钮，在 PoolName 文本框中输入 NET5，默认网关项中不输入任何值，这样做的目的是看清用户 PC 究竟获得的是哪一台服务器的 IP 地址。设置开始 IP 地址为 192.168.5.1，子网掩码为 255.255.255.0，单击 Add 按钮即可，如图 4-9 所示。

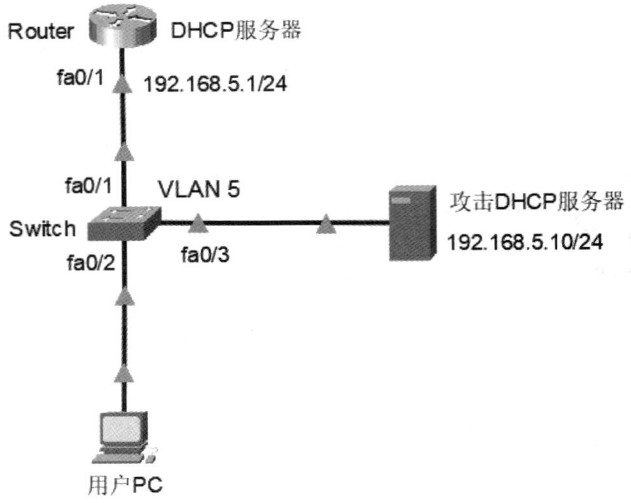

图 4-8　DHCP 监听防护拓扑图

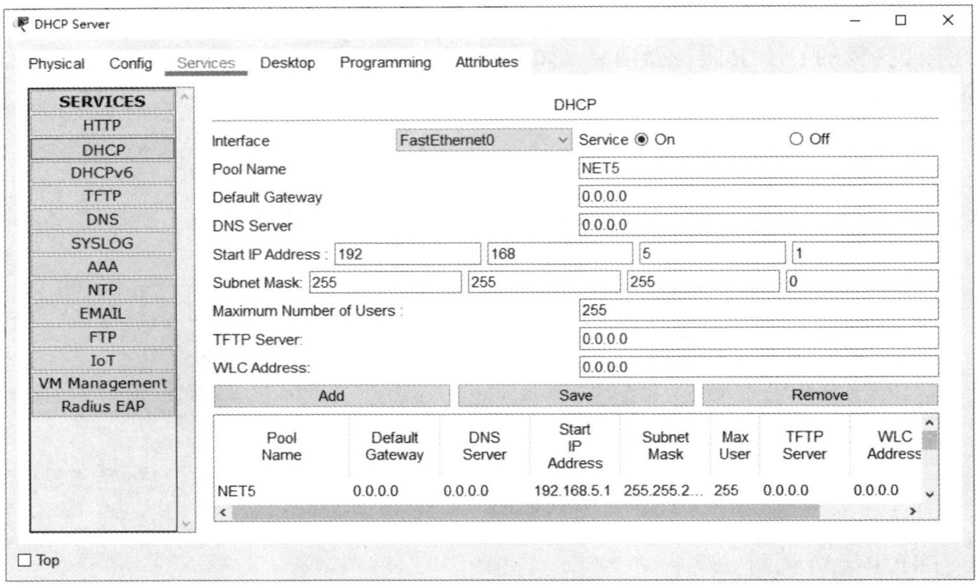

图 4-9　DHCP 服务配置界面

（3）验证用户 PC 获得的 IP 地址。将用户 PC 获取 IP 地址的方式设置为自动获取，发现用户 PC 获得 IP 地址，但没有网关，说明获得的是攻击 DHCP 服务器提供的 IP 地址，此时 DHCP 欺骗就发生了。

（4）配置 DHCP Snooping。执行如下命令：

```
Switch(config)#ip dhcp snooping                    //全局启动 DHCP Snooping
Switch(config)#ip dhcp snooping vlan 5             //针对特定 VLAN 启用 DHCP Snooping
Switch(config)#interface fastEthernet 0/1          //选定 fa0/1 接口
Switch(config-if)#ip dhcp snooping trust           //将 fa0/1 接口设置为信任端口，其余为非信任端口，信任端口会放行 DHCP Offer，非信任端口会阻止 DHCP Offer 报文。也就是将连接合法 DHCP 的服务端口设置为信任端口
Switch(config)#interface fa0/2                     //选定 fa0/2 接口
Switch(config-if)#ip dhcp snooping limit rate 10   //配置下联接口每秒可接收的 DHCP 数据包的数量（这里我们设置每秒最大 10 个）。其功能主要是缓解对 DHCP 服务器的恶意请求攻击
```

完成以上配置后，用户 PC 重新获取 IP 地址，此时发现用户 PC 不能获取到 IP 地址了，

主要原因是启用 DHCP Snooping 的交换机会自动将接收到的 DHCP 数据包插入 option 82 的相关内容，DHCP 服务会拒绝接收这一报文，因此需要在 DHCP 服务器上设置这类报文为可信任的报文，这类报文才能被接收。具体做法是，在 DHCP 服务器（路由器）上执行 ip dhcp relay information trust-all 命令，使服务器能够接收带有 option 82 字段的 DHCP 报文。

使用户 PC 重新获取 IP 地址，发现能够获取到 IP 地址，并且是合法 DHCP 服务器提供的 IP 地址。

（5）配置结果验证。执行 show ip dhcp snooping 命令，在输出结果中，可以看到交换机上哪些是信任端口和非信任端口，端口上是否对 DHCP 报文的进行速率限制等信息；执行 show ip dhcp snooping binding 命令，其输出结果中包含了终端 MacAddress、IpAddress、Lease（sec）、Type、VLAN、Interface 等相关信息，如图 4-10 所示。

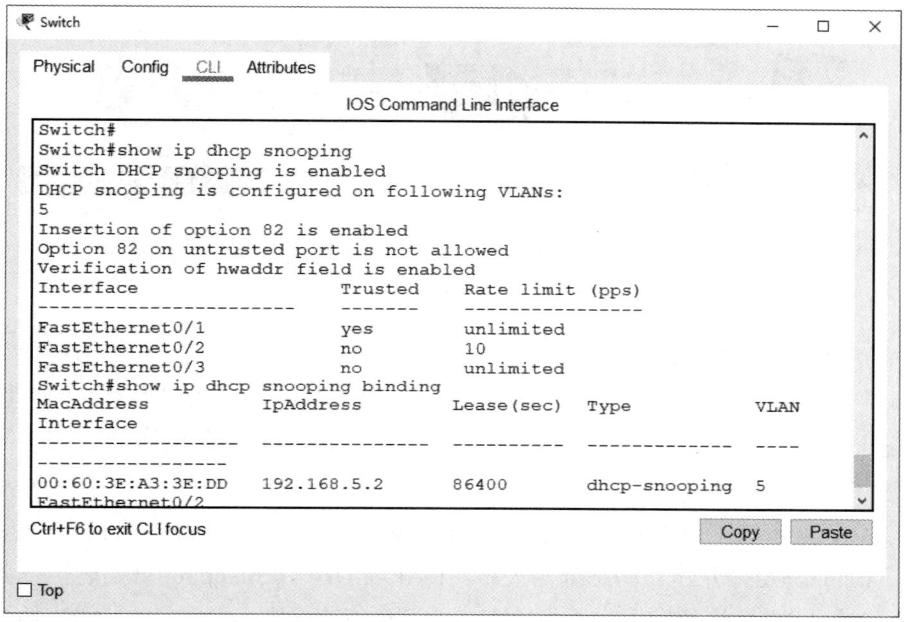

图 4-10　DHCP Snooping 配置结果验证

4.6　ARP 欺骗攻击与缓解

ARP 欺骗攻击与缓解

当节点的 MAC 地址发生变化时（如更换网卡），应当通知网络中的其他节点，否则将无法正常通信。这个任务似乎顺其自然就可完成，当收到其他节点发来的 ARP 请求后，用新的 MAC 地址回答即可。但是，对于其他节点的 ARP 缓存中旧的 MAC 地址该如何更新呢？如前所述，节点在发送 ARP 请求之前总是先检查 ARP 缓存，如果发现其中存在目标 MAC 地址就会直接使用（不会发送 ARP 请求询问新的 MAC 地址）。也就是说，如果不及时更新，在 ARP 缓存中旧的 MAC 地址超时之前（超时时间从几分钟到几小时不等），与该节点的通信将无法进行。这个更新 ARP 缓存中 MAC 地址的任务可以通过特殊形式的 ARP（Gratuitous ARP）应答来完成。当设备的 MAC 地址改变时，将发送这种 Gratuitous ARP 广播通知其他节点更新其 ARP 缓存中的 MAC 地址。攻击者可以利用这种特殊的 ARP 帧进行地址欺骗。

1．利用 ARP 实施中间人攻击

攻击者发送欺骗性的 Gratuitous ARP 应答，将其他节点的 ARP 缓存中网关 R1 的 MAC 地址替换为 PC2（攻击者）的 MAC 地址。由于 PC1 与网关 R1 的 ARP 缓存被改为假的 IP 与 MAC 地址的映射关系，当两者通信时流量都会经过攻击者的 PC2，如图 4-11 所示。

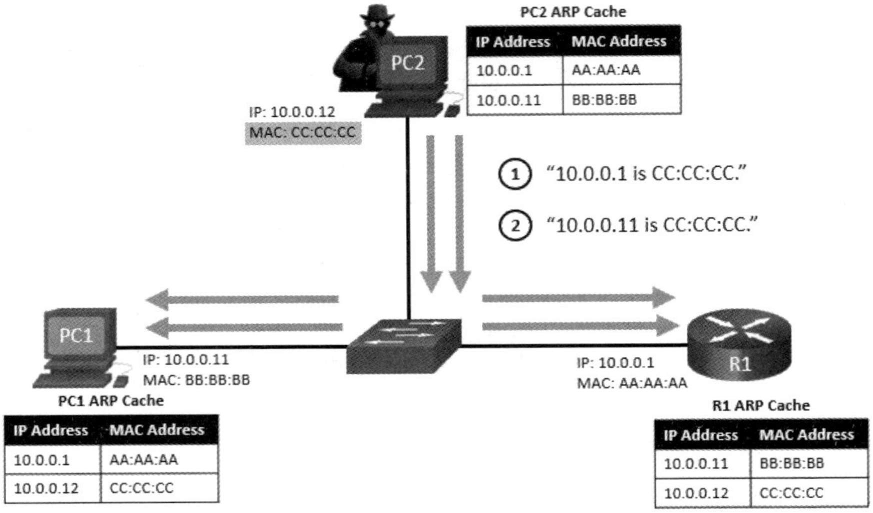

图 4-11 ARP 中间人攻击

2．利用 ARP 实施地址欺骗攻击

攻击者将其他网络节点的地址（MAC 地址或 IP 地址）修改为自己对应的地址以达到地址欺骗的目的，这种攻击造成的后果是，被攻击者无法进行正常的网络通信。

3．ARP 攻击的缓解措施

缓解 ARP 攻击的主要技术措施是动态 ARP 检测（DAI）。DAI 在交换机上提供 IP 地址和 MAC 地址的绑定，并建立动态绑定关系。DAI 以 DHC PSnooping 绑定表为基础，对来自信任端口的 ARP 数据包转发且不作检查，拦截所有来自非信任端口的 ARP 数据包，如图 4-12 所示。在转发这些 ARP 数据包之前，根据 IP-MAC 地址绑定信息来校验每个被拦截的 ARP 数据包，只有匹配 IP-MAC 地址绑定信息的数据包才会被转发，不匹配 IP-MAC 地址绑定信息的 ARP 数据包会被丢弃，并记录到日志。

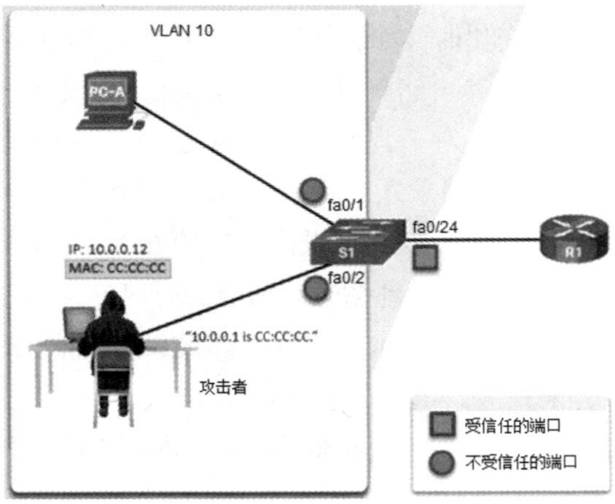

图 4-12 DAI 的工作原理图

4. DAI 配置实践

DAI 配置可以针对 VLAN，对于同一 VLAN 内的接口可以开启 DAI 也可以关闭。通过 DAI 可以控制某个端口的 ARP 请求报文数量，来达到防范 DoS 攻击的目的。

本例采用与图 4-8 相同的拓扑图，在 Switch 上完成 DAI 的配置过程。

（1）确保 DHCP Snooping 工作正常。

（2）在 Switch 上配置 DAI 功能。

```
Switch(config)#ip arp inspection vlan 5
Switch(config)#ip arp inspection validate src-mac dst-mac ip     //启用 ip arp inspection validate 命令后会作进一步的检查，如当后面参数为 src-mac 时，交换机会检查 ARP 数据包内的发送者 MAC 是否与其以太网帧头中的源 MAC 地址相同
Switch(config)#int fast 0/1
Switch(config-if)#ip arp inspection trust
```

（3）配置结果验证。执行 show ip arp inspection interfaces fa0/1、show ip arp inspection vlan 5 命令检查 DAI 的配置情况，如图 4-13 所示。

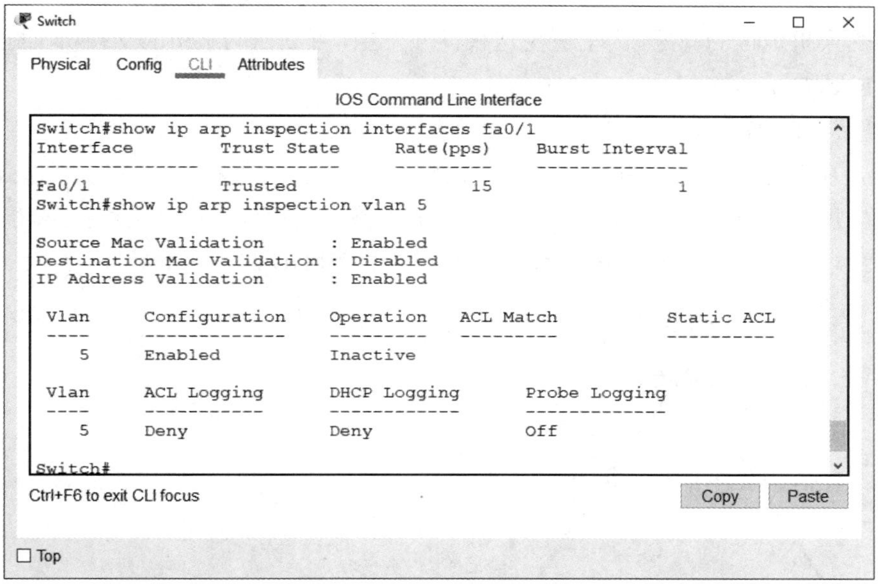

图 4-13　DAI 配置结果验证

4.7　STP 操纵攻击与缓解

STP 操纵攻击与缓解

在交换网络环境中的二层交换机按照 MAC 地址表进行数据帧的转发，但它没有记录任何关于该数据帧的转发记录，因而无法依靠自身来解决冗余链路带来的环路问题，这时候就必须使用 STP 来解决。

1. STP 的恶意操纵攻击

攻击主机广播 STP 桥协议数据单元（BPDU），其中包含配置和拓扑更改，这些更改将强制生成树重新计算，如图 4-14 所示。攻击主机发送 BPDU 宣布较低的网桥优先级，以尝试被选作根网桥。如果成功，攻击主机将成为根网桥，如图 4-15 所示，这种情况下攻击主机就可以捕获原本无法访问的各种帧。另外，攻击者也可能尝试使用劣质交换机作为根网桥，严重影响网络的性能。

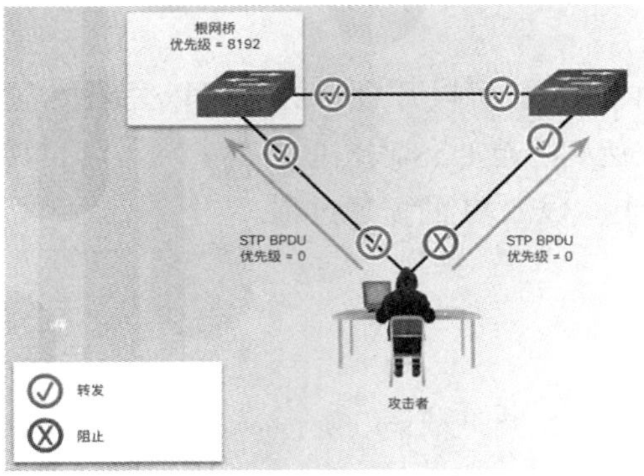

图 4-14　攻击主机发送 BPDU

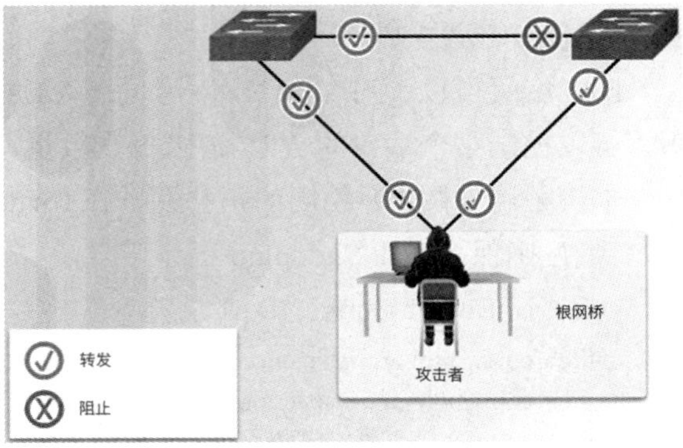

图 4-15　攻击主机成为根网桥

2. STP 攻击的缓解措施

在实际应用中，为了提高端口状态变迁速度，达到提升网络中生成树的弹性目的，可以在交换机接口配置模式和全局配置模式下启用 PortFast 功能。将交换机上的接口设置为 PortFast 接口后，如果这个接口连接到其他交换机上，就可能造成环路问题或者原有根交换机失去根交换机地位的问题。为了避免这种情况发生，可以在网络中的交换机上配置 BPDU Guard 和 Root Guard。

3. 缓解 STP 攻击实践

如图 4-16 所示的网络拓扑中，在网络里加入一台非法交换机 S4，优先级比 S1 还要小，原有根交换机 S1 就会失去根交换机地位，造成链路动荡不稳定。为了避免 STP 攻击问题带来的安全风险发生，可以采取 PortFast、根防护和 BPDU 防护来缓解。

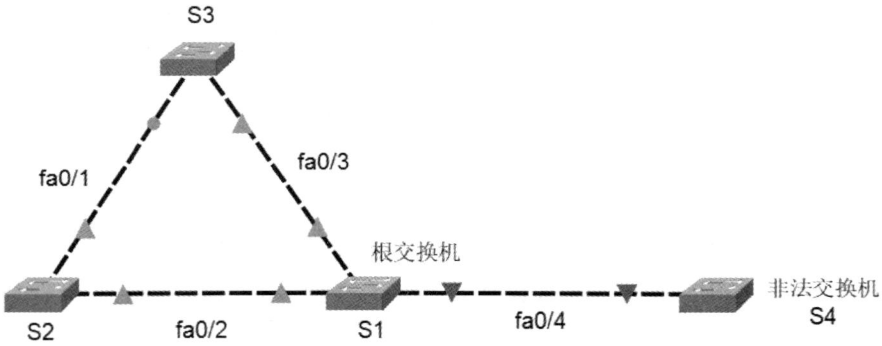

图 4-16　STP 攻击缓解配置拓扑图

（1）查看根交换机。分别在 S1、S2、S3 上执行 show spanning-tree 命令，确认哪一台交换机是根交换机。

（2）接入非法交换机 S4。

1）查看 S4 的优先级状态，执行 show spanning-tree 命令。其优先级是 32768，目前角色不是根交换机。

2）修改非法桥优先级为 0，使其成为根交换机。执行 spanning-tree vlan 1 priority 0 命令，然后执行 show spanning-tree 命令，发现 S4 交换机成为根交换机，这会对网络造成很大危害。

（3）保护原有根网桥地位。

1）激活端口 PortFast 特性。在交换机 S1 的 fa0/4 接口配置模式下，执行 spanning-tree

portfast 命令，激活该接口的 PortFast 特性。

2）启用根防护功能。保护现有根网桥的地位，以防被其他交换机取代。配置了根防护的端口，只能成为指定端口，将无法成为根端口（根交换机上没有根端口）。

- 在接口配置模式下，配置根防护：

```
Switch(config)#interface fastEthernet 0/4
Switch(config-if)#spanning-tree guard root
```

可以立刻发现 S1 提示端口 fa0/4 进入到根不一致状态。

- 将 S4 交换机的优先级改为比 S1 高的数值，必须是 4096 的倍数且最大为 61440，即：

```
S4(config)#spanning-tree vlan 1 priority 61440
```

由于 S1 没有收到比它更优的 BPDU，一段时间后端口就会取消阻塞依次进入 STP 状态过渡，最终进入转发模式。

- 执行 show spanning-tree 命令分别查看 S1 和 S4 角色，发现根交换机从 S4 变成了 S1，根防护成功。

（4）BPDU 防护。配置 PortFast 端口不应收到 BPDU，以免产生环路。如果启用 BPDU 防护的端口收到 BPDU，则端口进入错误禁用状态。

进入到 S1 的 fa0/4 接口并为它配置 BPDU 防护：

```
Switch(config)#interface fastEthernet 0/4
Switch(config-if)#spanning-tree bpduguard enable
```

由于 S1 的 fa0/4 接口收到 BPDU，所以该端口直接进入错误禁用状态，直到管理员手动打开端口或者设置超时时间让端口再次打开。如果这时候仍能收到 BPDU，那么此接口将会再次关闭。

4.8 使用 802.1x 保护设备访问

使用 802.1x 保护设备访问

在前面的学习中，安全接口、地址绑定、限制最大连接数等措施可以实现网络接入安全控制，但这些方法使用起来不够灵活，不能针对客户网络实施接入管理。在简单、廉价的以太网技术基础上，提供用户对网络或设备访问的合法性验证已经成为业界关注的焦点，802.1x 正是在这样的背景下提出来的。

1. 基于服务器的 AAA 身份验证

在如图 4-17 所示的网络拓扑中，客户端与路由器建立连接（①），AAA 路由器提示用户输入用户名和密码（②），路由器使用远程 AAA 服务器验证用户名和密码（③）。AAA 路由器使用终端访问控制器访问控制系统或远程认证拨号用户服务（RADIUS）协议与 AAA 服务器通信（④）。

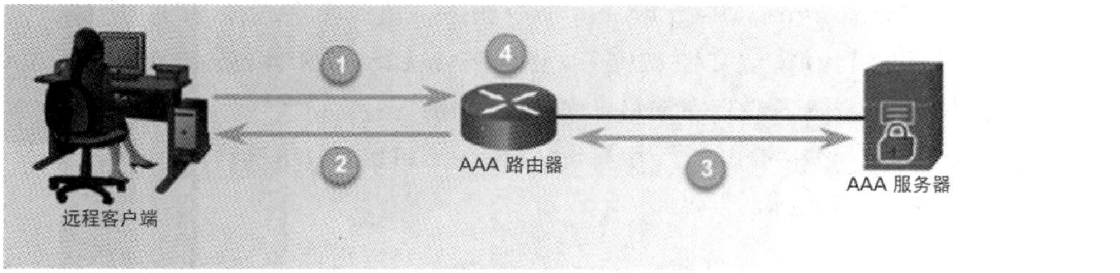

图 4-17 基于外部服务器的 AAA 身份验证

2. 802.1x 简介

IEEE 802.1x 标准定义了基于端口的访问控制和身份验证协议。802.1x 的主要功能是，限制未经授权的工作站连接到 LAN，在提供任何服务之前，身份验证服务器会对连接到交换机端口的每一个工作站进行身份验证，如图 4-18 所示。

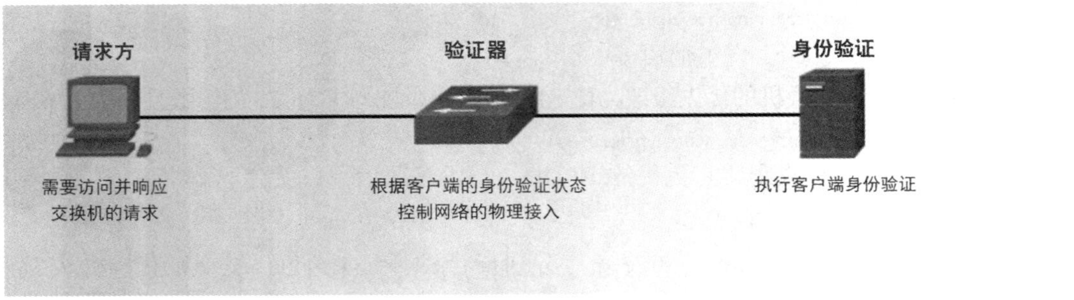

图 4-18　802.1x 工作原理

3. 使用 802.1x 进行访问控制

本例采用如图 4-19 所示的网络拓扑图，接入层交换机 SW 支持 802.1x，RADIUS Server 实现用户的集中管理，管理员不必考虑用户连接到哪个端口上，因此将与 RADIUS Server 相连的接口配置为非受控端口，以便 SW 能正常地与 RADIUS Server 进行通信，使验证用户能通过该接口访问网络资源；将与用户 PC 相连的接口配置为受控端口，实现对用户的控制，用户必须通过验证后才能访问网络资源。

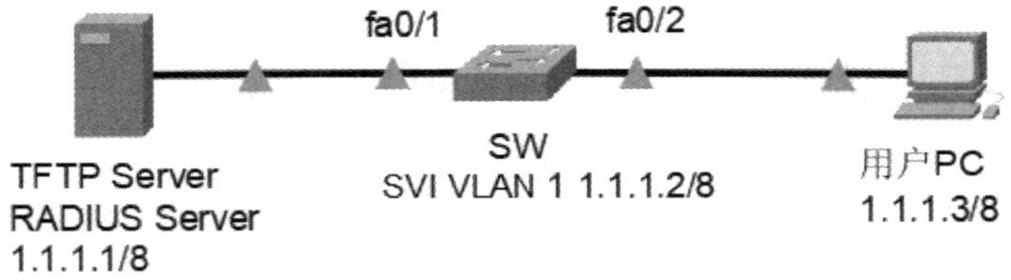

图 4-19　使用 802.1x 实现安全访问控制

（1）配置接口 IP 地址和主机 IP 地址。这里在交换机上配置 SVI VLAN 1 接口的 IP 地址为 1.1.1.2/8，主要原因是目前交换机使用的 IOS 版本低于 15.0（执行 show version 命令查看），无法支持 802.1x，因此需要在交换机 SW 上升级 IOS 版本至 15.0 及以上。为了完成和服务器之间的通信，必须要使用一个 IP 地址。

（2）升级交换机 IOS。在交换机的特权配置模式下执行 dir 命令，可以看见当前交换机 IOS 的名称为 c2960-lanbase-mz.122-25.FX.bin，文件名称比较长，可以选定后复制。执行 del　c2960-lanbase-mz.122-25.FX.bin 命令删除该镜像文件。在 TFTP 服务器上，可以看到 2960 交换机的 15.0 镜像文件 c2960-lanbasek9-mz.150-2.SE4.bin，然后执行 copy tftp flash 命令，将 TFTP 的镜像下载到交换机的 flash 中。执行 reload 命令，重启交换机，使新的 IOS 镜像文件生效。交换机重启后，执行 dir 命令，可以看到新的 IOS 文件名称为 c2960-lanbasek9-mz.150-2.SE4.bin。

（3）配置 RADIUS 服务器。在 AAA 服务器配置页面的 Service 项中选中 on 单选按钮。在网络配置项中，设置客户端名称为 AAA，客户端 IP 地址为 1.1.1.2，共享密钥为 123456，服务类型为 Radius，单击 Add 按钮。在 User Setup 项中，在 Username 文本框中输入 tester，在 Password 文本框中输入 testing，单击 Add 按钮。单击左侧窗格的 Radius EAP，在右侧窗格中勾选 Allow EAP-MD5。

（4）在交换机上配置 802.1x，即执行如下命令：

```
SW(config)#aaa new-model                                          //启用 AAA 功能
SW(config)#radius-server host 1.1.1.1 auth-port 1645 key 123456   //配置 RADIUS 服务器的 IP 地址、设置认证端口与通信密钥
SW(config)#aaa authentication dot1x default group radius          //使用默认的认证方法列表
SW(config)#dot1x system-auth-control                              //启用系统认证控制命令
SW(config)#int fa0/2                                              //选定 fa0/2 接口
SW(config-if)# authentication port-control auto                   //启用 802.1x 功能
SW(config-if)#dot1x pae authenticator                             //设置接口的认证角色为认证者
```

（5）验证配置结果。在用户 PC 上执行 ping 服务器 IP 地址命令，发现不能 ping 通，原因是连接用户 PC 的接口上启用了 802.1x，当前还没通过认证。于是，打开用户 PC 的 IP 地址配置界面，在 802.1x 项中勾选 Use 802.1x Security。在 Username 的文本框中输入 RADIUS 服务器中创建的用户 tester，Password 文本框中输入 testing。此时，在用户 PC 上执行 ping 服务器 IP 地址命令，发现能 ping 通了。

4.9　路由协议运行安全配置

路由器或三层交换机上可以配置静态路由、动态路由和默认路由。一般地，路由器查找路由的顺序为“静态路由→动态路由”，如果没有合适的路由，则通过默认路由将数据包传输出去。只有保证协议的有效性和正确性，网络通信才能正常进行；为保证路由协议的正常运行，需要使用协议认证。路由协议安全配置主要是指动态路由协议的安全配置，如 RIP、OSPF 协议等。

4.9.1　RIPv2 协议认证安全配置

目前 RIP 协议只有版本 2 支持协议认证，因此建议使用 RIPv2。RIPv2 支持明文认证和 MD5 认证两种。默认方式为明文认证，即在传输过程中使用明文，建议使用 MD5 认证。在 RIPv2 中，MD5 是单向认证，由被认证方发送最低 ID 值的密钥，携带密钥的 ID 值；认证方收到密钥后，在密钥链中查找是否具有相同密钥 ID 值的密钥，如果有且密钥相同，就通过认证，否则拒绝通过认证。可以在密钥链上定义多个密钥，路由器在不同时间内可以使用不同密钥（可选）。RIPv2 协议认证安全配置步骤如下。

1. 启用设置密钥链

在全局配置模式下，定义一个密钥链，一个密钥链可以包含多个密钥，命令如下：

```
R1(Config)#key chain mykeychainname
```

2. 配置密钥编号

配置密钥编号的目的是通过密钥编号找到真正的密钥，命令如下：

```
R1(Config-keychain)#key 1
```

3. 设置密钥字串

定义密钥命令如下：

```
R1(Config-keychain-key)#key-string MyFirstKeyString
```

4. 声明验证模式

在接口配置模式下，声明协议认证的类型：text 或 MD5。命令如下：

```
R1(Config-if)#ip rip authentication mode text|md5
```

5. 在接口上应用已配置的密钥链

在需要执行路由信息协议验证更新的接口上应用密钥链，命令如下：

```
R1(Config-if)#ip rip authentication key-chain mykeychainname
```

在配置 RIPv2 协议认证时，首先要确保互联路由器的接口 IP 地址和协议正常工作；并且两边的 key id 和密钥必须匹配，密钥链名字可以不一样；若在配置明文后要配置 MD5 验证，必须先删除明文认证配置（执行命令 no ip rip authentication）。

4.9.2 OSPF 协议认证安全配置

OSPF 协议定义了三种认证类型：0 表示不进行认证，是默认的类型；1 表示采用简单的口令认证；2 表示采用 MD5 认证。OSPF 协议认证按作用范围分为区域认证和接口认证，如图 4-20 所示。区域认证相当于开启了运行 OSPF 协议的所有接口都要认证，接口认证只是针对某个链路开启认证，OSPF 接口认证要优于区域认证。OSPF 协议认证安全配置步骤如下。

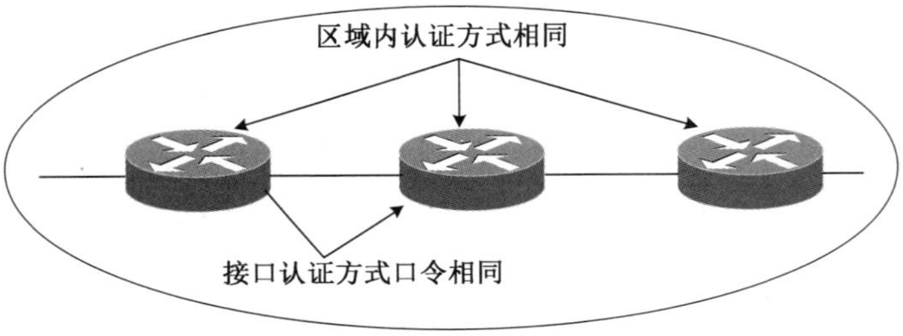

图 4-20 OSPF 协议认证类型

1. 区域范围认证配置步骤

（1）启用认证方式。在路由模式下，执行相应命令启用区域认证方式：简单口令或 MD5。命令如下：

```
R1(config-router)#area area-number authentication [message-digest]
```

（2）设置认证口令。在接口配置模式下，配置认证密码，命令如下：

```
R1(config-if)#ip ospf authentication-key key                //配置简单口令认证密码
R1(config-if)#ip ospf message-digest-key key-id MD5 key     //配置 MD5 认证密码
```

2. 接口范围认证配置步骤

（1）启用认证方式。在接口配置模式下，执行相应命令启用接口认证方式：简单口令或 MD5。命令如下：

```
R1(config-if)i#ip ospf authentication [message-digest]
```

（2）设置认证口令。在接口配置模式下，配置认证密码，命令如下：

```
R1(config-if)#ip ospf authentication-key key                //配置简单口令认证密码
R1(config-if)#ip ospf message-digest-key key-id MD5 key     //配置 MD5 认证密码
```

4.9.3 OSPF 协议认证安全配置

OSPF 协议认证安全配置

发布虚假路由也是网络攻击的一种常用手段，例如某些路由协议会采用组播的方式发送路由更新消息，网络监听者可以采用相同的方式伪造组播报文，使被攻击的路由器将数据发送到不正确的地址。针对这种威胁，本例使用如图 4-21 所示的网络拓扑图，网络运行 OSPF 动态路由协议，需使用基于接口的 MD5 认证措施来缓解动态路由协议的攻击，具体配置过程如下。

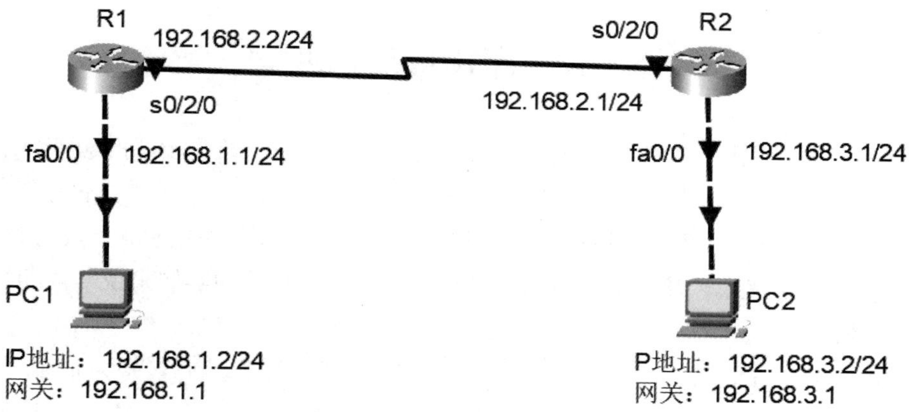

图 4-21　基于接口的 MD5 认证拓扑图

1．网络基本配置

（1）配置接口 IP 地址。配置过程中，需要注意串行口的 DCE 端要配置时钟频率。

（2）配置主机 IP 地址。

（3）配置 OSPF 动态路由。区域 ID 为 0。

（4）验证路由表。在 R1 和 R2 上，执行 show ip route ospf 命令，查看是否正确获取到相应网段的路由信息，在 R1 的路由表应该获得 192.168.3.0 网段的路由信息，在 R2 的路由表应该获得 192.168.1.0 网段的路由信息。获得正确路由信息后，在 PC1 上 ping 主机 PC2 的 IP 地址，确保能够 ping 通。

2．配置基于区域的 MD5 认证

（1）启用区域 MD5 认证。在 R1 路由器的 OSPF 路由模式下，执行 area 0 authentication message-digest 命令，启用区域 MD5 认证。

（2）指定认证密钥。在接口上启用 MD5 认证模式，并指定要使用的密钥。选定 R1 的 s0/2/0 接口，执行 ip ospf message-digest-key 123 md5 123 命令指定 MD5 认证模式，认证密钥设置为 123。

（3）查看路由表。在 R1 上执行 show ip route ospf 命令查看，发现没有任何路由信息，主要的原因是现在只完成了 R1 上 OSPF 协议的认证配置，导致认证失败，OSPF 邻居无法建立，因此不能形成 OSPF 路由。

3．在 R2 上配置基于区域的 MD5 认证

按照 R1 上配置基于区域的 OSPF 协议认证方法，在 R2 上配置基于区域的 MD5 认证。由于 R1 和 R2 之间协议认证未通过，会在 R2 的配置界面弹出一些提示信息，这些信息会影响配置，这里建议先写好配置脚本，然后将脚本直接注入到设备上。例如使用如下脚本：

```
router ospf 1
area 0 authentication message-digest
interface s0/2/0
ip ospf message-digest-key 123 md5 123
```

注意：R1 和 R2 两端指定的认证密钥必须一致，否则还是不能建立邻居关系。通过协议认证后，R2 上也不会再弹出一些干扰信息了。

4．配置结果验证

执行 show ip route ospf 命令查看路由表。现在能够正确学习到相应网段的路由信息了，这说明协议认证有利于提高路由信息传输的安全性。

路由协议消声

4.10 路由协议消声

有些情况下，不需要向外通告某些路由，主要目的是减少某些设备的额外负担，或优化路由条目。可以禁用一些不需要接收和转发路由信息的端口，建议对于不需要路由的端口启用 passive-interface。但是，这在 RIP 协议中只是禁止转发路由信息，并没有禁止接收。在 OSPF 协议中则禁止转发和接收路由信息。下面以一个具体的实例来说明被动接口的配置和应用场景。

如图 4-22 所示的网络拓扑结构，这是一个非常典型的场景，DS-SW 是汇聚层交换机，与核心交换机之间运行 OSPF，DS-SW 需要通告设备上 VLAN 所对应的网段，以便核心交换机能够获知相关的路由，一旦 DS-SW 在 OSPF 进程中宣告这些 VLAN 对应的网段，相应的 SVI 接口就会向 VLAN 中去泛洪 OSPF Hello 报文，而这些报文实际上是多余的，因为下面都是主机或终端。要解决这个问题，需要在不需要路由信息的接口上启用被动接口（可以接收路由信息，但不发送路由信息）。

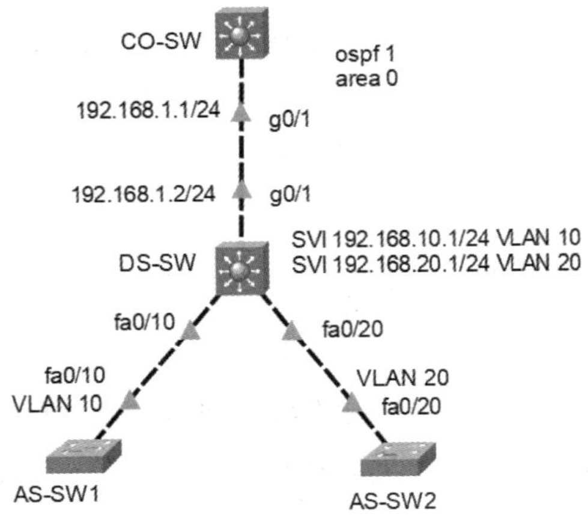

图 4-22　路由协议消声拓扑结构

1. 网络基本配置

划分 VLAN。在 DS-SW 上分别划分 VLAN 10 和 VLAN 20，并把相应的接口划分到相应的 VLAN。执行如下命令：

```
DS-SW(config)#interface fastEthernet 0/10
DS-SW (config-if)#switchport access vlan 10
DS-SW (config)#interface fastEthernet 0/20
DS-SW (config-if)#switchport access vlan 20
```

2. 配置接口 IP 地址

执行 interface vlan 10、interface vlan 20 命令创建 SVI 接口，然后为其配置 IP 地址。而核心交换机和分布层交换机的接口默认工作在第二层，不能直接为其配置 IP 地址，因此需要先执行 no switchport 命令，切换至路由口后，再为其配置 IP 地址，注意物理接口一定要激活。命令如下：

```
DS-SW (config)#int vlan 10
DS-SW (config-if)#ip address 192.168.10.1
DS-SW (config)#int vlan 20
```

```
DS-SW (config-if)#ip address 192.168.20.1
DS-SW (config)#interface GigabitEthernet0/1
DS-SW(config-if)#no switchport
DS-SW (config-if)#ip address 192.168.1.2 255.255.255.0
CO-SW(config)#interface GigabitEthernet0/1
CO-SW(config-if)#no switchport
CO-SW(config-if)#ip address 192.168.1.1 255.255.255.0
```

3. 配置 OSPF 路由协议

执行 ip routing 命令开启核心交换机和分布层交换机的路由功能，在 OSPF 路由进程下宣告直连网段，区域 ID 为 0。命令如下：

```
DS-SW(config)#ip routing
DS-SW (config)#rou ospf 1
DS-SW (config-router)#network 192.168.10.0 255.255.255.0 area 0
DS-SW (config-router)#network 192.168.20.0 255.255.255.0 area 0
DS-SW (config-router)#network 192.168.1.0 255.255.255.0 area 0
CO-SW(config)#ip routing
CO-SW(config)#router ospf 1
CO-SW(config-router)#network 192.168.1.0 255.255.255.0 area 0
```

4. 查看 OSPF 路由表

在核心层交换机和分布层交换机上执行 show ip route ospf 命令，查看学习到的 OSPF 路由，在核心层交换机上看到了 192.168.10.0 和 192.168.20.0 网段的路由。

5. 查看 OSPF 报文的工作情况

进入仿真模式，选择 OSPF 协议，单击“单步执行”按钮，发现核心层交换机和分布层交换机之间交互的 OSPF 报文被广播到接入层交换机，但接入层交换机不需要接收 OSPF 报文，因此需要阻断 OSPF 报文广播至接入层交换机。

6. 配置被动接口

在分布层交换机的 OSPF 进程下，执行 passive-interface vlan 10 和 passive-interface vlan 20 命令启用被动接口。注意这个接口是三层接口，不能应用到 fa0/1 和 fa0/2，因为它是二层接口。命令如下：

```
DS-SW(config-router)#passive-interface vlan 10
DS-SW(config-router)#passive-interface vlan 20
```

7. 观察 OSPF 报文交互情况

按照第 5 步的操作方法，此时发现核心层交换机和分布层交换机交互的 OSPF 报文不再扩散至接入层交换机区域，说明配置的被动接口已经发生作用。

在路由协议中将某个接口设置为 passive-interface 的前提是使用 network 关键字宣告了这个接口的网段，否则 passive-interface 就没有任何意义。另外 OSPF 和 RIP 协议中使用被动接口获得的效果是不一样的。可以执行 passive-interface default 命令把所有接口配置为被动接口，再执行 no passive-interface 命令把不需要设置为被动接口的接口恢复为正常接口。

4.11 过关训练

4.11.1 知识储备检验

1. 填空题

（1）局域网中常见的攻击方式有________、________和________等。

（2）链路层发现协议有________和________。

（3）VLAN 中继协议标准有________和________。

（4）OSPF 协议认证的方法有________和________。

（5）将路由器或交换机上所有接口设置为被动接口的命令是________。

2. 选择题

（1）CAM 表被攻破后，将导致交换机（　　）。

A. 丢弃所有接收到的帧

B. 接口转换为错误禁用状态

C. 把所有收到的帧转发到所有其他端口

D. 的开关关闭

（2）（　　）网络攻击试图通过阻止客户端获得 DHCP 租约来为其创建 DoS。

A. DHCP 饥饿　B. CAM 表攻击　C. IP 地址欺骗　D. DHCP 欺骗

（3）图 4-23 显示了一个由路由器、两个交换机、DHCP 客户端主机、攻击者主机和 DHCP 服务器组成的网络。交换机 S1 显示四个接口连接：G0/1 到 DHCP 客户端，G0/22 到交换机 S2，G0/24 到路由器 R1，以及 G0/23 到 DHCP 服务器。攻击者主机已连接到交换机 S2。交换机 S1 上的（　　）和（　　）接口应该配置为 DHCP 监听信任端口，以帮助缓解 DHCP 欺骗攻击。

A. G0 / 1　B. G0 / 24　C. G0 / 22　D. G0 / 23

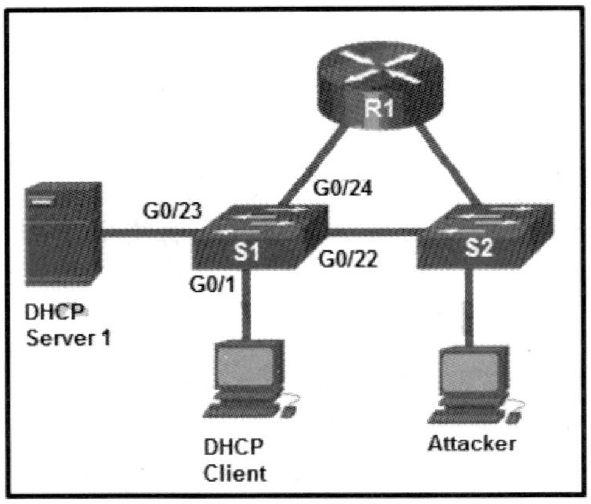

图 4-23　DHCP 欺骗攻击拓扑图

（4）使用 802.1x 进行身份验证时，（　　）根据客户端的身份验证状态控制对网络的物理访问。

A. 客户端连接的交换机　B. 充当默认网关的路由器

C. 认证服务器　D. 恳求者

（5）（　　）不是缓解 VLAN 攻击的技术。

A. 使用专用 VLAN　B. 手动启用中继

C. 禁用 DTP　D. 将本机 VLAN 设置为未使用的 VLAN

（6）（　　）二层攻击将导致合法用户无法获得有效 IP 地址。

A. ARP 欺骗　B. DHCP 饥饿

C. IP 地址欺骗　D. MAC 地址泛洪

（7）（　　）缓解计划最能阻止正在造成 MAC 地址表溢出的 DoS 攻击。

A．禁用 DTP　　　　B．禁用 STP

C．启用端口安全性　　　　D．将未使用的端口放置在未使用的 VLAN 中

（8）关于网络设备上的 LLDP 发现协议的最佳实践是（　　）。

A．在边缘设备上启用 LLDP，不在内部设备上启用 LLDP

B．使用开放标准 LLDP 而不是 CDP

C．对 LLDP 使用默认路由器设置

D．在不需要它们的所有接口上禁用这个协议

（9）如图 4-24 所示，端口 fa0/2 已经正确配置。IP 电话和 PC 正常工作。如果网络管理员希望实现功能：不允许任何人断开 IP 电话或 PC 并连接其他有线设备；如果连接了其他设备，则端口 fa0/2 将关闭；交换机应自动检测 IP 电话和 PC 的 MAC 地址，并将这些地址添加到运行的配置中。以下交换机的配置中，（　　）最适合实现该功能。

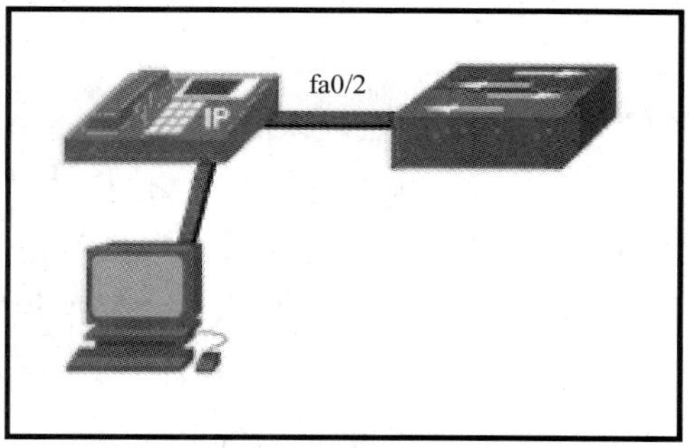

图 4-24　端口安全配置拓扑图

A．SWA(config-if)# switchport port-security

SWA(config-if)# switchport port-security mac-address sticky

B．SWA(config-if)# switchport port-security

SWA(config-if)# switchport port-security maximum 2

SWA(config-if)# switchport port-security mac-address sticky

SWA(config-if)# switchport port-security violation restrict

C．SWA(config-if)# switchport port-security mac-address sticky

SWA(config-if)# switchport port-security maximum 2

D．SWA(config-if)# switchport port-security

SWA(config-if)# switchport port-security maximum 2

SWA(config-if)# switchport port-security mac-address sticky

（10）如图 4-25 所示，已经在交换机 S1 的 fa 0/12 接口上配置了端口安全性。将 PC1 连接到具有应用配置的交换机 S1 时，（　　）。

A．来自 PC1 的帧将被转发，因为缺少 switchport 端口安全冲突命令

B．来自 PC1 的帧将转发到其目的地，并将创建一个日志条目

C．来自 PC1 的帧将被转发到其目的地，但不会创建日志条目

D．来自 PC1 的帧将导致接口立即关闭，并进行日志输入

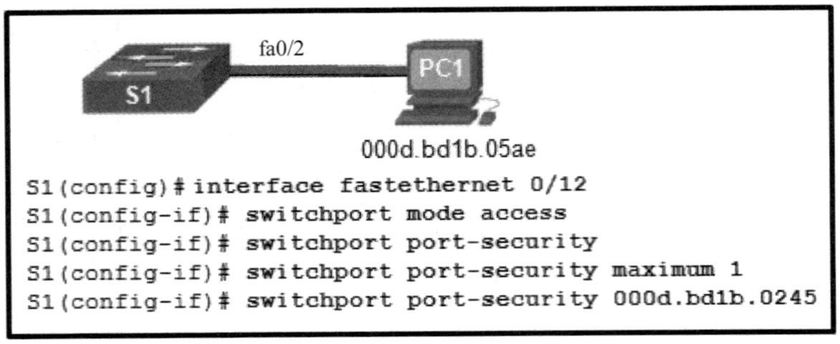

图 4-25　端口安全配置拓扑图

（11）通过将未使用的 VLAN 指定为本地 VLAN，可以防止（　　）类型的 VLAN 跳跃攻击。

A. DHCP 欺骗　　B. DHCP 饥饿
C. VLAN 双标签　　D. DTP 欺骗

（12）网络管理员正在执行命令 ip arp inspection validate src-mac 配置交换机上的 DAI。此配置命令的目的是（　　）。

A. 根据用户配置的 ARP ACL 检查以太网头中的源 MAC 地址
B. 根据 MAC 地址表检查以太网报头中的源 MAC 地址
C. 根据 ARP 正文中的发送者 MAC 地址检查以太网报头中的源 MAC 地址
D. 根据 ARP 主体中的目标 MAC 地址检查以太网报头中的源 MAC 地址

（13）可以执行（　　）命令在交换机上启用 BPDU 保护。

A. S1(config)# spanning-tree bpduguard default
B. S1(config-if)# spanning-tree portfast bpduguard
C. S1(config)# spanning-tree portfast bpduguard default
D. S1(config-if)# enable spanning-tree bpduguard

3. 简答题

（1）写出缓解 MAC 欺骗攻击的措施。
（2）写出缓解 VLAN 跳跃攻击的措施。
（3）写出缓解 DHCP 欺骗攻击的措施。
（4）写出 ARP 欺骗攻击的措施。
（5）写出缓解 STP 操纵攻击的措施。
（6）写出 802.1x 的主要工作过程。
（7）OSPF 协议认证方式有哪两种？
（8）写出被动接口的主要应用场合。

4.11.2　实践操作检验

在 Packet Tracer 7.3 中搭建如图 4-26 所示的网络拓扑图，完成 DHCP Snooping 的部署配置，并对配置结果进行验证。

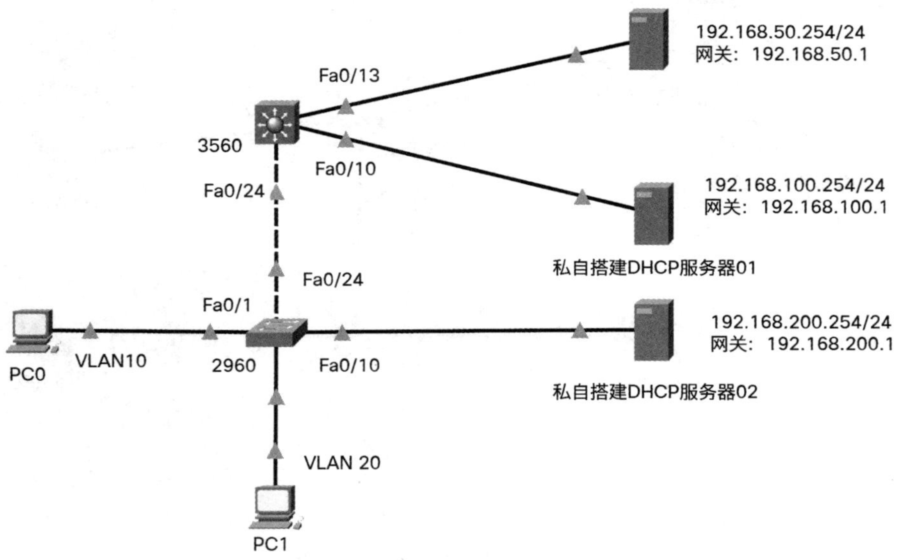

图 4-26　DHCP 监听网络拓扑图

4.11.3　挑战性问题

在 Packet Tracer 7.3 中搭建如图 4-27 所示的网络拓扑图，按下列要求在交换机上配置端口安全功能。

（1）使用以下设置，在交换机的 fa0/1 接口上配置端口安全性。

启用端口安全

模式：限制

允许的 MACC 地址：3

动态 MAC 地址学习

（2）使用以下设置，在交换机的 fa0/2 接口上配置端口安全性。

启用端口安全

模式：关机

允许的 MACC 地址：3

动态 MAC 地址学习

（3）使用以下设置，在交换机的 fa0/3 接口上配置端口安全性。

启用端口安全

模式：保护

静态 MAC 地址条目：00E0.A3CE.3236

（4）从笔记本电脑 1 中：

尝试 ping 192.168.1.2 和 192.168.1.3。

尝试 ping 192.168.1.4 和 192.168.1.5。

（5）将 ROGUE 便携式计算机连接到集线器。

尝试 ping 192.168.1.1。

尝试 ping 192.168.1.4。

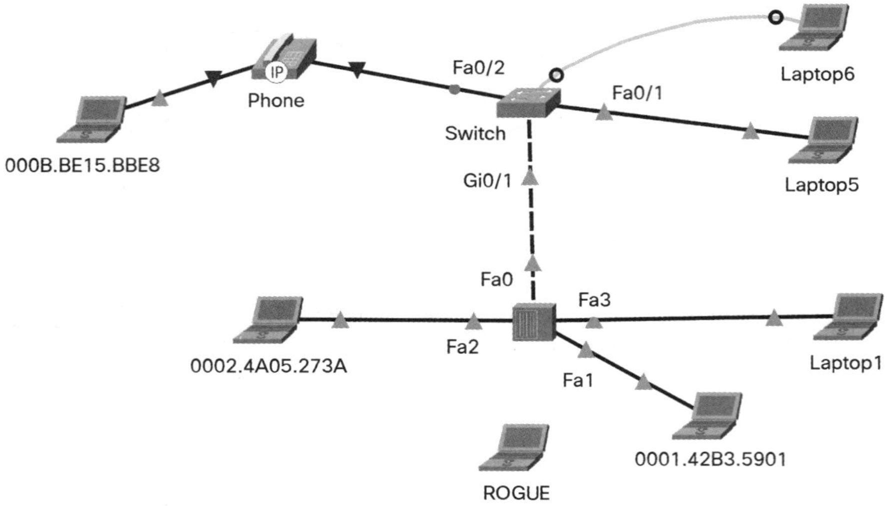

图 4-27 端口安全网络拓扑结构图

项目 5　网络访问控制技术

网络技术在各领域的广泛应用，特别是 Internet 使用需求的增加，给网络的访问控制带来新的挑战。网络管理员必须决定怎样拒绝不需要的连接，同时又要允许合理的访问。访问控制列表（ACL）为网络控制提供了更强大的工具，它是在交换机和路由器等网络设备上经常采用的一种流量控制技术，可以根据数据包的源地址、目的地址或服务类型设置过滤条件，对经过网络设备的数据包进行过滤，允许或禁止用户访问某一特定网络资源。ACL 类型分为 IP 标准访问列表和 IP 扩展访问列表，每种类型的 ACL 又可以分为编号访问控制列表和命名访问控制列表。IP 标准 ACL 根据数据包中的源地址过滤数据包；在实际应用过程中，有时只是根据 IP 数据包的源地址实施流量控制，不能完全满足要求，还要通过目的地址或服务类型等信息过滤数据包，才能准确把握要过滤的内容，扩展 ACL 便可满足这一要求；但是这些过滤规则配置之后是时刻发挥作用的，而通常的企业网络在不同的时间段有不同的网络控制要求，这需要基于时间的 ACL 根据不同的时间和需求来实施不同的控制策略。

5.1　访问控制列表概述

5.1.1　访问控制列表的定义

访问控制列表（Access Control List，ACL）是一个命令集，通过编号或名称组织在一起，用来过滤进入或离开接口的流量。ACL 命令明确定义了允许哪些流量以及拒绝哪些流量。

创建 ACL 语句组后，还需要启动它们。要在接口之间过滤流量，必须在接口模式下启动 ACL。所指的接口可以是物理接口（如 Ethernet0 或 serial0），也可以是逻辑接口（如 Ethernet0.1 或 serial0.1）。在接口上启动 ACL 时，还需要指明在哪个方向过滤流量。

ACL 的一个局限性：它不能过滤路由器自己生成的流量。例如，从路由器上执行 ping 或 traceroute 命令，或者从路由器上 Telnet 到其他设备时，应用到此路由器接口的 ACL 无法对这些连接的出站流量进行过滤。然而，如果外部设备要 ping、traceroute 或 Telnet 到此路由器，或者通过此路由器到达远程接收站，路由器可以过滤这些分组。

5.1.2　ACL 的功能

ACL 是一个控制网络的有力工具，使用 ACL 来完成两项主要功能：分类和过滤。

1. *数据流分类*

在路由器上使用 ACL 来识别特定的数据流并将其分类，指示路由器如何处理这些数据流，例如：

（1）识别通过虚拟专网（VPN）连接进行传输时需要加密的数据流。

（2）识别要将其从一种路由选择协议重分发到另一种路由选择协议中的路由。

（3）结合使用路由过滤来确定，要将哪些路由包含在路由器之间传输的路由选择更新中。

（4）结合使用基于策略的路由选择来确定通过专用链路传输哪些数据流。

（5）结合使用网络地址转换（NAT）来确定要转换哪些地址。

（6）结合使用服务质量（QoS）来确定发生拥塞时应调度队列中的哪些数据包。

2. 数据流的过滤

路由器根据 ACL 中指定的条件来检测通过路由器的每个数据包，从而决定是转发还是丢弃该数据包。ACL 中的条件既可以是数据包的源地址，也可以是目的地址，还可以是上层协议或其他因素。ACL 可用于如下数据流的过滤：

（1）前往或来自特定路由器接口的数据流。

（2）前往或离开路由器 vty 端口、用于管理路由器的 Telnet 数据流。

（3）用于过滤流入、流出路由器接口的数据包。

5.1.3 ACL 的作用

1. 控制网络流量、提高网络性能

将 ACL 应用到路由器的接口，对经过接口的数据包进行检查，并根据检查的结果决定数据包是丢弃还是转发，达到控制网络流量、提高网络性能的目的。例如，通过 ACL 限制用户访问典型的 P2P 站点，以及通过过滤常用软件使用的端口方式来达到限制网络流量的目的。

2. 控制用户网络行为

在路由器的接口处，决定哪种类型的通信流量被转发、哪种类型的通信流量被阻塞。例如，禁止单位员工看股票、用 QQ 聊天，只靠管理手段是不够的，还必须从技术上进行控制。可以用两种方法限制用户的行为：第一种是使用 ACL 限制用户只能使用常用的因特网服务，其他服务全部过滤掉；第二种是封堵软件的端口或禁止用户登录软件的服务器。

3. 控制网络病毒的传播

控制网络病毒的传播是 ACL 最广泛的功能。例如，蠕虫病毒在局域网传播的常用端口为 TCP 135、139 或 445，通过 ACL 过滤掉目的端口为 TCP 135、139 或 445 的数据包，就可控制病毒的传播。

4. 提供网络访问的基本安全手段

例如，ACL 允许某一主机访问网络，而阻止另一主机访问同样的网络。

5.1.4 ACL 的工作过程

ACL 被应用在接口上才能生效，同时，由于在接口上数据流量有进（In）接口和出（Out）接口两个方向，所以在接口上使用 ACL 也有进（In）接口和出（Out）接口两个方向。进方向的 ACL 负责过滤进入接口的数据流量，出方向上的 ACL 负责过滤从接口发出的数据流量。在路由器的一个接口上，每种路由协议的 ACL 都可以配置两个，一个是进方向，另外一个是出方向。ACL 以以下两种方式来运行。

1. 入站 ACL 工作过程

图 5-1 显示了入站方向的 ACL 工作过程。当设备接口收到数据包时，首先确定 ACL 是否被应用到该接口，如果没有，则正常地路由数据包；如果有，则处理 ACL，从第一条语句开始，将条件和数据包内容比较。如果不匹配，则处理 ACL 中的下一条语句；

如果匹配，则执行允许或拒绝的操作。如果整个 ACL 中都没有找到匹配的规则，则丢弃该数据包。

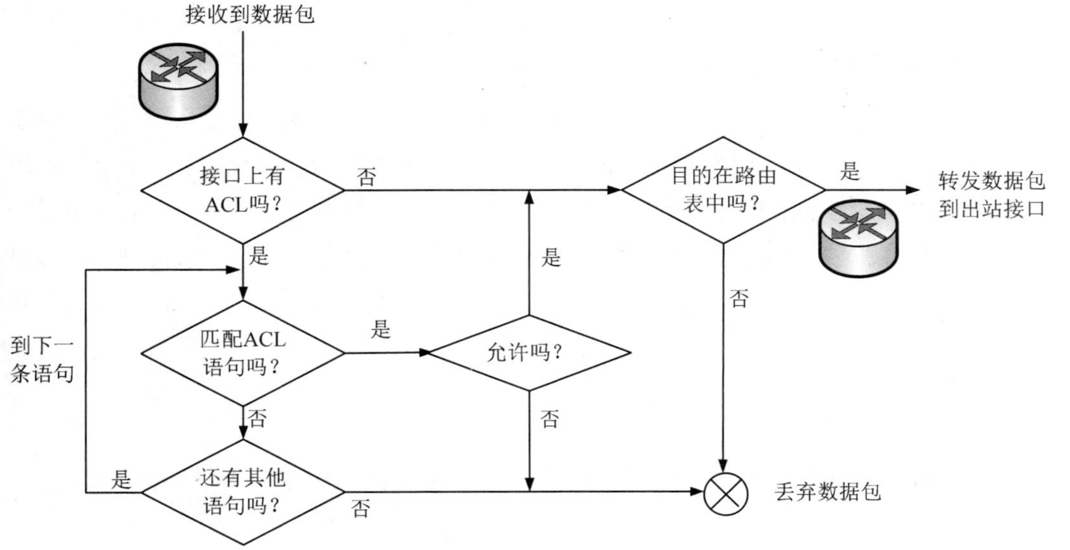

图 5-1 入站进方向的 ACL 工作过程

2. 出站 ACL 工作过程

用于出站的 ACL 工作过程与入站 ACL 工作过程类似，当设备接收到数据包时，首先查看路由表，是否可将数据包路由到输出接口，如果不能，则丢弃数据包；如果可以，则将数据包路由到输出端口。再检查该端口上是否应该启用 ACL，如果没有，直接将数据包从出站接口输出；如果启用了 ACL，将根据测试 ACL 中语句的结果决定是转发还是拒绝数据包。如图 5-2 所示为出站方向的 ACL 工作过程。

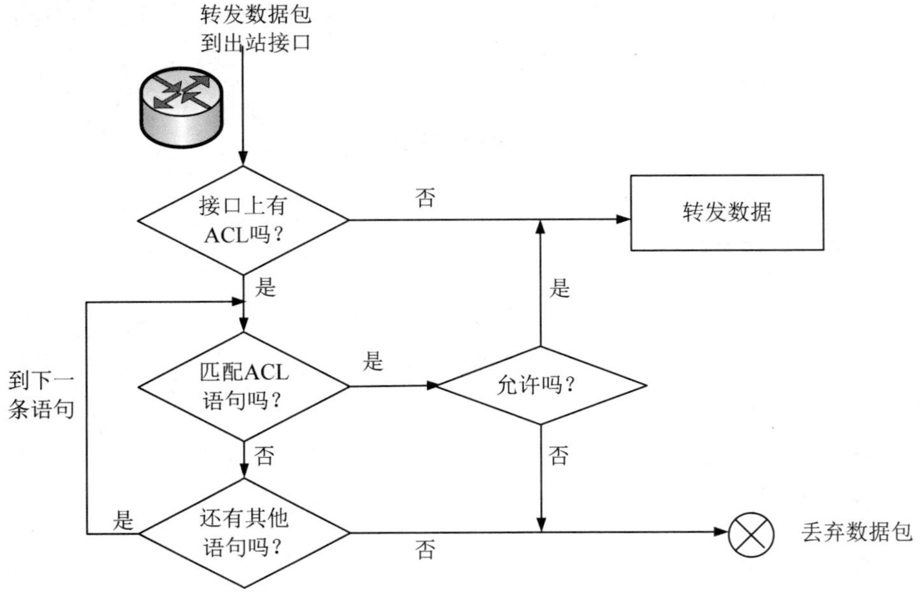

图 5-2 出站方向的 ACL 工作过程

入站 ACL 的效率很高，因此数据包因未能通过过滤测试而被丢弃时，将节省查找路由选择表的时间。仅当数据包通过测试后，才对其作路由选择方面的处理。

5.2 访问控制列表的分类

5.2.1 根据判断条件不同

根据判断条件的不同，ACL 可以分为标准 ACL 和扩展 ACL。标准 ACL 根据 IP 数据包的源 IP 地址定义规则，进行数据包的过滤。扩展 ACL 根据数据包的源 IP 地址、目的 IP 地址、源端口号、目的端口号和协议来定义规则，进行数据包的过滤。但 ACL 从细的方面分，主要体现在扩展 ACL，因为它可以是基于各种协议的扩展 ACL，如基于 MAC 地址的扩展 ACL、应用最广泛的基于 IP 的扩展 ACL、应用于 VLAN 的 ACL 等。本书只讨论基于 IP 的标准 ACL 和扩展 ACL。

5.2.2 根据标识方法不同

根据标识方法不同，ACL 可以分为基于 IP 的 ACL 和命名的 ACL，见表 5-1。

表 5-1 ACL 分类

ACL 类型	代码	扩展代码	检查项目
IP 标准 ACL	1～99	1300～1999	源地址
IP 扩展 ACL	100～199	2000～2699	源地址、目的地址、协议、端口号及其他
命名标准 ACL	名字		源地址
命名扩展 ACL	名字		源地址、目的地址、协议、端口号及其他

5.2.3 基于时间的 ACL

基于时间的 ACL 是指在特定时间段生效的访问列表。定义基于时间的 ACL 需要先定义时间，然后使用 ACL 调用该时间段即可。

5.3 通配符掩码

5.3.1 通配符掩码的作用

通配符掩码与 IP 地址一起使用，其作用与子网掩码类似。如果说子网掩码主要用于确定某个或某些 IP 的网络地址，那么通配符掩码则主要用于确定某个网络所包含的 IP 地址。通配符掩码的定义如下：

（1）通配符掩码位是 0，表示必须匹配地址对应的比特。

（2）通配符掩码位是 1，表示不必匹配地址对应的比特。

5.3.2 通配符掩码的运算

通配符掩码也是 32bit 的二进制数，与子网掩码相反，它的高位是连续的 0，低位是连续的 1，它也常用点分十进制来表示。IP 地址与通配符掩码的作用规则：32bit 的 IP 地址与 32bit 的通配符掩码逐位进行比较，通配符为 0 的位要求 IP 地址的对应位必须匹配，通配符为 1 的位所对应的 IP 地址的位不必匹配，可为任意值（0 或 1）。例如：

IP 地址 192.168.1.0	|	11000000 10101000 00000001 00000000
通配符掩码 0.0.0.255	|	00000000 00000000 00000000 11111111

该通配符掩码的前 24bit 都为 0，对应的 IP 地址位必须匹配，即必须保持原数值不变。该通配符掩码的后 8bit 都为 1，对应的 IP 地址位不必匹配，即 IP 地址的最后 8bit 的值可以任取，也就是说，可在 00000000～11111111 之间取值。换句话说，192.168.1.0 0.0.0.255 代表的就是 IP 地址 192.16.8.1.1～192.168.1.254（共 254 个）。又如：

IP 地址 128.32.4.16	|	10000000 00100000 00000100 00010000
通配符掩码 0.0.0.15	|	00000000 00000000 00000000 00001111

该通配符掩码的前 28bit 都为 0，要求匹配；后 4bit 都为 1，不必匹配。就是说，对应的 IP 地址前 28bit 的值固定不变，后 4bit 的值可以改变。这样，该 IP 地址的前 24bit 用点分十进制表示仍为 128.32.4，最后 8bit 则为 00010000～00011111，即 16～31。也就是说，128.32.4.16 0.0.0.15 代表的是 IP 地址 128.32.4.16～128.32.4.31（共 16 个）。

5.3.3　常用通配符掩码

1. 全 0 通配符掩码

全 0 的通配符掩码要求对应 IP 地址的所有位都必须匹配。如 123.1.2.3 0.0.0.0 表示的就是 IP 地址 123.1.2.3 本身，在访问列表中也可表示为 host 123.1.2.3。

2. 全 1 通配符掩码

全 1 的通配符掩码表示对应的 IP 地址位都不必匹配。也就是说，IP 地址可任意。如 0.0.0.0 255.255.255.255 表示的就是任意主机的 IP 地址，在访问列表中也可表示为 any。

3. 表达一段地址

网络管理员要想使用通配符掩码让路由器检测数据是否来自 172.30.16.0～172.30.31.0 的子网。从而决定来自这些子网的数据是否允许或拒绝，则表示为 172.30.16.0 0.0.15.255。

4. 表达网段中所有偶数 IP 地址

注意到偶数 IP 地址的特征为 0，如要表达 192.168.20.0/24 内的所有偶数 IP 地址，则应表示为 192.168.20.0 0.0.0.254。

在配置 ACL 时必须有通配符掩码，而且通配符掩码的正确与否直接决定了 ACL 如何工作，在实际应用中应多加注意。

5.4　配置标准 ACL

5.4.1　在全局配置模式下设置条件

标准 ACL 使得路由器通过对源 IP 地址的识别，控制对来自某个或某一网段主机的数据包的过滤。在全局配置模式下，标准 IP ACL 的命令格式为：

Router(config)#**access-list** access-list-number **deny** | **permit** source wildcard-mask **[log]**

该命令的含义为：定义某编号访问列表，允许（或拒绝）来自由 IP 地址 source 和通配符掩码 wildcard-mask 确定的某个或某网段主机的数据包通过路由器。其中：

（1）access-list-number 为列表编号，取值为 1～99。Cisco IOS 软件第 12.0.1 版扩大了编号的范围，允许使用 1300～1999 的编号，从而可以定义最多 799 个标准 ACL。这些附加的编号称为扩充 IP ACL。

（2）deny | permit 意为“允许或拒绝”，必选其一，source-ip-address 为源 IP 地址或网络地址；wildcard-mask 为通配符掩码，如果不明确指定，默认为 0.0.0.0。

（3）为了增加可读性，对某条访问列表可进行 100 个字符以内的注释，查看访问列表时，注释命令和内容一同显示。注释命令的格式为：access-list access-list-nunmber remark 注释内容。

（4）log，一旦选取该关键字，则对匹配条目的数据包生成日志消息。

5.4.2 在接口上关联 ACL

在接口配置模式下，执行相应命令与接口关联，并指明方向，命令如下：

```
Router(config-if)#ip access-group access-list-number {in|out}
```

其中{in|out}指明对哪个方向的数据进行检查。

5.4.3 配置标准 ACL 举例

如图 5-3 所示为标准 ACL 配置拓扑，要求配置标准 ACL 以禁止主机 A 访问主机 C，而允许所有其他的流量。

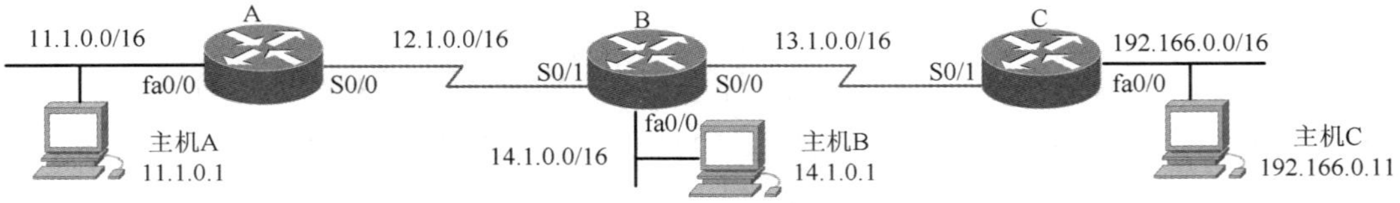

图 5-3 标准 ACL 配置拓扑

1. 分析在哪个接口应用标准 ACL

（1）应用在入站接口还是出站接口。对进入的数据包，路由器先检查入访问控制列表，对允许传输的数据包才查询路由表，而对于外出的数据包先查询路由表，确定目标接口后才查看出访问控制列表。因此应该尽量把访问控制列表应用到入站接口，因为它比应用到出站接口效率更高，将要丢弃的数据包在路由器进行路由表查询处理之前就拒绝掉。

（2）应用在哪台路由器上。由于标准 ACL 只能根据源地址过滤数据包，如果应用在路由器 A 或路由器 B 的入站接口，那么主机 A 不仅不能访问主机 C，而且也不能访问网络 14.1.0.0/16。而应用在路由器 C 的入站接口，就可以实现要求。也就是说，应该把标准 ACL 应用在离目的地最近的路由器上。

2. 配置标准 ACL 并应用到接口上

执行命令如下：

```
RC(config)#access-list 1 deny host 10.1.0.1        //拒绝主机访问 192.166.0.0/16 网段
RC(config)#access-list 1 permit any                //允许主机访问其他任何网段
RC(config)#interface serial 0/1                    //进入接口配置模式
RC(config-if)#ip access-group 1 in                 //将定义的标准 ACL 应用到接口的 In 方向上
```

3. 查看并验证配置

（1）执行 show access-lists 命令查看所有 ACL 配置，命令如下：

```
RC#show access-lists              //显示访问控制列表的配置细节
Standard IP access lists 1        //标准 IP ACL，表号为 1
10 deny 10.1.0.1                  //序号为 10 表示拒绝主机 10.1.0.1 访问网段 192.166.0.0/16
20 permit any                     //序号为 20 表示主机 10.1.0.1 访问任何网段不受限制
```

如要显示与 IP 协议有关的访问控制列表的配置细节，应使用 Router#**show ip access-list** [access-list-number]。使用 Router#Show running-config 来显示所配置过的所有命令，包括 ACL。检查 IP ACL 是否被应用于接口，可使用命令 Router#show ip interfaces。在配置 ACL 的过程中，可能会删除配置的 ACL，若执行 no access-list access-list-number 命令删除 ACL，会删除该 ACL 中的所有配置参数；若执行 no ip access-group access-list-number 命令，则断开 ACL 与接口的关联，使 ACL 暂时失效。

（2）验证配置。在主机 A 上不能 ping 通主机 C，但可以 ping 通网络 14.1.0.0/16 中的任一台主机。

5.5　配置扩展的 ACL

5.5.1　扩展 ACL 命令介绍

扩展 ACL 除了能与标准 ACL 一样基于源 IP 地址对数据包进行过滤外，还可以基于目标 IP 地址、协议或者端口号（服务）对数据包进行控制。使用扩展 ACL 测试数据包可以更加精确地控制流量过滤，提升网络安全性。例如，扩展 ACL 可以允许从某网络到指定目的地的电子邮件流量，同时拒绝文件传输和网页浏览流量。在全局配置模式下，扩展 ACL 的命令格式为：

```
access-list acess-list-number deny|permit|remark protocol source source-wildcard-mask
[operator port|protocol-name]destination destination-wildcard-mask [operator port|protocol-name]
[established]
```

各参数的含义见表 5-2。

表 5-2　扩展 ACL 命令参数介绍

关键字或参数	含义
protocol	协议或协议标识关键字，包括 ip、eigrp、ospf、gre、icmp、igmp、igrp、tcp、udp 等
source	源地址或网络号
source-wildcard-mask	源通配符掩码
destination	目标地址或网络号
destination-wildcard-mask	目标通配符掩码
access-list-number	访问列表号，取值 100～199 或 2000～2699
operator port|server-name	operator：操作符，可用的操作符包括 lt（小于）、gt（大于）、eq（等于）、neq（不等于）和 range（范围）等；port：协议端口号，server-name：服务名
established	仅用于 TCP 协议：指示已建立的连接

operator port|protocol-name 用于限定使用某种网络协议的数据包端口、协议名称或关键字，例如：

```
eq 21|ftp
```

```
eq 20|ftpdata
//限定使用 TCP 协议的数据包的端口为 21、20，或协议名称为 FTP，或关键字为 ftpdata
eq 80|http|www
//限定使用 TCP 协议的数据包的端口为 80，或协议名称为 http，或关键字为 www
```

部分常用的协议及其端口号见表 5-3。

表 5-3　常用的协议及其端口号

常用端口号	协议名称	常用端口号	协议名称
20	FTP（数据）	69	TFTP
21	FTP（程序）	80	HTTP
23	Telnet	53	DNS
25	SMTP	161	SNMP

5.5.2　扩展 ACL 命令实例分析

下面对 Router(config)# **access-list** 101 **deny tcp** 172.16.3.0 0.0.0.255 **host** 172.16.4.110 **eq** 21 语句进行详细分析。

（1）101：ACL 表号，表示为扩展 ACL。

（2）deny：说明匹配所选参数的流量会被禁止。

（3）tcp：指出 IP 头部协议字段是 TCP 协议，这是 FTP 传输协议。

（4）172.16.3.0 0.0.0.255：源 IP 地址通配符，前 3 个 8 位字段必须匹配，而不必关心最后的 8 位字段。

（5）host 172.16.4.110：目的 IP 地址通配符，IP 地址的所有位都必须匹配。

（6）eq 21：FTP 众所周知的端口号。

5.5.3　配置扩展 ACL 举例

扩展 ACL 和标准 ACL 的配置步骤完全相同，如图 5-4 所示，要求配置扩展 ACL：允许主机 A 访问 Web 服务器的 WWW 服务，而禁止主机 A 访问 Web 服务器的其他任何服务，允许主机 A 访问网络 14.1.0.0/16。

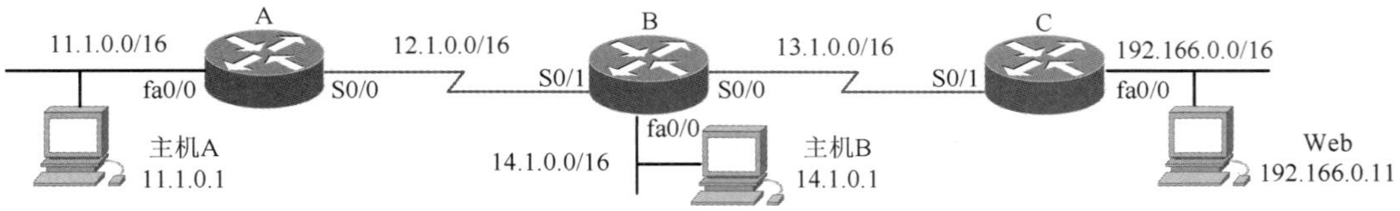

图 5-4　扩展 ACL 配置拓扑

配置步骤如下。

1. 分析在哪个接口上应用扩展 ACL

（1）应用在入站接口还是出站接口。与标准 ACL 一样，应该尽量把访问控制列表应用到入站接口。

（2）应用在哪台路由器上。由于扩展 ACL 可以根据源 IP 地址、目的 IP 地址、指定协议、端口等过滤数据包，因此最好应用到路由器 A 的入站接口。如果应用在路由器 B 或路由器 C 的入站接口上，会导致所经过的路由器占用不必要的资源。也就是说，应该把扩展 ACL 应用在离源地址最近的路由器上。

2. 配置扩展 ACL 并应用到接口上

执行如下命令：

```
RA(config)# access-list 101 permit tcp host 10.1.0.1    host 192.166.0.11. eq 80
//允许主机 A 访问 Web 服务器的 WWW 服务
RA(config)# access-list 101 deny ip host 10.1.0.1    host 192.166.0.11.
//禁止主机 A 访问 Web 服务器的其他任何服务
RA(config)# access-list 101 permit ip host 10.1.0.1    14.1.0.0 0.0.255.255
//允许主机 A 访问网络 14.1.0.0/16
RA(config)#interface fastethernet 0/0          //进入接口配置模式
RA(config-if)#ip access-group 101 in           //将定义的标准 ACL 应用到接口的 In 方向上
```

3. 查看并验证配置

（1）执行 show access-lists 命令查看所有 ACL 配置。

（2）验证配置。

在主机 A 上可以访问 Web 服务器的 WWW 服务，但不能 ping 通 Web 服务器；在主机 A 上可以 ping 通网络 14.1.0.0/16 中的任一台主机。

5.6 配置命名 ACL

5.6.1 命名 IP ACL 的特性

不管是标准 IP 访问控制列表，还是扩展的 IP ACL，仅用编号区分的访问控制列表不便于网络管理员对访问控制列表作用的识别。命名 ACL 让人更容易理解其作用。例如，用于拒绝 FTP 的 ACL 可以命名为 NO_FTP。命名 ACL 中，名称区分大小写，并且必须以字母开头。在名称的中间可以包含任何字母数字混合使用的字符，也可以在其中包含[ ]、{ }、_、一、十、/、\、.&、$、#、@、!以及?等特殊字符，名称的最大长度为 100 个字符。命名 IP ACL 具有如下特性。

（1）名称能更直观地反映出访问控制列表完成的功能。

（2）命名访问控制列表没有数目的限制。

（3）命名访问控制列表允许删除个别语句，而编号访问控制列表只能删除整个访问控制列表。把一个新语句加入命名的访问控制列表，加入到什么位置取决于是否使用了序列号。ACL 语句序列号能够轻松在 IP ACL 中添加或删除语句以及调整语句的顺序。

（4）单个路由器上命名访问控制列表的名称在所有协议和类型的命名访问控制列表中必须是唯一的，不同路由器上的命名访问控制列表名称可以相同。

（5）命名访问控制列表是一个全局命令，它将使用者进入到命名 IP 列表的子模式，在该模式下建立匹配和允许/拒绝动作的相关语句。

5.6.2 命名 ACL 的配置

除了基于编号来标识 ACL 外，还可以基于名称来标识。当使用名称而不是编号来标识 ACL 时，配置模式和命令语法略有不同。配置步骤和命令格式如下：

```
Router(config)# ip access-list standard|extended name
//name 是字母数字，必须唯一而且不能以数字开头，按回车键进入命名 ACL 配置模式
```

在命名 ACL 配置模式下，使用 permit 或 deny 语句指定一个或多个条件，以确定数据包应该转发还是丢弃。使用 remark 则是对该条语句进行注释。

在 ACL 子模式下，通过指定一个或多个允许及拒绝条件，来决定一个数据包是允许通过还是被丢弃。以下为命名扩展 IP ACL 的语法格式：

```
Router(config-ext-nacl)#[sequence-number]{deny|permit} {protocol} source-address source-wildcard
[operator source- port-number] destination-address destination-wildcard
```

最后，还需将定义的 ACL 应用到接口上，配置方法和编号的 ACL 配置方法是一样的。

5.7 配置基于时间的 ACL

通过基于时间的 ACL 可以根据一天中的不同时间，或者根据一星期中的不同日期，或两者相结合来控制网络数据包的转发，从而满足用户对网络的灵活需求。这样，网络管理员可以根据周末或工作日中的不同时间段定义不同的安全策略。例如，某高校需要对学生宿舍的上网时间进行控制，学生在星期日到星期四的晚上 22:30 至次日早上 7:00 不能上网，要满足这种需求，就必须使用基于时间的访问控制列表。

5.7.1 时间的类型

基于时间的 ACL 只是在 ACL 规则后使用 time-range 选项为此规则定义一个时间段。时间段分为以下三种类型。

1. 绝对时间段

绝对时间段表示一个时间范围，即从某时刻开始到某时刻结束，例如 2 月 5 日早上 8 点到 3 月 9 日的早上 8 点。

2. 周期时间段

周期时间段表示一个时间周期。例如每天早上 8 点到下午 4 点，或者每周一到每周五的早上 8 点到晚上 6 点，也就是说周期时间段不是一个连续的时间范围，而是特定某天的某个时间段。

3. 混合时间段

混合时间段就是将绝对时间段与周期时间段结合起来，例如 1 月 8 日到 3 月 9 日的每周一至周五的早上 8 点到晚上 6 点。

5.7.2 基于时间的 ACL 简介

基于时间的 ACL 功能使管理员可以依据时间来控制用户对网络资源的访问，即根据时间来禁止/允许用户访问网络资源。为了实现基于时间的 ACL 功能，必须首先创建一个 Time-range 端口来指明时间与日期。与其他端口一样，Time-range 端口是通过名称来标识的，然后将 Time-range 端口与对应的 ACL 关联起来。IP 扩展 ACL 允许与 Time-range 关联。

5.7.3 基于时间的 ACL 的配置

1. 创建 Time-range

执行如下命令：

```
Router(config)# time-range time- range-name    //time-range-name 为 time-range 的名称
```

2．设置 absolute（绝对）时间

执行如下命令：

```
Router(config-time-range)# absolute [start time date] [end time date]
//start time date 为规则生效的起始时刻，end time date 为规则生效的终止时刻
```

3．设置 periodic（相对）时间

执行如下命令：

```
Router(config-time-range)#periodic days-of-the-week1 hh:mm1 to [days-of-the-week2] hh:mm2  //指明在一周的哪一（几）天和哪个时刻 Periodic 规则开始生效
```

4．ACL 与 Time-range 关联

执行如下命令：

```
Router(config)# access-list number {deny | permit} protocol source src-wildcard destination desti-wildcard [time-range time-range- name]
```

5．设置路由器当前系统时钟

执行如下命令：

```
Router #clock set hh:mm:ss date month year
//hh:mm:ss：当前时刻；date：当前日期；month：当前月份；year：当前年份
```

5.8　访问控制列表配置实践

5.8.1　应用标准 IP ACL 控制内部网络互访

应用标准 IP ACL 控制内部网络互访

1．任务描述

ABC 公司总部为市场部、财务部、人力资源部、企划部 4 个部门划分了子网，分别对应 VLAN 10、VLAN 20、VLAN 30 和 VLAN 40，如图 5-5 所示。公司的核心数据保存在内网服务器 Server1 中，为了确保公司业务数据的安全，只允许财务部的计算机访问 Server1，其他部门的计算机均不能访问 Server1，其他所有部门都可以访问公司内网服务器 Server2。

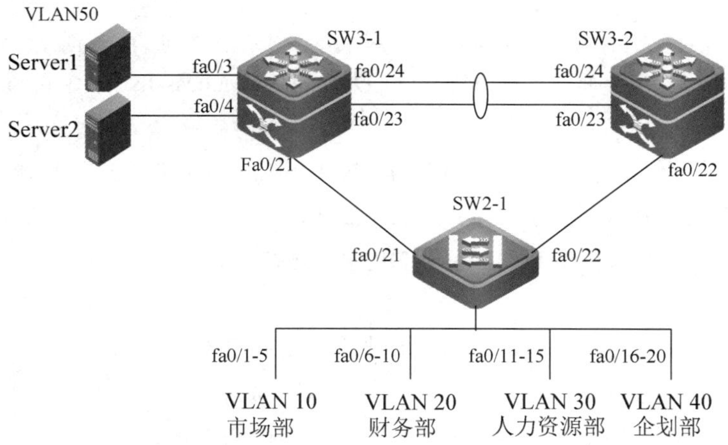

图 5-5　标准 ACL 配置拓扑

2．任务要求

为了在网络安全系统集成实训室中模拟本任务的实施，搭建如图 5-5 所示的网络实训环境。要实现上述需求，可以利用三层设备提供的访问控制技术，在网络中的交换机 SW3-1 和 SW3-2 的适当端口上配置 ACL。由于是对内网服务器 Server1 和 Server2 作出访问控制，

因此使用标准的 ACL，根据数据包的源地址进行过滤。配置任务如下：

（1）ACL 应用规划。

（2）配置并应用 ACL。

（3）验证 ACL 的正确性。

（4）使用 MyBase 软件对配置脚本进行管理，以便下一次实训和最后网络全网联调设备时使用。

3. 任务实施步骤

（1）ACL 应用规划。

1）需要使用何种 ACL？使用标准的 ACL。

2）ACL 规则的动作是 deny 还是 permit？动作是 permit 或 deny。

3）ACL 规则中的通配符掩码应该是什么？0.0.0.255。

4）ACL 包过滤应该应用在交换机 SW3-1 的哪个接口的哪个方向上？应用在 fa0/3 和 fa0/4 的 out 方向。

总结：标准 ACL 应用在离目标最近相连设备接口的出口方向。

（2）测试网络的连通性。本任务在应用 ACL 之前，应确保财务部的主机能够 ping 通 Server1 和 Server2，确保 ACL 规则正常发挥作用。

（3）配置并应用 ACL。

1）在交换机 SW3-1 上配置对 Server1 进行访问控制的 ACL。执行如下命令：

```
SW3-1(config)#access-list 10 permit 192.168.20.0 0.0.0.255
//定义标准访问控制列表 10，其允许网段为 192.168.20.0 的主机通过
SW3-1(config)#access-list 10 deny any              //访问控制列表 10 阻止其他任何主机通过
SW3-1(config)#interface fastEthernet 0/3           //进入端口 fa0/3
SW3-1(config-if)#ip access-group 10 out            //将 ACL 应用在交换机 fa0/3 的出口方向上
```

2）在交换机 SW3-1 上配置对 Server2 进行访问控制的 ACL。执行如下命令：

```
SW3-1(config)#access-list 20 deny 192.168.20.0 0.0.0.255
//定义标准访问控制列表 20，阻止网段为 192.168. 20.0 的主机通过
SW3-1(config)#access-list 20 permit any            //访问控制列表 20 允许其他任何主机通过
SW3-1(config)#interface fastEthernet 0/4           //进入端口 fa0/3
SW3-1(config-if)#ip access-group 20 out            //将 ACL 应用在交换机 fa0/3 的出口方向上
```

（4）查看 ACL 的正确性。在 SW3-1 上执行 show access-list 命令查看 ACL 配置的正确性。

（5）验证数据流量的有效性。采用 VLAN 10 中的一台计算机作为测试主机 PC1，配置 IP 地址为 192.168.10.2，子网掩码为 255.255.255.0，网关为 192.168.10.254；采用 VLAN 20 中的一台计算机作为测试主机 PC2，配置 IP 地址为 192.168.20.2，子网掩码为 255.255.255.0，网关为 192.168.20.254。

1）在 PC1 上 ping Server1 的 IP 地址，结论是□通□不通。

2）在 PC1 上 ping Server2 的 IP 地址，结论是□通□不通。

3）在 PC2 上 ping Server1 的 IP 地址，结论是□通□不通。

4）在 PC2 上 ping Server2 的 IP 地址，结论是□通□不通。

5.8.2 应用扩展 IP ACL 控制内部网络资源访问

应用扩展 IP ACL 控制内部网络资源访问

1. 任务描述

ABC 公司的内网服务器 Server2 中运行了 Web 服务器和 FTP 服务器，如图 5-5 所示，

其中 Web 服务器是面向内网所有用户的，FTP 服务器保存了公司的核心数据。根据公司信息安全的要求，内网的计算机在工作日的上班时间才能访问内网服务器 Server2 中的 Web 服务，其他时间均不能访问 Web 服务；只允许财务部计算机在工作日的上班时间访问内网服务器 Server2 中的 FTP 服务，其他的任何部门都不能访问内网服务器 Server2 中的 FTP 服务器。

2. 任务要求

为了在网络安全系统集成实训室中模拟本任务的实施，搭建如图 5-5 所示的网络实训环境。要实现上述需求，这里使用标准 ACL 已不能满足控制要求，因为要对服务器 Server2 中的 FTP 端口作出限制，必须使用扩展 ACL。通过基于数据包的源 IP 地址、目的 IP 地址、源端口号、目的端口号和协议来定义规则，更为精确地控制数据包的行为。在确保各部门计算机对网络服务资源访问控制条件下，要限制对内网服务的访问时间，需要使用基于时间的扩展 ACL 技术，它具有更加灵活的访问控制能力，能满足用户根据时间对网络流量的过滤，配置任务如下：

（1）ACL 应用规划。

（2）配置并应用 ACL。

（3）验证 ACL 的正确性。

（4）使用 MyBase 软件对配置脚本进行管理，以便下一次实训和最后网络全网联调设备时使用。

3. 任务实施步骤

（1）ACL 应用规划。

1）需要使用何种 ACL？扩展 ACL。

2）ACL 规则的动作是 deny 还是 permit？permit。

3）ACL 规则中的反掩码应该是什么？0.0.0.255。

4）ACL 包过滤应该应用在交换机 SW3-1 的哪个接口的哪个方向上？应用在 fa0/21 的 in 方向。

（2）测试网络的连通性。在将 ACL 应用到接口之前，先测试网络的连通性，确保 ACL 规则正常发挥作用。本任务在应用 ACL 之前，应确保财务部的主机能够 ping 通 Server2。

（3）配置并应用 ACL。执行如下命令：

```
SW3-1(config)#time-range work                                    //定义时间段 work
SW3-1(config-time-range)#periodic weekdays 8:00 to 17:00          //定义时间段的范围为周一到周五的 8:00 到 17:00
SW3-1(config)#access-list 110 permit 192.168.20.0 0.0.0.255 host 192.168.50.3 eq 20 time-range work
//定义扩展访问列表 110 允许 192.168.20.0 网段的主机在工作时间访问 FTP 服务
SW3-1(config)#access-list 110 permit 192.168.20.0 0.0.0.255 host 192.168.50.3 eq 21 time-range work
//定义扩展访问列表 110 允许 192.168.20.0 网段的主机在工作时间访问 FTP 服务
SW3-1(config)#access-list 110 permit 192.168.0.0 0.0.255.255 host 192.168.50.3 eq 80 time-range work
//定义扩展访问列表 110 允许 192.168. 0.0 网段的主机在工作时间访问 Web 服务
SW3-1(config)#interface FastEthernet 0/21       //进入端口 fa0/21
SW3-1(config-if)#ip access-group 110 in         //定义在端口 fa0/21 的入口处进行访问控制
```

（4）查看 ACL 的正确性。在 SW3-1 上执行 show access-list 命令查看 ACL 配置的正确性。

（5）验证数据流量的有效性。使用 VLAN 10 中的一台计算机作为测试主机 PC1，配置 IP 地址为 192.168.10.2，子网掩码为 255.255.255.0，网关为 192.168.10.254；使用 VLAN 20 中的一台计算机作为测试主机 PC2，配置 IP 地址为 192.168.20.2，子网掩码为 255.255.255.0，网关为 192.168.20.254。

1）在 SW3-1 上，将系统时间调整为上班时间，在 PC1 浏览器的地址栏中输入 http://192.168.50.3，结论是□通□不通。

2）在 PC2 浏览器的地址栏中输入 http://192.168.50.3，结论是□通□不通。

3）在 SW3-1 上，将系统时间调整为非上班时间，在 PC1 浏览器的地址栏中输入 http://192.168.50.3，结论是□通□不通。

4）在 PC2 浏览器的地址栏中输入 http://192.168.50.3，结论是□通□不通。

5.9　过关训练

5.9.1　知识储备检验

1. 填空题

（1）根据判断条件不同，ACL 分为________和________；根据标识方法不同，ACL 分为________和________。

（2）ACL 必须应用在________才能生效，对________方向的数据包，先检查________，后检查________。

（3）ACL 中有两种特殊的通配符掩码，如 192.168.1.1 0.0.0.0 通配符掩码可表示为________；0.0.0.0 255.255.255.255 通配符掩码可表示为________。

（4）基于时间的 ACL 中需要定义________和________两种时间。

2. 选择题

（1）标准 ACL 以（　　）作为判别条件。

A. 数据包的大小　　B. 数据包的源地址
C. 数据包的端口号　　D. 数据包的目的地址

（2）标准 ACL 应被放置的最佳位置是（　　）。

A. 越靠近数据包的源越好　　B. 越靠近数据包的目的越好
C. 无论放在什么位置都行　　D. 入接口方向的任何位置

（3）在访问控制列表中，192.168.64.0 0.0.3.255 表示的 IP 地址范围是（　　）。

A. 192.168.67.0～192.168.70.255　　B. 192.168.64.0～192.168.67.255
C. 192.168.63.0～192.168.64.255　　D. 192.168.64.255～192.168.67.255

3. 简答题

（1）将 ACL 用作数据包过滤有何用途？

（2）标准和扩展访问控制列表有什么区别？

（3）简述扩展 ACL 主要解决什么问题和应用环境。

（4）简述基于时间的 ACL 的特点及其应用范围。

5.9.2　实践操作检验

根据图 5-6 完成办公网络的互联互通，实现数据交换和资源共享功能。针对办公网络中销售部和财务部两个不同的子网，实现销售部和财务部所在子网相互隔离，不能互访。实现财务部子网中的用户只能访问服务子网中的财务部服务器，销售部子网中的用户只能在上班时间访问服务子网 Web 和 FTP 服务器，在任何时间均不能访问财务部服务器，任何其他通信都是允许的。

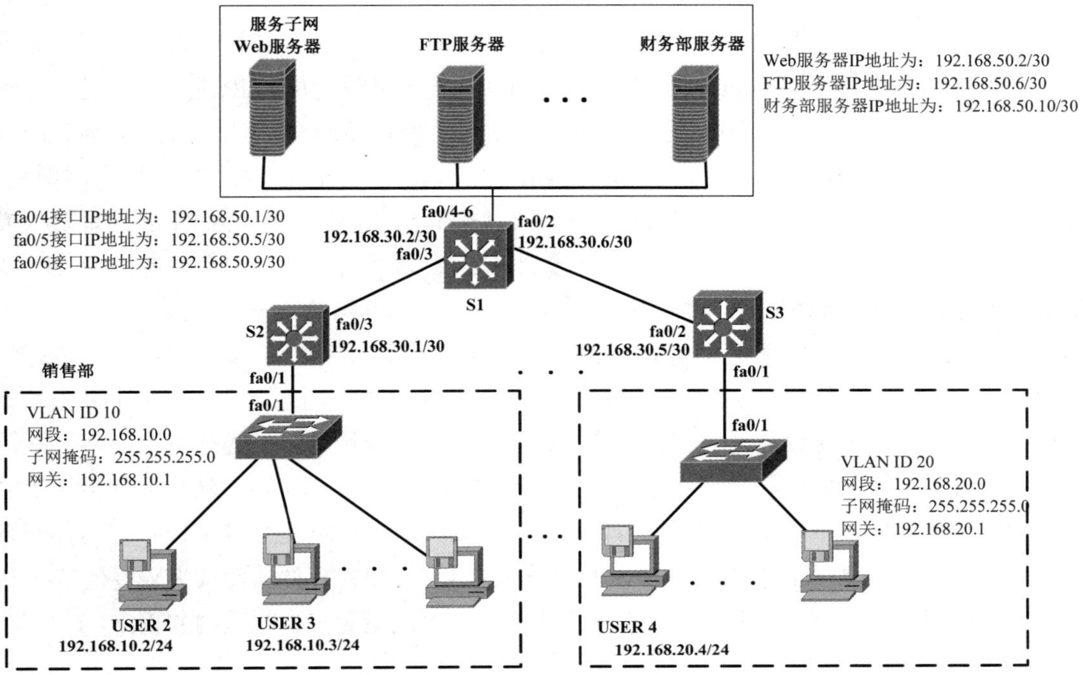

图 5-6　ACL 综合配置拓扑图

5.9.3　挑战性问题

如图 5-7 所示，只允许主机 192.168.20.10 执行 ping 命令测试到主机 192.168.10.10 的网络连通性，不允许反向 ping 测试。试写出主要的 ACL 配置语句，并对结果进行分析。

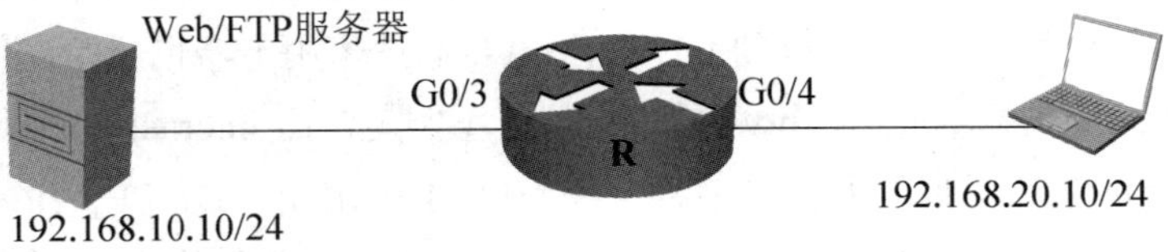

图 5-7　单向访问控制列表配置拓扑图

项目 6　网络地址转换技术

随着网络技术在各领域的广泛应用，访问 Internet 的需求与日俱增，同时还需要满足公司的资源可供合作伙伴和 Internet 用户访问。在 Internet 上通信主机的 IP 地址必须是全球唯一的公网 IP 地址，但是企业内网的主机全部使用公网地址需要支付高昂的费用，而私网地址又不允许在 Internet 上使用。为了缓解公网 IP 地址不足，同时隐藏内部服务器私网地址，很多公司通过 NAT 技术实现 Internet 的访问。方法很简单，NAT 将企业私网 IP 地址转换成全球唯一公网 IP 地址，使内部网络可以连接到 Internet 等外部网络上，不仅解决了公网 IP 地址的不足，还能够隐藏内部网络的细节，避免来自外部网络的攻击，起到一定的安全作用。NAT 的实现方式有三种：静态转换、动态转换和端口多路复用。其中静态转换就是将内部网络的私有 IP 地址转换为公有合法的 IP 地址，实现外部网络对内部网络中某些特定设备（如服务器）的访问。动态转换是指将内部网络的私有地址转换为公有地址时，IP 地址的对应关系是不确定的，所有被授权访问互联网的私有地址都可随机转换为任何指定的合法的外部 IP 地址；端口多路复用是改变要外出数据包的源 IP 地址和源端口，内部网络的所有主机均可共享一个合法的外部 IP 地址来实现互联网的访问，从而最大限度地节约 IP 地址资源，同时又可以隐藏网络内部的所有主机，有效地避免来自互联网的攻击。

6.1　NAT 概述

6.1.1　NAT 技术产生的原因

1．IPv4 地址空间严重不足

随着计算机网络深入人们生活的各个领域，大型主机、个人计算机、PDA、存储设备、路由器和交换机等网络设备都需要连接到 Internet，甚至有些家用电器也开始连入 Internet。到目前为止，注册 IP 地址已基本耗尽，IPv4 地址空间严重不足，而 Internet 的规模仍在持续增长。

解决 IPv4 地址空间不足的方案有多种，如 VLSM、CIDR、DHCP、IPv6 等，其中前三种只是暂时性的解决方案，在一定程度上提高了 IP 地址资源的利用率；而 IPv6 则被认为是解决 IP 地址不足的最终解决方案，但目前的网络基础设施还不足以支持 IPv6 的广泛应用。

2．私有 IP 地址网络与 Internet 互联

企业内部网络经常采用私有 IP 地址空间：10.0.0.0/8、172.16.0.0/12 和 192.168.0.0/24。但是，私有地址属于非注册地址，专门供组织结构内部使用，因此使用私有 IP 地址的数据包是不能直接路由到 Internet 上的。

3．非注册的公有 IP 地址网络与 Internet 互联

有的企业建网时使用了公网 IP 地址空间，为了避免更改地址带来的风险和成本，仍然保持原有的公有 IP 地址空间。但此公网 IP 地址空间并没有注册，是不能在 Internet 上直接使用的。

基于以上原因，为了解决 IP 地址资源枯竭、企业内部网络用户能访问 Internet 等问题，

诞生了将一种 IP 地址转换为另外一种 IP 地址的 NAT 技术。

6.1.2　NAT 基本术语

1. *内部地址和外部地址*

NAT 设备可将处于不同地理位置上的主机在物理上划分为内部（Inside）和外部（Outside），与 NAT 设备 Inside 接口相连的网络称为内部网络，与 NAT 设备 Outside 接口相连的网络称为外部网络；此外，根据网络设备 IP 地址的逻辑位置，把内部网络设备中能看见的地址称为本地（Loca）地址，把外部网络设备中能看见的地址称为全局（Global）地址，如图 6-1 所示。

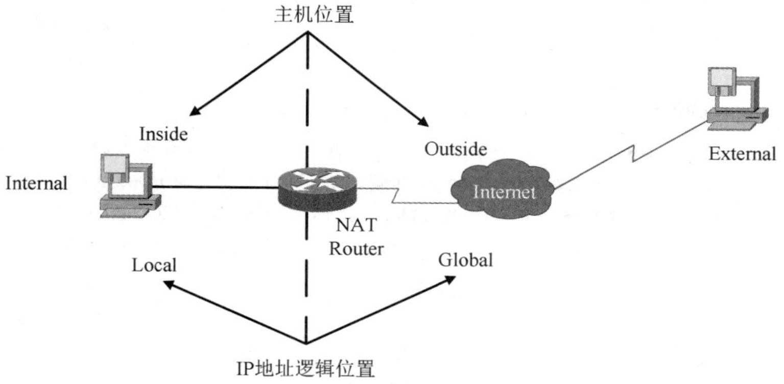

图 6-1　内部和外部、本地和全局之间的关系

根据上述 4 个术语，可将地址归入以下 4 类，如图 6-2 所示。

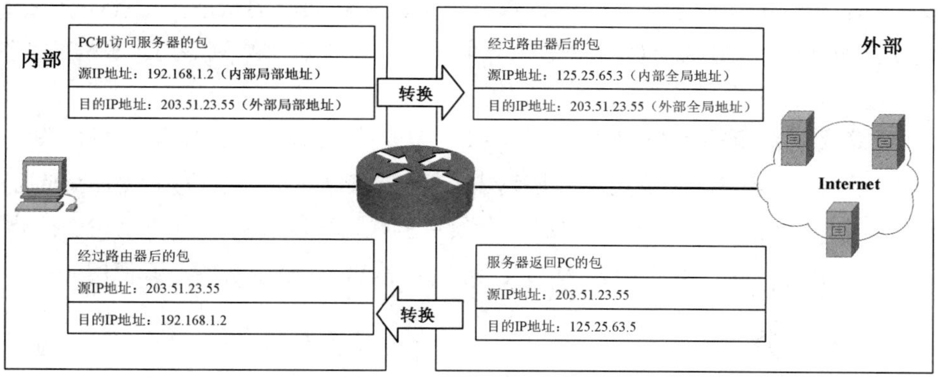

图 6-2　NAT 中的各类术语

（1）内部本地（Inside local）地址：分配给内部网络中主机的地址，通常是私有地址。

（2）内部全局（Inside global）地址：对外代表一个或多个内部本地地址，通常是公有地址。

（3）外部全局（Outside global）地址：外部网络中的主机的真实地址。

（4）外部本地（Outside local）地址：在内部网络中看到的外部主机的地址。

一般情况下，Outside global 和 Outside local 地址是同一个公用地址，它们就是内部网络主机访问 Internet 上主机时使用的 IP 地址，只有在特殊情况下（如内部地址和外部地址有重叠），这两个地址才不一样。

参考这样一个例子，我们出门的时候穿皮鞋，回到家里就要换上拖鞋，而且家里还要专门为来访的客人准备一双拖鞋，客人来了也需要脱下皮鞋换上拖鞋。其实，NAT 地址转换就好像这个过程，这些地址就是我们穿的鞋子。内部本地地址就是我们回家之后在家里穿的拖鞋，只能在家里穿不能穿出门，而内部全局地址则是我们出门要穿的皮鞋，出门换上进家脱下来；外部本地地址就是来家里拜访的客人所穿的拖鞋，外部全局地址是客人穿来的皮鞋，到了家里要换上我们专门为他准备的拖鞋——外部本地地址，而客人离开的时候，就得换回他自己的皮鞋才能出门。其中，我们自己的皮鞋和客人的皮鞋不能混穿，我们自己的拖鞋和客人的拖鞋也不能混穿。这就是 4 种类型地址之间的关系。

2. NAT 表

当内部网络有多台主机访问 Internet 上的多个目的主机时，NAT 设备必须记住内部网络中的哪一台主机访问 Internet 上的哪一台主机，以防止在 NAT 时将不同的连接混淆，所以 NAT 设备会为 NAT 的众多连接建立一个表，即 NAT 表，如图 6-3 所示。

router#show ip nat translations

Pro	Inside global	Inside local	Outside local	Outside global
TCP	100.1.10.12:6004	192.168.1.10:6004	200.10.20.30:80	200.10.20.30:80
Tcp	61.186.178.5:4010	192.168.1.20:4010	221.238.198.149:80	221.238.198.149:80
Udp	61.186.178.9:1496	192.168.1.50:1496	117.78.198.58:14108	117.78.198.58:14108

图 6-3 NAT 表

由图 6-3 可以看出，NAT 设备在进行地址转换时，依靠在 NAT 表中记录的内部本地地址和外部全局地址的映射关系来保存地址转换的依据。当执行 NAT 操作时，NAT 设备在作某一数据连接时只需查询该表，就可以知道应该如何转换。

NAT 表中每一个连接条目都有一个计时器。当有数据在两台主机之间传递时，数据包不断刷新 NAT 表中的相应条目，则该条目将处于不断被激活的状态，因此不会被 NAT 表清除。但是，如果两台主机长时间没有数据交互，在计时器倒数到零时，NAT 表将把这一条目清除。

NAT 设备所能保留的 NAT 连接数目与 NAT 设备的缓存芯片的空间大小相关，一般情况下，设备越高档，其 NAT 表空间应该越大。当 NAT 表装满后，为了缓存新的连接，就会把 NAT 表中时间最久、最不活跃的那一个条目删除，所以当网络中的一些连接频繁地关闭时（如 QQ 频繁掉线），有可能是 NAT 设备上的 NAT 表缓存已经不够使用了。

6.1.3 NAT 设备

具有 NAT 功能的设备有路由器、防火墙，以及各种软件代理服务器 proxy、ISA、ICS、wingate、sysgate 等，Windows Server 2003 及其他网络操作系统都能作为 NAT 设备。因软件耗时太长、转换效果低，故只适合小型网络。也可以将 NAT 功能配置在防火墙上，以减少一台路由器的成本。但随着硬件成本的降低，大多数企业都选用路由器，即使家用的路由器也带有 NAT 功能，不过在大部分的三层交换机上是不具备 NAT 功能的。

6.1.4 NAT 的功能

NAT 可以用来执行以下几个功能。

1. 转换内部本地地址

这个功能建立了内部本地地址和内部全局地址间的一个映射。

2. 过载内部全局地址

将多个私网 IP 地址映射到一个公网 IP 地址的不同端口号下，可以起到节省 IP 地址数量的作用，这是目前使用最广泛的方式。这种功能理论上可以支持最多 65536 个内部地址映射到同一个公网地址，但实际上在一台 Cisco NAT 路由器上，每个外部全局地址只能有效支持大约 4000 个会话，其他厂商很难超越这个数字。

3. TCP 负载均衡

TCP 负载均衡是指对外提供一个服务地址，而该服务地址对应内部多台主机 IP 地址，NAT 通过轮询（type rotary）实现负载均衡。但由于 TCP 连接的多样性和 NAT 的局限性，NAT 不能实现完全的负载均衡。

4. 处理重叠网络

重叠网络指内网使用的 IP 地址与公网上使用的 IP 地址有重叠，这种情况比较复杂。这时，路由器必须维护一个表：在数据包流向公网时，它能够将内网中的 IP 地址翻译成一个公网 IP 地址；在数据包流向内网时，它能够将公网中的 IP 地址翻译成与内网不重复的 IP 地址。

6.2　NAT 的分类

6.2.1　按转换 IP 地址类型分类

按转换 IP 地址类型，NAT 分为源地址转换（SNAT）和目的地址转换（DNAT）。

1. SNAT

SNAT 是改变内网发出数据分组的源地址，对于返回的数据分组则应改变其目的地址，以实现内网主机对 Internet 的访问。

2. DNAT

DNAT 转换是改变从外网来的数据分组的目的地址，对于返回的数据分组则改变其源地址，以实现对内网主机的访问。

3. SNAT 的工作过程

下面讨论 SNAT 的工作过程，如图 6-4 所示。SNAT 的工作过程与 DNAT 的工作过程非常类似。

图 6-4 反映了内部源地址 NAT 的整个工作过程，当内部网络一台主机访问外部网络资源时，详细过程描述如下：

（1）IP 地址为 10.1.1.1 的内部主机发起一个到 IP 地址为 1.1.1.3 的外部主机连接。

（2）当路由器接收到以 10.1.1.1 为源地址的第一个数据包时，引起路由器检查 NAT 表。

（3）路由器用 10.1.1.1 对应的 NAT 转换记录中的全局地址替换数据包源地址，经过转换后数据包的源地址变为 172.2.2.2，然后转发该数据包。

（4）IP 地址为 1.1.1.3 的主机接收到数据包后，将向 IP 地址为 172.2.2.2 的主机发送响应包。

（5）当路由器接收到内部全局地址的数据包时，将以内部全局地址 172.2.2.2 为关键字查找 NAT 记录表，将数据包的目的地址转换成 10.1.1.1 并转发给 IP 地址为 10.1.1.1 的主机。

（6）IP 地址为 10.1.1.1 的主机接收到应答包，并继续保持会话。重复（1）～（5）过程，直到会话结束。

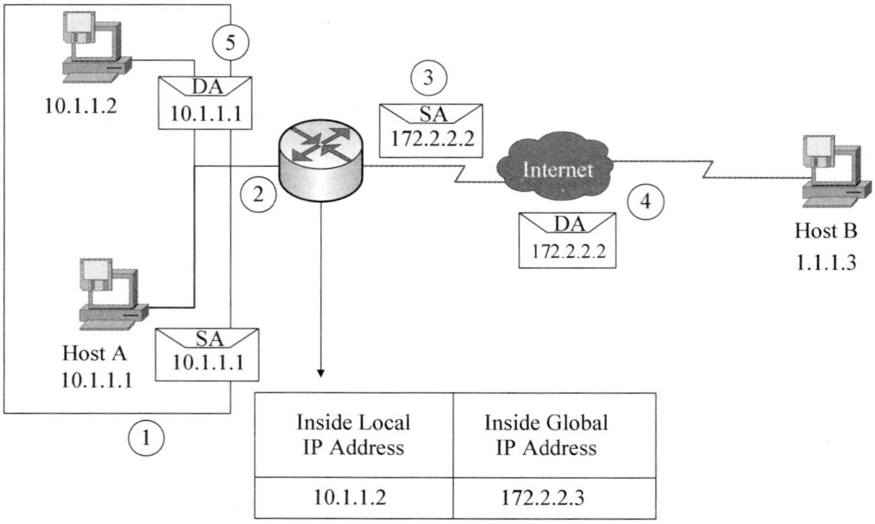

图 6-4 SNAT 工作过程

6.2.2 按实现方式分类

NAT 的实现方式有以下两种。

1. 静态 NAT

静态 NAT 是指将一个私网地址和一个公网地址作一对一映射；或将特定私网地址及 TCP 或 UDP 端口号和特定公网地址及 TCP 或 UDP 端口号作一对一映射；或定义整个网段的静态转换。静态 NAT 适合于以下几种情况。

（1）内部网络中只有一台或少数几台主机需要和 Internet 通信的情况。

（2）当要求外部网络能够访问内部设备时，如内部网络有 Web 服务器、E-mail 服务器或 FTP 服务器等可以为外部用户提供的服务，这些服务器的 IP 地址必须采用静态地址转换（将一个全局地址映射到一个内部地址，静态映射将一直存在于 NAT 表中，直到被管理员取消），以便外部用户可以使用这些服务。

（3）只申请到一个公网 IP 地址，内部网络中的一台服务器上同时运行了多个网络服务，外部网络用户能够访问内部网络服务的情况。

静态 NAT 本质上是一对一的转换方式，当内网的机器要被外网访问时是非常有用的，但是不能起到节省 IP 地址的作用。静态 NAT 方式实现地地址转换的工作过程如图 6-5 所示。

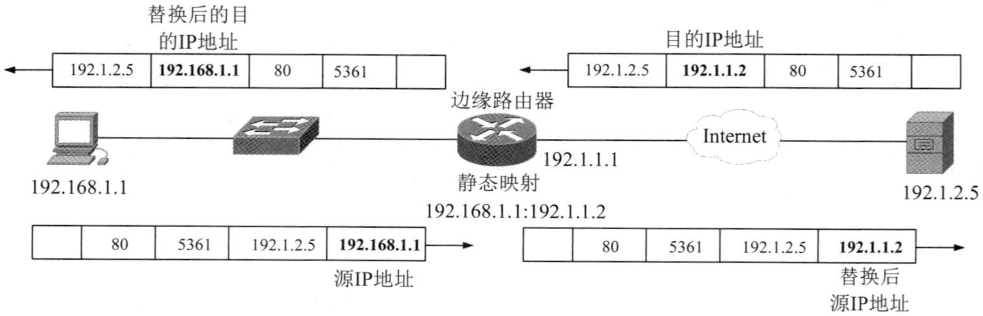

图 6-5 静态 NAT 方式实现地址转换的工作过程

2. 动态 NAT

动态 NAT 包括动态地址池转换（Pool NAT）和动态端口转换（Port NAT）两种，前者仍然是一对一转换方式，后者是多对一转换方式。

（1）Pool NAT。Pool NAT 执行本地地址与全局地址的一对一转换，但全局地址与本地地址的对应关系不是一成不变的，它是从内部全局地址池中动态地选择一个未使用的地址对内部本地地址进行转换。采用动态 NAT 意味着可以在内部网络中定义很多的内部用户，通过动态分配的方法，共享很少的几个外部 IP 地址。采用 Pool NAT 建立本地地址与全局地址的映射关系仍然是一对一的地址映射，相比静态 NAT，管理员不需要手动去绑定，但此种方式还是不能起到节省 IP 地址的作用。Pool NAT 方式实现地址转换的工作过程如图 6-6 所示。

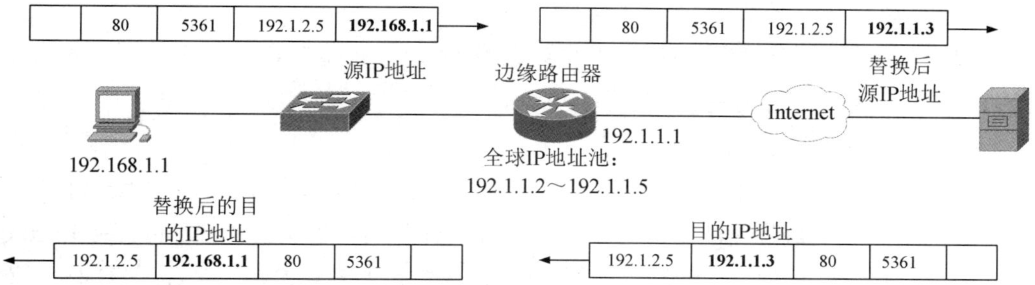

图 6-6　Pool NAT 方式实现地址转换的工作过程

（2）Port NAT。Port NAT 又称端口复用动态地址转换或 NAT 重载，是改变外出数据包的源 IP 地址和源端口并进行端口转换的方式，如图 6-7 所示。采用 Port NAT 方式，内部网络的所有主机均可共享一个合法的外部 IP 地址以实现互联网的访问，从而可以最大限度地节约 IP 地址资源，同时又可以隐藏网络内部的所有主机，有效地避免来自互联网的攻击。因此，端口多路复用方式是 NAT 技术中应用最为广泛的。

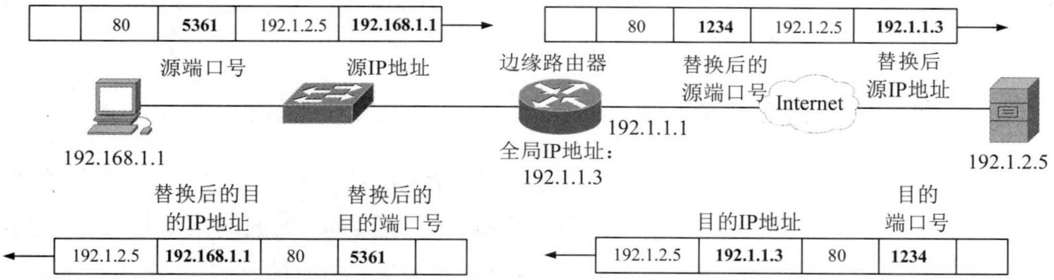

图 6-7　Port NAT 方式实现地址转换的工作过程

通过 NAT 实现方式可以看出，动态 NAT 只能实现由内部网络终端发起和 Internet 中某个终端建立的单向会话，如果发起建立会话的终端来自于 Internet，NAT 设备无法获得内部网络中终端的合法公网 IP 地址，因而无法向内部网络中的终端发送 IP 分组。因此要实现双向会话，应使用静态 NAT 方式。

6.3　NAT 的优缺点

6.3.1　NAT 的优点

应用 NAT 技术的主要优点如下：

（1）提供了节省注册 IP 地址的解决方案。

（2）隐藏了内部网络的地址，提高了内部网络的安全性。

（3）解决了地址重复使用的问题。

6.3.2 NAT 的缺点

1. 增加了网络延时

NAT 表需要大量的缓存空间，使得设备能够缓存的数据包变少；其次，NAT 操作需要在 NAT 表中查找信息，这种查表操作消耗了设备的 CPU 资源；再次，NAT 操作时需要更改每个数据包的报头以转换地址，这种操作也十分消耗 NAT 设备的 CPU 资源。

2. 与某些应用不兼容

如果一些应用在有效载荷中协商下次会话的 IP 地址和端口号，NAT 将无法对内嵌 IP 地址进行地址转换，造成这些应用不能正常运行。

3. 失去对端到端的全面支持

使部分端到端网络的 Internet 协议与应用无法正常运行，如经过 NAT 地址转换后，外部网络中的用户或主机将无法知道内部网络地址，外部用户也无法执行 ping 或 traceroute 命令来测试网络的连通性。在经过了使用 NAT 地址转换的多跳之后，对数据包的路径跟踪将变得十分困难。

虽然 NAT 技术得到了广泛应用，但它是一把双刃剑，在节省 IP 地址空间等的同时，也破坏了 Internet 最基本的“端到端的透明性”设计理念，增加了网络的复杂性，阻碍了某些业务的应用。长远看来，NAT 只是一种权宜之计，向 IPv6 迈进才是根本的解决之道，也是大势所趋。

6.4 NAT 的配置

6.4.1 配置 NAT 前的准备工作

在配置 NAT 前，首先要弄清 NAT 设备的内部接口和外部接口，以及在哪个接口上启用 NAT；其次要明确内部网络使用的 IP 地址范围，申请到供给内部网络地址转换使用的合法 IP 地址范围；最后要明确哪些本地地址转化为合法的外部地址。

6.4.2 NAT 配置的一般步骤

（1）配置接口及路由。NAT 在工作过程中，与路由和 ACL 行为紧密相关。路由器一旦接收到源 IP 地址为私网 IP 地址、目标 IP 地址为公网 IP 地址的数据包时，先进行 ACL 的匹配操作，若符合匹配条件，查找路由表，将数据包路由至转发接口，然后进行 NAT 操作，完成数据包的重新封装，再将数据包从这个接口发送出去，数据包返回的操作过程与此相反。因此要确保 NAT 正常工作，首先路由要连通。下面举一个实际工程中的例子来说明。

如图 6-8 所示的网络拓扑图，内部网络用户使用私网地址网段 172.16.10.0，并能访问 Internet；另外内部服务器设置了私网地址 172.16.10.100，并对外提供 Web 和 FTP 服务，申请到供给内部网络地址转换使用的合法 IP 地址为 202.112.192.1-10/24。为此，需要在路由器 R1 上实施 NAT，其中 fa0/0 作为 NAT 的内网口，G0/3 作为 NAT 的外网口；在路由器 R1 的 G0/3 接口上，启用静态接口 NAT 转换，将 Web 和 FTP 服务发布到公网上，供外部用户访问；同时在 G0/3 接口上启用动态 NAT，将 172.16.10.0/24 网段地址转化为 202.112.192.1-10/24，这样内部用户就能访问 Internet 了。

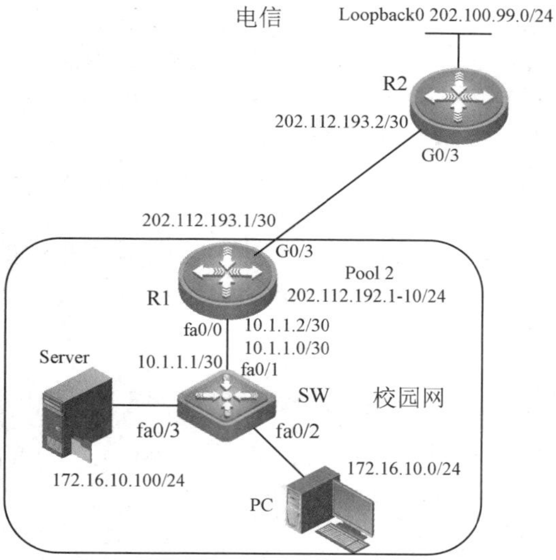

图 6-8　NAT 设计案例图

在实施本案例时，一般是从 ISP 动态获取 IP 地址，此时在 R1 上配置一条默认路由时，其下一跳就只能采用传出接口的方式，而不能采用下一跳接口 IP 地址的方式。R2 上不应配置指向内部网络的静态路由，因为公网上的路由器不能直接将 IP 数据包路由至采用私网 IP 地址的网络中。

（2）定义 NAT 设备的内外口。

（3）定义 NAT 地址池。

（4）定义转换方法及转换关联关系。NAT 涉及三个转换：ip nat inside source（转换内部主机的源 IP）、ip nat inside destination （转换内部主机的目标 IP）、ip nat outside source（转换外部主机的源 IP）。ip nat outside source 一般和 ip nat inside source 一同使用，主要解决地址重叠问题，即双向 NAT。ip nat inside destination 由外部流量发起，实现内部全局向内部本地转换，只有 TCP 流量才会转换，ping 流量是不会触发 NAT 的 destination 转换的，主要用于服务器负载均衡。

6.4.3　静态 NAT 的配置

静态 NAT 在本地 IP 地址与全局 IP 地址（或 IP 地址和传输层端口）之间进行一对一的转换。配置方式有如下 3 种。

（1）指定转换的本地地址与全局地址，还可在传输层端口间进行转换。

1）内部源地址转换。执行如下命令：

Router(config)#**ip nat inside source static [tcp|udp]**　内部局部地址 [传输层端口] 内部全局地址 [传输层端口]

//用于内部网络使用地址转换供外部网络访问，如发布 Web 服务等

2）外部源地址转换。执行如下命令：

Router(config)#**ip nat outside source static [tcp|udp]** 外部全局地址 [传输层端口]　外部局部地址

[传输层端口]

这种格式用于外部网络的地址和内部网络的地址有重叠时，如网管给自己的网络设备或计算机所分配的 IP 地址已经在 Internet 或外部网络上被分配给别的设备或计算机使用；又如，两个使用相同内部专用地址的公司合并后，两个网络即成为重叠网络。

（2）指定 NAT 内部网络接口。执行如下命令：

```
Router(config)#interface ethernet 0                //选定路由器接口
Router(config-if)#ip address ip-address netmask//配置接口 IP 地址
Router(config-if)#ip nat inside                    //声明该接口是 NAT 转换的内部网络接口
```

（3）指定 NAT 外部网络接口。执行如下命令：

```
Router(config)#interface serial 0                  //选定路由器接口
Router(config-if)#ip address ip-address netmask//配置接口 IP 地址
Router(config-if)#ip nat outside                   //声明该接口是 NAT 转换的外部网络接口
```

6.4.4 动态 NAT 的配置

动态 NAT 执行局部地址与全局地址的一对一转换，但全局地址与局部地址的对应关系不是一成不变的，它是从全局地址池（Pool）中动态地选择一个全局地址与一个内部局部地址相对应。与配置相关的命令格式有如下 5 种。

（1）定义一个分配地址的全局地址池。执行如下命令：

```
Router(config)#ip nat pool 地址池名称 起始全局 IP 地址 结束全局 IP 地址 netmask 子网掩码
//定义全局地址池（申请到的合法 IP 地址的范围；若只有一个地址，则既为起始地址又为结束地址），
地址池名称可任取
```

（2）定义一个标准的 ACL，以允许指定需要转换的地址通过。执行如下命令：

```
Router(config)#access-list 列表号 permit 源 IP 地址 通配符掩码
//配置访问控制列表，指定哪些局部地址被允许进行转换
```

（3）定义内部网络局部地址和外部网络全局地址之间的映射。执行如下命令：

```
Router(config)#ip nat inside source list 列表号 pool 地址池名称
//在局部地址与全局地址之间建立动态地址转换 Pool NAT
```

（4）指定 NAT 内部网络接口。执行如下命令：

```
Router(config)#interface ethernet 0                //选定路由器接口
Router(config-if)#ip address ip-address netmask//配置接口 IP 地址
Router(config-if)#ip nat inside                    //声明该接口是 NAT 转换的内部网络接口
```

（5）指定 NAT 外部网络接口。执行如下命令：

```
Router(config)#interface serial 0                  //选定路由器接口
Router(config-if)#ip address ip-address netmask//配置接口 IP 地址
Router(config-if)#ip nat outside                   //声明该接口是 NAT 转换的外部网络接口
```

6.4.5 Port NAT 的配置

Port NAT 是把局部地址映射到全局地址的不同接口上，因一个 IP 地址的接口数有 65535 个，也就是说一个全局地址可以和多达 65535 个内部地址建立映射，故从理论上说一个全局地址就可供 6 万多个内部地址通过 NAT 连接 Internet。执行如下命令：

```
Router(config)#ip nat inside source list 列表号 pool 地址池名称 overload
//注意此处比动态 NAT 配置多了一个 overload，在局部地址与全局地址之间建立端口-地址转换
```

其他配置步骤和动态 NAT 类似。

6.4.6　NAT 的查看

（1）显示当前 NAT 转换情况。执行如下命令：

```
show ip nat translations                //查看活动的转换
```

（2）显示 NAT 转换统计信息。执行如下命令：

```
show ip nat statistics                  //查看地址转换统计信息
```

（3）从 NAT 转换表中清除所有动态项。执行如下命令：

```
clear ip nat translation *              //清除所有动态地址转换
```

6.5　NAT 的弱安全性

除了静态 NAT，在内部网络的终端发起某个会话之前，外部网络终端无法访问到内部网络中的终端，因此，无法发起对内部网络终端的攻击，这是 NAT 被作为网络安全机制的主要原因。但是，一旦建立本地地址和全球 IP 地址之间的绑定，内部网络中的某个终端发起访问外部网络中的某个终端会话，恶意攻击者可以通过截获的 IP 分组获得和某个内部网络终端绑定的全局 IP 地址或端口号，外部网络终端便可以通过全局 IP 地址或者端口号确定内部网络终端，并因此实现和内部网络终端之间的通信。因此，NAT 更多是作为解决 IP 地址短缺问题的方法。解决内部网络的安全问题仅仅采用 NAT 是不够的，还需要防火墙技术，NAT 的弱安全性只能是其他网络安全技术的一种补充。

6.6　NAT 配置实践

6.6.1　配置静态 NAT 提供网络服务

配置静态 NAT 提供网络服务

1. 任务描述

ABC 公司总部为 4 个部门划分了子网，同时公司网络内部主机和节点采用私有 IP 地址。公司总部使用出口路由器的以太网接口接入 Internet，并向 ISP 租用了一个注册 IP 地址。公司为了提高自身形象，将业务内容以门户网站的形式发布到互联网来实现宣传作用。考虑到 Web 服务的安全性，公司将 Web 服务器部署在局域网内部，希望实现公司内网用户私有 IP 地址访问 Web 服务器和 Web 服务向 Internet 发布信息的功能。

2. 任务要求

为了在网络安全系统集成实训室中模拟本任务的实施，搭建如图 6-9 所示的网络实训。图 6-9 中，R1 用于模拟公司总部的出口路由器，R2 用于模拟 Internet，Server2 为公司内网服务器，其上运行有 Web 服务。由于内网服务器 Server2 使用私有 IP 地址，互联网使用公网注册 IP 地址，要实现内网服务器 Server2 中 Web 服务向 Internet 发布信息，需在公司总部的出口路由器 R1 上配置静态 NAT。完成任务如下：

（1）确保内网用户只能使用私有 IP 地址访问 Web 服务。

（2）总公司的 Web 服务器能被公网用户访问，出于安全考虑，公网用户访问 Web 时使用 8080 端口。

（3）对配置结果的有效性和正确性进行验证。

（4）使用 MyBase 软件对配置脚本进行管理，以便下一次实训和最后网络全网联调设备时使用。

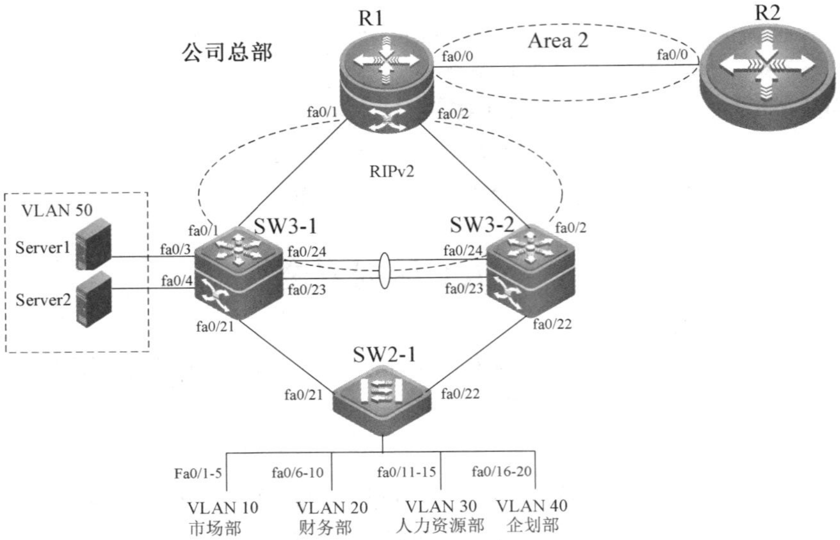

图 6-9 静态 NAT 配置拓扑图

3. 任务实施步骤

本任务首先完成基础网络的配置，确保在公司内网路由连通的情况下进行。

（1）配置静态 NAT。由于总公司的 Web 服务器的私网 IP 地址 192.168.50.3/24 被映射为公网 IP 地址 19.1.1.1/30；总公司的 Web 服务器采用 TCP 端口号 80，映射至公网上后 TCP 端口号为 8080，因此需要采用静态端口 NAT 转换。执行如下命令：

```
R1(config)#ip nat inside source static tcp 192.168.50.2 80 19.1.1.1 8080
//指定转换的本地地址与全局地址，并在传输层端口间进行转换
R1(config)#interface range FastEthernet 0/1-2          //批量指定端口
R1(config-if-range)#ip nat inside                      //定义为内部端口
R1(config)#interface FastEthernet 0/0                  //进入端口 fa0/0
R1(config-if)#ip nat outside                           //定义为外部端口
R1(config)#exit                                        //返回全局配置模式
```

（2）配置 ACL，确保内网用户只能使用私有 IP 地址访问 Web 服务。执行如下命令：

```
SW3-1(config)#access-list 110 permit tcp 192.168.0.0 0.0.255.255 host 192.168.50.3 eq 80
//定义 ACL 110 允许网段为 192.168.0.0 的主机访问 Web 服务
SW3-1(config)#access-list 110 deny tcp 192.168.0.0 0.0.255.255 host 19.1.1.1 eq 8080
//定义 ACL 110 阻止网段为 192.168.0.0/16 的主机使用 8080 端口访问 Web 服务
SW3-1(config)#access-list 110 permit any any           //其他情况不受任何限制
SW3-1(config)# interface FastEthernet 0/21             //指定端口
SW3-1(config-if)# ip access-group 110 in               //将 ACL 应用在接口的 In 方向
```

在 SW3-2 上作类似配置，这里从略。

（3）验证静态 NAT 配置的有效性。采用 VLAN 10 中的一台计算机作为测试主机 PC1，配置 IP 地址为 192.168.10.2，子网掩码为 255.255.255.0，网关为 192.168.10.254。在测试主机 PC1 的浏览器中输入为 http://192.168.50.3:80，查看是否可以打开 Web 页面。在测试主机 PC1 的浏览器中输入 http://19.1.1.1:8080，查看是否可以打开 Web 页面，试分析原因。

（4）检查静态 NAT 配置的正确性。在 Web 服务器上 ping ISP 路由器接口的 IP 地址，如测试连通，则表示静态 NAT 配置正确。在路由器 R1 上执行 show ip nat translations 命令，

查看 NAT 转换，如图 6-10 所示。

```
R1#show ip nat translations
Pro Inside global      Inside local        Outside local      Outside global
tcp 19.1.1.1:8080      192.168.50.3:80     ---                ---
```

图 6-10　查看 R1 路由器上 NAT 转换

从图 6-10 中可以看出，内部局部地址 192.168.50.3 和 TCP 端口号 80 与内部全局地址 19.1.1.1 和 TCP 端口号 8080 的对应关系，一直在 NAT 表中。

6.6.2　配置动态 NAT 访问 Internet

配置动态 NAT 访问 Internet

1. 任务描述

为了在网络安全系统集成实训室中模拟本任务的实施，搭建如图 6-9 所示的网络实训环境。在图 6-9 中，R1 用于模拟公司总部的出口路由器，R2 用于模拟 Internet。要满足公司内网用户同时接入 Internet 的需求，应采用动态 NAT 技术来实现。

2. 任务要求

公司总部向 ISP 申请了 16 个公网 IP 地址 222.222.222.0/28，上海分部使用 R4 外网接口的 IP 地址为 19.1.1.10/30，作为内部网络用户访问 Internet 外部全局 IP 地址。

完成任务要求如下：

（1）在出口路由器 R1 上，使用动态 Pool NAT 技术实现公司总部内网用户访问 Internet。

（2）验证配置的正确性和有效性。

3. 任务实施步骤

本任务是在 6.6.1 中任务的基础上进行的。

（1）在 R1 上配置动态 Pool NAT。执行如下命令：

```
R1(config)#ip nat pool NAT 222.222.222.1 222.222.222.14 netmask 255.255.255.240
//定义可供动态分配的外网地址池 NAT
R1(config)#access-list 10 permit 192.168.0.0 0.0.255.255      //通过 ACL 定义需要转换的网络
R1(config)#ip nat inside source list 10 pool NAT              //将地址池 NAT 与 ACL 10 关联
```

采用 VLAN 10 中的一台计算机作为测试主机 PC1，配置 IP 地址为 192.168.10.2，子网掩码为 255.255.255.0，网关为 192.168.10.254。在测试主机 PC1 上 ping ISP 路由器接口的 IP 地址，此时是无法 ping 通的，原因在于测试主机发送的 ping 包，在到达 R1 路由器后会将 IP 数据包中的源 IP 地址 192.168.10.2 转化为公网 IP 地址池 222.222.222.1～222.222.222.14 中的一个，这里假定为 222.222.222.2，然后路由至 R2。之后，向 R1 回送一个目的地址 222.222.222.2 的 IP 数据包，但 R2 上却没有到达 222.222.222.0/28 网段路由，因此要确保 PC1 能 ping 通 ISP 所有路由器接口的 IP 地址，在所有 ISP 路由器上都有到达 222.222.222.0/28 网段的路由。执行如下命令：

```
R1(config)#ip route 222.222.222.0 255.255.255.240 fastethernet 0/0   //定义静态路由
R1(config)#router ospf 1                                              //开启 OSPF 进程
R1(config-route)# redistribute static subnets                         //重分发静态路由
```

（2）配置完成后，在测试主机 PC1 上 ping ISP 路由器接口的 IP 地址，测试网络连通性。

（3）在路由器 R1 上执行 show ip nat translations 命令，查看 NAT 转换，试对输出结果进行分析。

（4）在测试主机 PC1 的浏览器中输入 http://19.1.1.1:8080，查看是否可以打开 Web 页面，试对结果进行分析。

6.7 过关训练

6.7.1 知识储备检验

1. 填空题

（1）NAT 按实现方式进行分类，分为（　　）和（　　）。

（2）Inside Global 地址在 NAT 配置里表示（　　）。

（3）在大型企业网中通常配置（　　）NAT 来供用户连接 Internet。

（4）将企业内部服务器发布到 Internet，应采用（　　）NAT 方式。

2. 选择题

（1）下面有关 NAT 的叙述正确的是（　　）。

A. NAT 是中文"网络地址转换"的缩写，又称地址翻译

B. NAT 用来实现私有地址与公用网络地址之间的转换

C. 当内部网络的主机访问外部网络时，一定不需要 NAT

D. 地址转换的提出为解决 IP 地址紧张的问题提供了一个有效途径

（2）下面有关 NAT 的说法正确的是（　　）。

A. 虚拟服务器可以将多个服务映射到一个公网 IP 地址

B. 公司内部主机需要外网访问，在网关设备上配置 NAT 即可

C. 静态 NAT 将内部局部地址一对一静态地映射到内部全局地址，动态 NAT 将内部局部地址多对一地映射到内部全局地址

D. 使用 NAT 必须配置 NAT 地址池

（3）关于静态 NAT，下面说法正确的是（　　）。

A. 静态 NAT 在默认情况下 24 小时后超时

B. 静态 NAT 从地址池中分配地址

C. 静态 NAT 将内部局部地址一对一静态地映射到内部全局地址

D. 路由器默认使用静态 NAT

（4）若内部网络使用 192.168.0.0/24 子网地址编址，获得公共地址 172.32.1.0/24，执行（　　）命令为 NAT 配置一个名为 global 的地址池。

A. nat pool global 172.32.1.1 172.32.1.254 netmask 255.255.255.0

B. nat global 192.168.1.1 192.168.254.254 netmask 255.255.255.0

C. ip nat pool global 172.32.1.1 172.32.1.254 netmask 255.255.255.0

D. ip nat pool global 192.168.1.1 192.168.254.254 netmask 255.255.255.0

3. 简答题

（1）描述 NAT 的作用及工作过程。

（2）比较静态 NAT 和动态 NAT 的优缺点。

（3）描述数据包进入路由器时，进行 NAT、ACL 和路由操作时，这三者之间的先后关系。

6.7.2　实践操作检验

如图 6-11 所示，请在交换机和路由器等设备上完成恰当配置，并实现以下功能（某企业向 ISP 申请了 8 个公网 IP 地址 216.12.228.32/29，分配给边界路由器的外网端口的 IP 地址为 202.206.233.106/30）:该企业划分了 5 个独立部门，企业网使用 C 类私网 IP 地址网段，实现各部门的主机能够相互访问、Web 服务器上网和能够让外网用户访问，以及实现局域网内用户能够访问互联网。

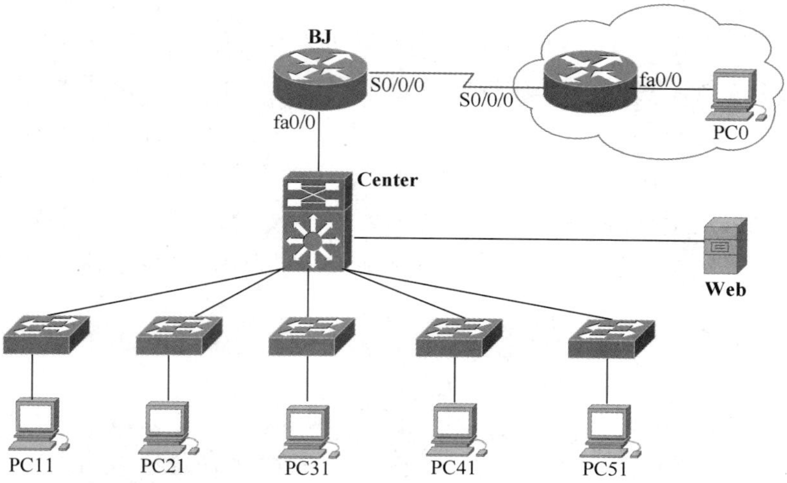

图 6-11　局域网接入互联网网络拓扑图

6.7.3　挑战性问题

如图 6-12 所示，请在交换机和路由器上完成恰当的配置，实现以下功能：要求内部主机能访问外网；内部服务器配置了私有 IP，只允许每周的星期一到星期五的 12:00~14:00 和 18:00~09:00 对外提供 WWW、Telnet 服务，同时允许内部主机使用公网地址访问内部服务器。

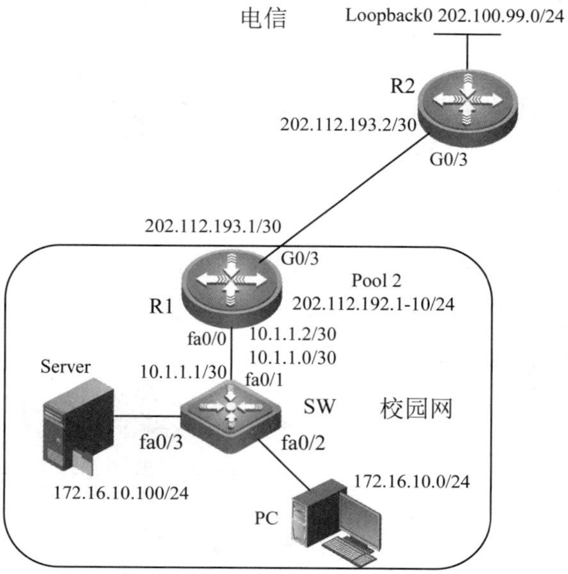

图 6-12　NAT 配置拓扑

项目 7　防火墙技术

随着 Internet 的日益普及，开放式的网络带来了许多安全隐患。在开放式网络上，存在许多不能信任的计算机，这些计算机对我们私有的敏感信息造成了很大的威胁。在大厦的构造中，防火墙被设计用来防止火灾从大厦的一部分传播到大厦的另一部分，网络中的“防火墙”也具有类似的目的：防止 Internet 的危险从外部网络传播到内部网络。防火墙作为网络防护的第一道防线，它由软件或硬件设备组合而成，位于组织或网络群体计算机与外界通道（Internet）的边界，限制着外界用户对内部网络的访问以及管理内部用户访问外界网络的权限。防火墙是一种必不可少的安全增强点，将不可信网络同可信任网络隔离开。防火墙筛选两个网络间所有的连接，决定哪些传输应该被允许、哪些应该被禁止，这取决于网络制定的某一形式的安全策略。图 7-1 形象地说明了防火墙在安全体系中的位置。

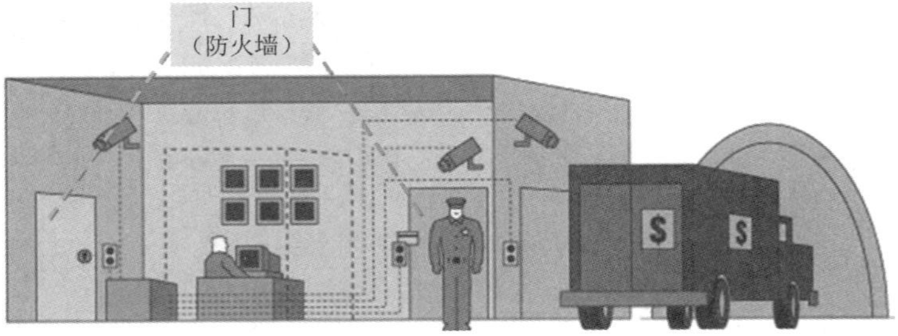

图 7-1　防火墙在安全体系中的位置

7.1　防火墙的概念

7.1.1　防火墙的定义

防火墙是一种高级访问控制设备，是置于不同网络安全域之间（网络的边界上）的一系列部件的组合。它是不同网络安全域之间通信流的唯一通道，能根据组织有关的安全策略控制（允许、拒绝、监视、记录）进出网络的访问行为，如图 7-2 所示。

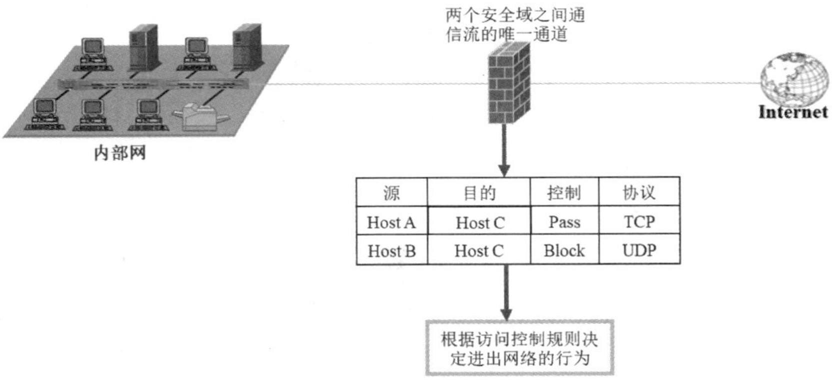

图 7-2　防火墙在网络中的位置

7.1.2　防火墙的主要功能

防火墙通常有两种基本的设计策略：允许任何服务除非被明确禁止；禁止任何服务除非被明确允许。前者的特点是好用但不安全，对用户使用的服务限制少，但可能导致对某些安全服务威胁的漏报；后者的特点是安全但不好用，能够最大程度地保护系统安全，但限制了多数的服务，不方便用户使用。防火墙的作用主要包括以下几个方面。

1. 网络安全的屏障

防火墙是数据出入网络的必经之路，它可以检测所有经过数据的细节，并根据事先定义好的策略允许或禁止这些数据通过。由于只有经过精心选择的应用协议才能通过防火墙，外部的攻击者不可能利用协议的漏洞来攻击内部网络，所以网络环境变得更加安全。

2. 强化网络安全策略

在防火墙上，可以配置口令、加密、身份认证及审计等安全软件。与网络安全系统分布式部署相比，防火墙采用集中式安全管理更为经济。例如，在网络访问时，一次性加密口令系统和其他的身份认证系统因而不必分散在各个主机上，而是集中在防火墙上。

3. 对网络访问进行监控审计

防火墙能够记录所有经过它的访问，并将这些访问添加到日志记录中，同时也能提供网络使用情况的统计数据。防火墙还能对可疑动作进行适当的报警，并提供网络是否受到攻击的详细信息。另外，防火墙还能收集网络使用和误用情况，为网络安全管理提供依据。

4. 防止内部信息外泄

防火墙可实现对内部网络重点网段的隔离，从而限制局部重点或敏感网络安全问题对全局网络造成的影响。防火墙可以隐藏那些透露内部细节的服务，如 Finger、DNS 等，使攻击者不能得到内部网络服务的有关信息。

7.1.3　防火墙的局限性

防火墙只是网络安全策略的一个组成部分，而不是解决所有网络安全问题的万能方案。防火墙也有其明显的局限性，许多危险是防火墙无能为力的。

1. 防外不能防内

防火墙只能提供边界防护，并不能控制内部网络用户对内部网络滥用授权的访问。内部用户可窃取数据、破坏硬件和软件，还可巧妙地修改程序而不接近防火墙。内部用户攻击网络才是网络安全最大的威胁。

2. 不能防范绕过它的连接

防火墙可有效地检查经过它传输的数据，但不能检查绕过它传输的数据。例如，如果站点允许对防火墙后面的内部系统进行拨号访问，那么防火墙不能阻止攻击者的拨号入侵。

3. 不能防御全部威胁

防火墙能防御已知的威胁，但不能防范未知的威胁。因此，防火墙不能防御所有的威胁。

4. 不能防御恶意程序和病毒

防火墙不可能查找出所有病毒，也就不能有效地防范各类恶意代码的入侵。

7.2 防火墙的分类

目前市场上的防火墙产品种类繁多，有以软件形式运行在普通计算机之上的，也有以固件形式设计在路由器之中的，因此，防火墙有多种分类方法。如果按照物理构成来划分，防火墙可以分为软件防火墙和硬件防火墙两类。如果按照在网络中部署的位置来划分，防火墙可以分为边界防火墙、个人防火墙和混合防火墙三类。如果按照实现技术方式的不同来划分，防火墙可以分为包过滤防火墙、应用级代理防火墙和状态检测防火墙三类。下面具体分析各种防火墙技术。

7.2.1 包过滤防火墙

“包过滤”是指将在任何输入/输出数据包中发现的信息同访问控制规则相比较，来决定阻塞或放行数据包，如图 7-3 所示。通过检查数据流中每一个数据包的源 IP 地址、目的 IP 地址、源端口、目的端口、协议（TCP/UDP）等因素（或它们的组合），来确定是否允许该数据包通过。规则的定义是按照 IP 数据包的特点定义的，可以充分利用上述五个要素定义通过防火墙数据包的条件。如果数据包在这一测试中失败，将在防火墙处被丢弃。这是一种基于网络层和传输层的安全技术，对于应用层的恶意攻击者入侵行为无能为力。

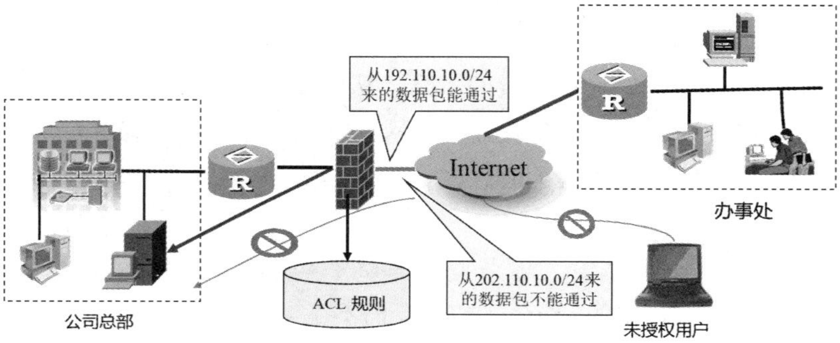

图 7-3 包过滤防火墙示意图

实现包过滤的核心技术是访问控制列表 ACL。包过滤防火墙的策略简单，但是缺乏灵活性；包过滤防火墙对每个包都需要进行策略检查，策略过多会导致性能急剧下降；另外，包过滤防火墙对于任何应用都需要配置双方向的 ACL 规则，不能提供差异性保护。

7.2.2 应用级代理防火墙

代理技术通过在一台特殊的主机上安装代理软件，使只有合法的用户和数据才能通过防火墙对网络进行访问。应用级代理防火墙提供了十分先进的安全机制，如图 7-4 所示。它通过在协议栈的应用层检查每一个包来提供足够的应用级连接信息。因为在应用层中它有足够的能见度，应用级代理防火墙能很容易看见每一个连接的细节，从而实现各种安全策略。应用级代理防火墙具有内建代理功能的特性：在防火墙处终止客户连接并初始化一条到受保护内部网络的新连接。这一内建代理机制提供额外的安全保护，因为它将内部和外部系统隔离开来，从外面只能看到代理服务器，而看不到任何内部资源，而且代理服务器只允许被代理的服务通过，使得系统外部的恶意攻击者要探测防火墙内部系统变得更加困难。

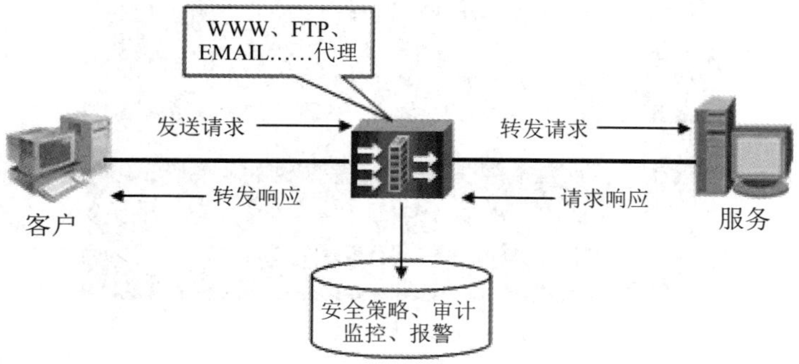

图 7-4　应用级代理防火墙示意图

代理服务安全性高，可以过滤多种协议，通常被认为是最安全的防火墙技术。其主要不足是一种代理只提供一种服务，不能完全透明地支持各种服务及应用。另外，它需要消耗大量的 CPU 资源，导致相对低的性能。

7.2.3　状态检测防火墙

为了克服基本状态包过滤模式所带有的明显安全问题，一些包过滤防火墙厂商提出了所谓的状态包检测概念（状态检测技术），即在包过滤的基础上对进出数据包的状态进行检测，使只有合法的数据才能通过防火墙。状态检测防火墙工作在协议栈的较低层，通过防火墙的所有数据包都在低层处理，而不需要协议栈的上层来处理任何数据包，因此减少了高层协议头的开销，执行效率也大大提高了。另外，一旦一个连接在防火墙中建立起来，就不用再对该连接进行更多的处理，这样，系统就可以去处理其他连接，执行效率可以得到进一步的提高，如图 7-5 所示。

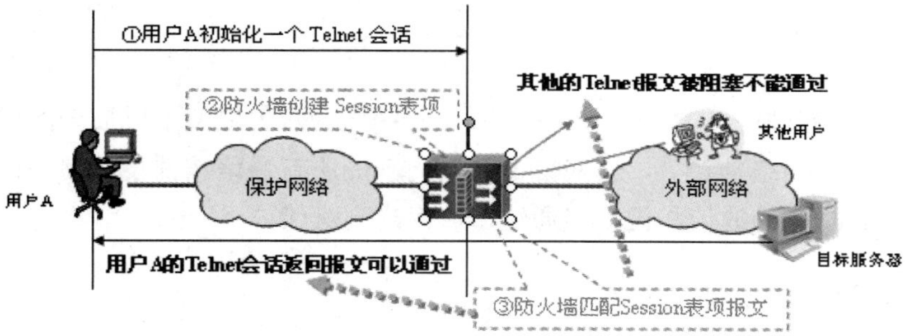

图 7-5　状态检测防火墙示意图

状态检测技术在网络层实现所有需要的防火墙能力，它既有包过滤机制的速度和灵活，也有代理型防火墙安全的优点。状态检测防火墙的安全性介于包过滤防火墙和应用级代理防火墙之间。

7.3　防火墙的区域划分

一台硬件防火墙（图 7-6）最少有三个接口：内网接口（高安全级别）、外网接口（低安全级别）和非军事化区 DMZ 接口（中等安全级别）。将网络划分为三个区域——内部网络（如 LAN）、外部网络（如 Internet）和 DMZ（如放置公共服务器），如图 7-7 所示。

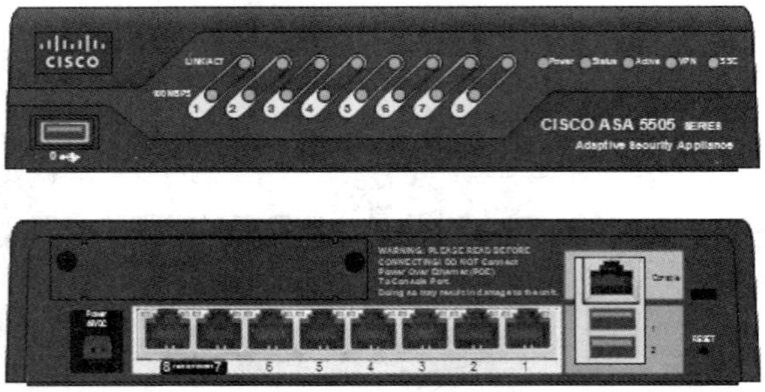

图 7-6 思科 ASA 5505 防火墙的前部面板与后部面板

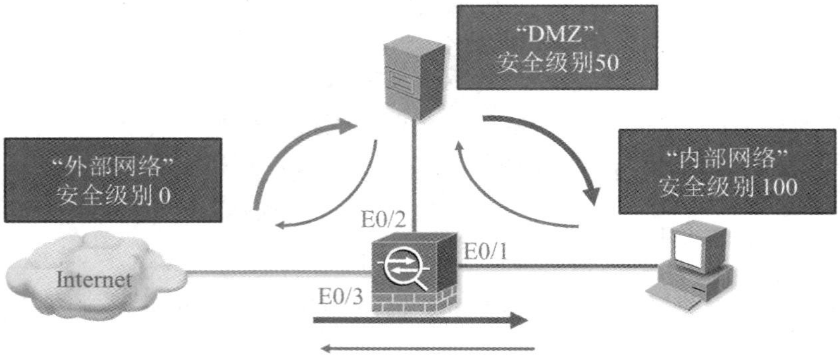

图 7-7 防火墙在网络中的部署

在默认情况下，IP 分组可以从高安全级别的接口流向低安全级别的接口（图 7-7 中细线所示方向）。为了能使 IP 分组从低安全级别接口流向高安全级别的接口（图 7-7 中粗线所示方向），如允许公网用户访问访问 DMZ 区的公共 Web 服务器，需要设置分组过滤器，放通该流量。

7.3.1 外部网络

外部网络包括互联网的主机和网络设备，此区域为防火墙的不可信任区域。防火墙位于内部网络与外部网络的边界，将对外部访问内部的所有通信按预设规则进行监控、审核和过滤，不符合规则的通信将被拒绝通过，从而起到对保护内网的作用。

7.3.2 DMZ

DMZ 是从内部网络中划分的一个小区域，专门放置既需被内部访问又需提供公众服务的服务器，如企业的 Web 服务器、E-mail 服务器、FTP 服务器、DNS 服务器等。此区域由于要提供对外服务，因而被保护级别设置较低。

7.3.3 内部网络

内部网络是防火墙的保护对象，包括内部网络中的所有核心设备，如服务器、路由器、核心交换机及用户个人计算机。内部网络有可能包括不同的安全区域，具有不同等级的安全访问权限。虽然内部网络和 DMZ 都属于内部网络的一部分，但它们的安全级别或策略是不同的。

7.4　防火墙的工作模式

防火墙采用何种工作模式是由组织的网络环境决定的，组织需要根据自己的网络情况，合理地确定防火墙的工作模式，并且防火墙采用何种工作模式都不会影响防火墙的访问控制功能。通常防火墙能够工作在三种模式：路由模式、透明模式、混合模式。

7.4.1　路由模式

防火墙位于内部网络和外部网络之间时，需要利用防火墙把内部网络、外部网络以及 DMZ 三个区域相连的接口分别配置成不同网段的 IP 地址，重新规划原有的网络拓扑，此时相当于一台路由器，如图 7-8 所示。采用路由模式时，可以完成 ACL 包过滤、NAT 等功能。然而，路由模式需要对网络拓扑进行修改。

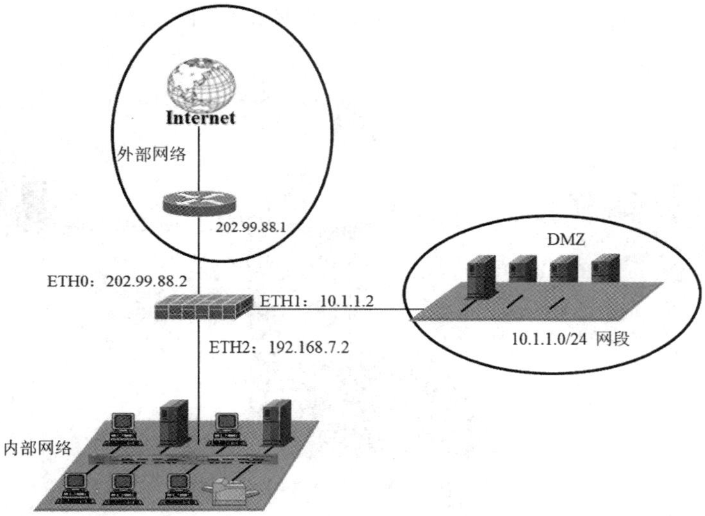

图 7-8　防火墙路由模式部署图

7.4.2　透明模式

如图 7-9 所示，防火墙采用透明模式进行工作，只需在网络中像放置网桥（Bridge）一样插入防火墙设备即可，无需修改任何已有的配置。此时防火墙就像一台交换机一样工作。该工作模式在现网改造的时候很容易部署。

7.4.3　混合模式

如果防火墙既存在工作在路由模式的接口（接口具有 IP 地址），又存在工作在透明模式的接口（接口无 IP 地址），则防火墙工作在混合模式下，如图 7-10 所示。这种工作模式基本上是透明模式和路由模式的混合，一般用于透明模式下提供双机热备的特殊应用中，其他环境下不建议使用。

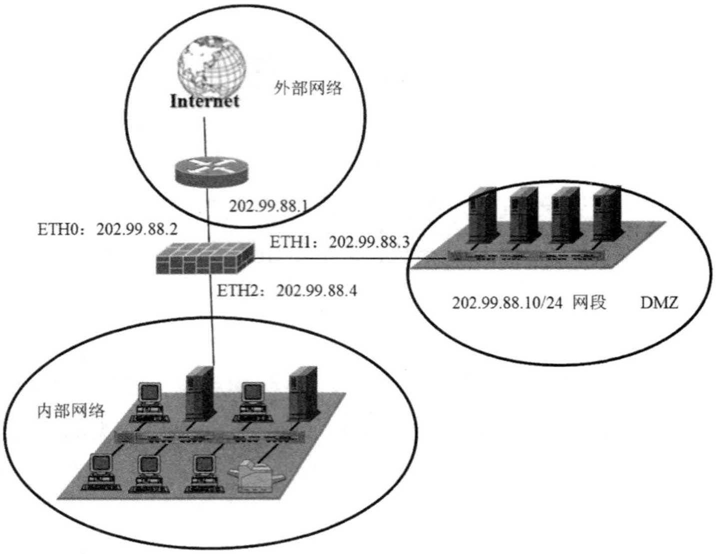

图 7-9　防火墙透明模式部署图

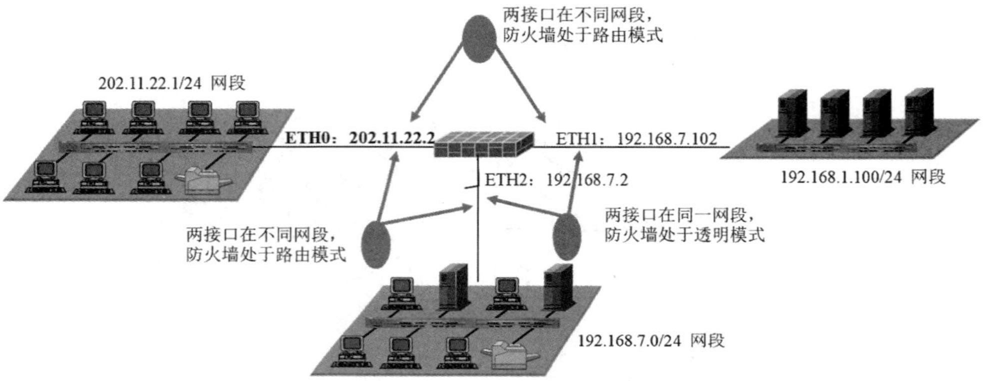

图 7-10　防火墙混合模式部署图

7.5　防火墙的体系结构

通常，防火墙是路由器、计算机和配有适当软件的网络设备的多种组合。由于网络结构多种多样，各站点的安全要求不尽相同，故目前还没有一种统一的防火墙设计标准。防火墙的体系结构也有很多种，防火墙具体采用何种结构取决于防火墙设计的思想和网络的实际情况，不同结构的防火墙带给网络的安全保障是不同的。防火墙部署时，一般采用下面三种结构。

7.5.1 屏蔽路由器体系结构

屏蔽路由器体系结构是最初的防火墙结构方案，并不是采用专用的防火墙设备部署的，而是在原有的包过滤路由器上进行包过滤部署，又称为包过滤路由器体系结构，如图 7-11 所示。

在屏蔽路由器防火墙结构中，内部网络的所有出入都必须通过包过滤路由器，路由器审核每个数据包，依据过滤规则决定允许或拒绝数据包通过。

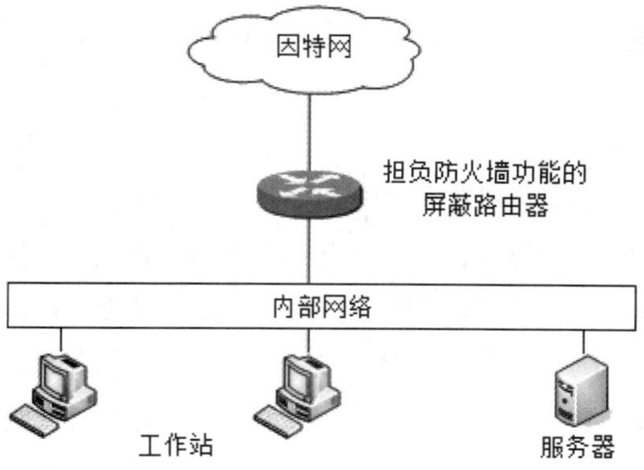

图 7-11　屏蔽路由器体系结构

7.5.2　屏蔽主机体系结构

屏蔽主机体系结构由屏蔽路由器和双宿主机组成。屏蔽路由器至少有一条路径，两端分别连接到非信任的网络和双宿主机上。屏蔽路由器为双宿主机提供基本的过滤服务，所有的 IP 数据包只有经过路由器过滤后才能到达双宿主机。

1. 双宿主机（堡垒主机）

屏蔽主机体系结构中有一台特殊的主机，被称为堡垒主机。这台主机拥有两个不同的网络接口，分别连接外部网络和需要被保护的内部网络，故称这台主机为双宿主机。双宿主机上运行代理软件，提供与多个网络相连的主机服务（但是路由关闭，否则从一块网卡到另外一块网卡的通信会绕过代理服务软件）。屏蔽主机体系结构使用一个单独的屏蔽路由器来提供与内部网络相连主机（堡垒主机）的服务。在这种体系结构中，主要的安全措施有数据包过滤，如图 7-12 所示。

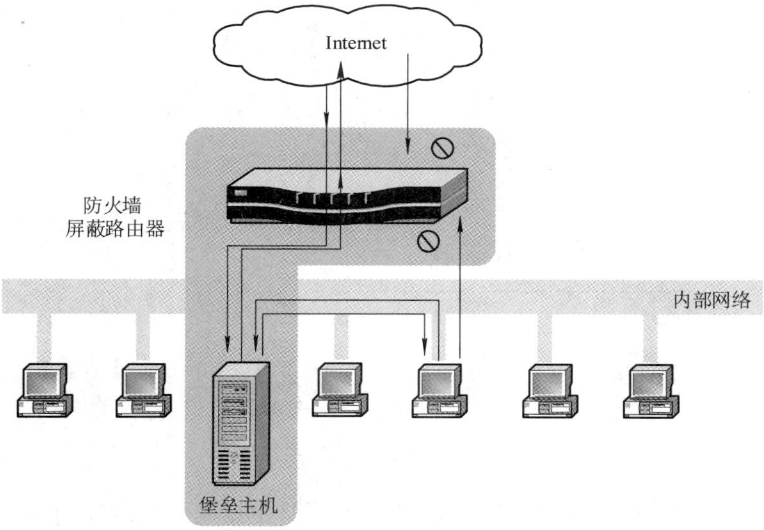

图 7-12　屏蔽主机体系结构

2. 双宿主机过滤操作

双宿主机是因特网上的主机连接到内部网络系统的桥梁（例如，传送进来的电子邮件），同时仅有某些特定类型的连接被允许通过。任何外部系统试图访问内部系统或者服务，都必须首先连接到这台双宿主机上。因此，双宿主机需要拥有高等级的安全。数据包过滤也允许双宿主机开放可允许的连接到外部网络。具体的“可允许”动作将由用户站点的安全策略决定。

3. 屏蔽路由器上的操作

屏蔽路由器上数据包的过滤配置可以按下列之一执行。

（1）允许其他的内部主机与 Internet 上的主机连接，即允许已经由数据包过滤的服务。

（2）不允许来自内部主机的所有连接，强迫内部主机经由堡垒主机使用代理服务。

双宿主机体系结构优于屏蔽路由器体系结构。双宿主机体系结构的最大特点是网络层的通信是被阻止的，两个网络间的通信依靠应用层代理服务来实现。双宿主机是隔开内部和外部网络的唯一屏障，只能安装小的服务，并设置较低的权限，以免被攻击者控制后对内部网络造成大的危害。此外，双宿主机的角色决定了其性能的重要性，也决定了外部用户对内部网络的访问是否被影响。

7.5.3 屏蔽子网体系结构

屏蔽子网体系结构通过进一步增加隔离内外网的边界网络，为屏蔽主机体系结构增添额外的安全层，这个边界网络有时候被称为 DMZ。双宿主机是最脆弱、最易受攻击的部位，通过隔离双宿主机的边界网络，可减轻双宿主机被攻破所造成的后果。因为此处双宿主机不再是整个网络的关键点，它们给入侵者一些访问，而不是全部。

最简单的屏蔽子网体系结构如图 7-13 所示，有两个屏蔽路由器，一个连接外网与边界网络，另一个连接边界网络与内部网络。这是当前应用最广泛的防火墙体系结构。

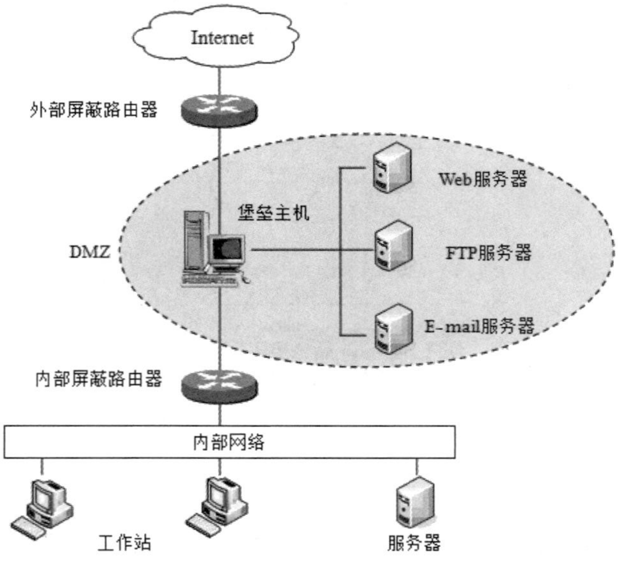

图 7-13 屏蔽子网体系结构

屏蔽子网体系结构中存在三道防线，外部屏蔽路由器用于管理所有外部网络对 DMZ 的访问，它只允许外部访问双宿主机或 DMZ 中对外开放的服务器，并防范来自外部的网络攻击。内部屏蔽路由器位于 DMZ 与内部网络之间，提供第三层防御，它只接收来自双宿主机的数据包，管理 DMZ 到内部网络的访问，只允许内部网络访问 DMZ 网络中的堡垒主机或服务器。

这种防火墙系统的安全性很好，不管是外部网络访问内部网络的流量，还是内部网络访问外部网络的流量，都必须经过 DMZ 子网并接受检查。与其他防火墙体系结构相比，屏蔽子网体系结构所花代价更高、双宿主机的配置更加复杂。

硬件防火墙的基本配置

7.6　硬件防火墙的基本配置

为了便于讨论，下面以一个具体的实例，介绍思科 ASA 5505 防火墙基本配置操作。一般情况下，防火墙支持 GUI 和 CLI 配置方式，这里采用 CLI 方式。基本的登录方式与路由器、交换机等网络设备是相同的，这里不再赘述。

1. 网络拓扑结构

为了提高信息通信的安全访问能力，某组织采用如图 7-14 所示的网络拓扑结构（含 IP 地址规划），在网络出口部署了一台 ASA 5505 防火墙。在防火墙上规划了 inside、outside 和 DMZ 三个不同的接口，对应的安全级别为 100、0、50。使用防火墙默认的安全访问策略，这样组织内部与 Internet 之间互访的所有数据流，包括组织中的用户访问 Internet 中公网服务器的 Web 资源和公网用户访问组织的公共 Web 资源时，都必须接受防火墙的检查，并根据配置的规则来允许或拒绝数据通过，达到网络边界安全访问的目标。

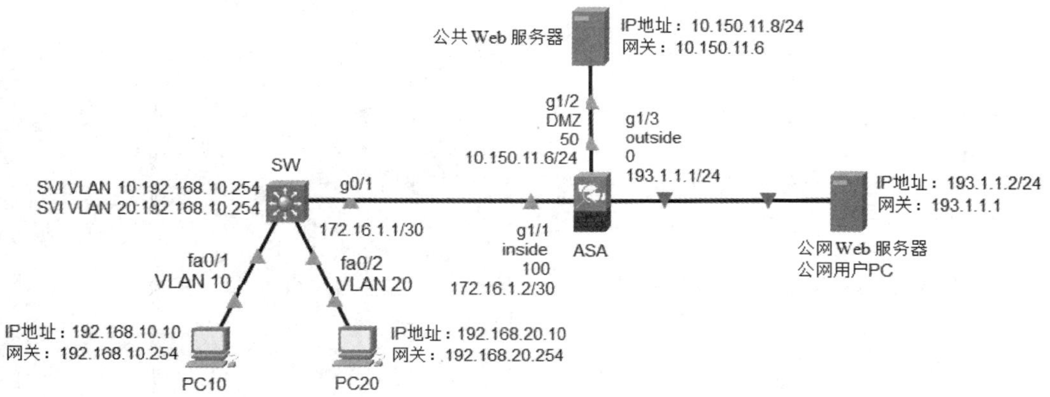

图 7-14　防火墙实施网络拓扑结构

2. 网络基本配置

参照图 7-14 中的 VLAN 及 IP 地址规划：在交换机 SW 上创建并划分 VLAN 10 和 VLAN 20，配置 SVI VLAN 10 和 SVI VLAN 20 逻辑接口和 g0/1 物理接口的 IP 地址（需在接口配置模式下，执行 no switchport 命令将二层接口切换为路由口，才能配置 IP 地址）；配置 PC10、PC20、公共 Web 服务器和公网 Web 服务器的 IP 地址。

3. ASA 防火墙的基本配置

防火墙规划了三个接口，其配置过程是相同的。下面给出防火墙 inside 接口的基本配置步骤，请读者参照该步骤完成 DMZ 和 outside 接口的基本配置。即执行如下命令：

```
ciscoasa(config)#hostname ASA                          //配置主机名
ASA(config)# interface GigabitEthernet1/1              //选定接口
ASA(config-if)# nameif inside                          //配置接口名称
ASA(config-if)#security-level 100                      //配置安全级别
ASA(config-if)#ip address 172.16.1.2 255.255.255.252   //配置 IP 地址
ASA(config-if)#no shutdown                             //激活接口
```

4. 路由配置

使用静态路由实现网络的连通性。在三层交换机上配置一条去往外部网络的默认路由，即执行 ip route 0.0.0.0 0.0.0.0 172.16.1.2 命令。要使本条命令生效，需要执行 ip routing 命令开启三层交换机 SW 的路由功能。

公共 Web 服务器、公网 Web 服务器与防火墙的 DMZ 及 outside 接口直连，因此在防火墙上只需要配置到达内部网络的路由，即执行 route inside192.168.10.0 255.255.255.0 172.16.1.1 和 route inside192.168.20.0 255.255.255.0 172.16.1.1 命令即可。需要注意的是防火墙上的静态路由配置命令和路由交换设备上的静态路由配置命令稍有不同，route 后的 inside 为定义的接口名称。

5. NAT 配置

ASA 5505 防火墙的 AutoNAT 功能用于配置 NAT 规则，该规则允许 LAN 网段上的主机连接到 Internet，但需要网络地址转换，因为这些内部主机使用 Internet 上不可路由的私有 IP 地址。网络地址转换可以使私有 IP 地址看起来像 ASA 的外部接口 IP 地址。如果 ASA 外部 IP 频繁更改（使用 DHCP），则 AutoNAT 最适合。

通过创建代表每个 LAN 子网的网络对象来完成 LAN 子网的 AutoNAT 配置。在这些对象中，动态 NAT 规则配置为这些客户端在从内部接口传递到外部接口时进行端口地址转换（PAT）。ASA 5505 防火墙支持静态 NAT 和动态 NAT 转换。

（1）配置内网用户 PC10 和 PC20 访问公网用户主机。执行如下命令：

```
object network VLAN10                          //定义网络对象 VLAN 10
subnet 192.168.10.0 255.255.255.0              //允许转换的内部网络地址 192.168.10.0
nat (inside,outside) dynamic interface         //动态 NAT 调用
object network VLAN20                          //定义网络对象 VLAN 20
subnet 192.168.20.0 255.255.255.0              //允许转换的内部网络地址 192.168.20.0
nat (inside,outside) dynamic interface         //动态 NAT 调用
```

（2）配置 DMZ 服务器访问公网。执行如下命令：

```
object network DMZ                             //定义网络对象 DMZ
subnet 10.150.11.0 255.255.255.0               //允许转换的内部网络地址 10.150.11.0
nat (DMZ,outside) dynamic interface            //动态 NAT 调用
```

（3）将公共 Web 服务器发布到公网上。执行如下命令：

```
object network PublicWeb                       //定义网络对象 PublicWeb
host 10.150.11.8                               //静态转换的公共 Web 服务器地址 10.150.11.8
nat (DMZ,outside) static 193.1.1.8             //静态 NAT 调用，发布公网地址为 193.1.1.8
```

需要注意的是，在创建动态 NAT 规则时，流量的触发只能从 inside 流向 outside；创建静态 NAT 规则后，流量的触发是双向的。

（4）配置公网主机访问公共 Web 服务器。

完成以上配置后，PC10、PC20 和公共 Web 服务器能够访问公网 Web 服务器，其主要原因是在默认情况下，只允许 IP 分组从高安全级别的接口流向低安全级别的接口这条安全策略发挥作用。

为了使 IP 分组从低安全级别接口流向高安全级别的接口，如允许公网 Web 服务器访问 DMZ 区的公共 Web 服务器，需要设置分组过滤器，放通该流量，即执行如下命令：

```
object network webserver-external-ip           //定义使用公网 IP 地址访问公共 Web 服务器的网络对象
host 193.1.1.8                                 //指定公共 Web 服务器的公网 IP 地址
access-list OUTSIDE extended permit tcp any object webserver-external-ip eq www   //使用扩展访问列表建立过滤规则，允许外部任何主机访问 DMZ 公共 Web 服务器上的 www 服务
```

```
access-list OUTSIDE extended permit tcp any host 193.1.1.8 eq www        //与上面一条命令是等价的，只不过上面一条命令中目标 IP 地址的指定是通过调整网络对象定义的公网 IP 地址，这里是直接通过 host 关键字直接指定
access-group OUTSIDE in interface outside        //在接口上调整分组过滤规则，注意分清接口与方向
```

6．配置结果验证

配置结束后，进行验证测试：

（1）PC10 与 PC20 之间能不能相互 ping 通。

（2）PC10 或 PC20 能否 ping 通 inside、DMZ 和 outside 接口的 IP 地址，试分析原因。

（3）在 PC10 或 PC20 的 Web 浏览器中输入 http://193.1.1.2，测试能否打开网页。

（4）在公共 Web 服务器的 Web 浏览器中输入 http://193.1.1.2，测试能否打开网页。

（5）在公网 Web 服务器的 Web 浏览器中输入 http://193.1.1.8，测试能否打开网页。

7.7　过关训练

7.7.1　知识储备检验

1．填空题

（1）防火墙按实现技术的不同划分为_______、_______和_______。

（2）防火墙的通信模式有_______、_______和_______。

（3）一般防火墙将网络划分为三个区域，分别是_______、_______和_______。

（4）防火墙的体系结构有_______、_______、_______和_______。

2．选择题

（1）防火墙主要用于（　　）。

A．内部网安全　　B．因特网安全

C．边界安全　　D．有效的安全

（2）仅依据 IP 地址和源/目的端口处理网络流量的设备通常称为（　　）。

A．代理服务器　　B．包过滤路由器

C．堡垒主机　　D．阻塞点

（3）用户创建了一个小的子网，一端是一台路由器，另一端是一台代理防火墙。此子网内有几台主机，其中包括该公司的 Web、E-mail、DNS 服务器。在路由器的外侧是一个公用网络，在代理防火墙内部是专用网络。该用户创建的这个子网通常被称为（　　）。

A．一个堡垒　　B．一个 DMZ

C．防火墙　　D．一个电路级代理

（4）需要一个防火墙来验证用户的身份，可以选用（　　）。

A．包过滤防火墙　　B．堡垒主机防火墙

C．iptables 防火墙　　D．代理防火墙

（5）用户正在使用 IP 地址块 192.168.0.0/24。（　　）允许用户的客户机访问因特网上的 Web 服务器。

A．一个堡垒主机　　B．代理服务器

C．阻塞路由器　　D．屏蔽路由器

（6）在网络边界上，（　　）通常需要较少的规则。

A．代理防火墙　　B．包过滤防火墙

C．路由器　　D．交换机

（7）（　　）是屏蔽路由器。

A．只有一个网络接口的防火墙设备，有两面暴露在公众网络

B．实现过滤功能，有一个接口暴露在公众网络的路由器

C．实现 NAT 的单宿主机

D．实现 NAT 的双宿主机

（8）（　　）是单宿主机。

A．只有一个网络接口的防火墙设备

B．至少有两个网络接口的防火墙设备

C．部署在内部网络的一个标准的堡垒主机

D．作为一个代理服务器的防火墙设备

（9）（　　）是内部堡垒主机。

A．只有一个网络接口的防火墙设备

B．部署在网络外部的单或多宿主机

C．部署在网络内部的单或多宿主机

D．作为一个代理服务器的防火墙设备

（10）对于以下四种防火墙，（　　）是最安全的。

A．屏蔽路由器　　B．单宿主机

C．双宿主机　　D．屏蔽子网

（11）最简单又最常见的防火墙设计是（　　）。

A．一个屏蔽子网　　B．一个屏蔽路由器

C．双宿主机　　D．一个单宿主机

（12）恶意攻击者对于（　　）需要击败至少三个不同的系统。

A．双宿主机　　B．三宿主机

C．屏蔽子网防火墙　　D．电路级网关

3. 简答题

（1）包过滤防火墙的优缺点是什么？

（2）简述各种防火墙体系结构的优缺点。

（3）简述各种防火墙技术在 TCP/IP 协议中的层次关系。

（4）状态检测防火墙是否可以用于对 UDP 协议的检测？为什么？

7.7.2 实践操作检验

假设网络策略安全规则确定：外部主机发来的 Web 访问在内部主机 192.168.1.3 中被接收；拒绝从 IP 地址为 219.220.224.2 的外部主机发来的数据流；允许内部主机访问外部 Web 站点。请设计一个包过滤规则表。

7.7.3 挑战性问题

如图 7-15 所示的网络拓扑图，根据任务要求，写出相应的配置命令。

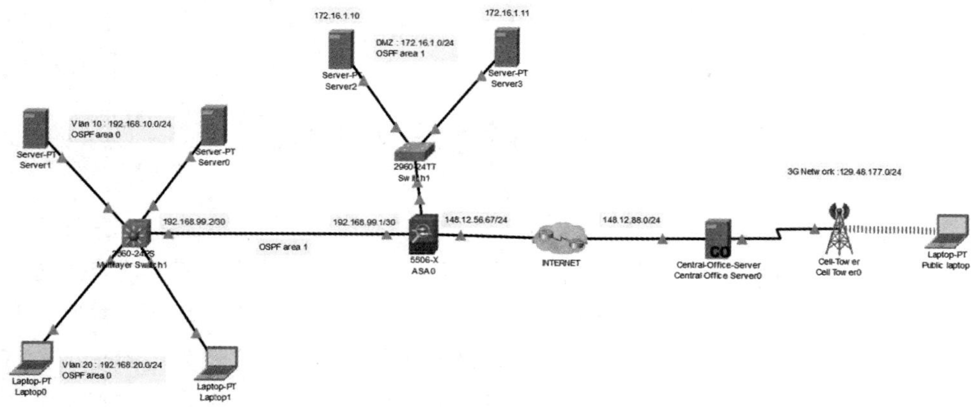

图 7-15　防火墙基本配置拓扑图

（1）配置 NAT 以允许 LAN 用户访问 Internet。

（2）配置 NAT 以允许 DMZ 服务器访问 Internet。

（3）配置 172.16.1.10 DMZ Web 服务器访问的入站 NAT 规则。

（4）配置所需的 ACL 以允许进入 DMZ Web 服务器的流量。

项目 8　入侵检测与防御技术

人们在实现网络安全的机密性、完整性与可用性等目标的过程中不断进行着技术的研究和实践。其中，应用比较突出的技术有身份认证与识别、访问控制机制、加密技术、防火墙技术等。但是，这些技术的一个共同特征就是集中在系统的自身加固和防护上，属于静态的安全防御技术。这种被动的防护只是网络安全的一个组成部分，它对于网络环境下日新月异的攻击手段缺乏动态的反应。入侵检测系统（IDS）与入侵防御系统（IPS）就是在这样的背景下应运而生的，它们作为动态安全技术的核心技术之一，通过了解和评估系统的安全状态，将系统调整到“最安全”和“风险最低”的状态。IDS 和 IPS 也是防火墙技术的合理补充，帮助系统对付网络攻击，扩展了系统管理员的安全管理能力（包括安全审计、监视、进攻识别和响应），提高了网络安全基础结构的完整性，是网络安全防御体系的一个重要组成部分。图 8-1 显示了 IDS 和 IPS 在网络安全体系中的位置。

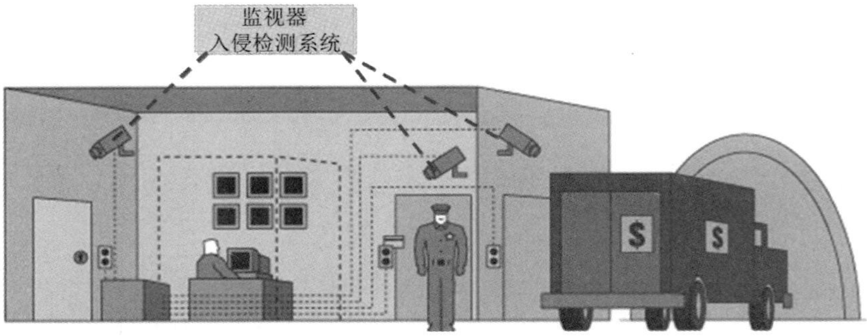

图 8-1　IDS/IPS 在网络安全体系中的位置

8.1　入侵检测系统与防御系统概述

1. 入侵与入侵检测的概念

所有破坏网络可用性、保密性和完整性的行为都是入侵。目前，恶意攻击者的入侵手段主要有恶意代码、非法访问和拒绝服务攻击等。

实施入侵行为的人称为入侵者。攻击是入侵者所采取的技术手段和过程。入侵的整个过程（包括入侵准备、进攻、侵入）都伴随着攻击，有时也把入侵者称为攻击者。

入侵检测（Intrusion Detection，ID）是指通过对行为、安全日志、审计数据或其他网络上可获得的信息，检查测试对系统的侵入或企图的过程。

2. 入侵检测系统的概念

IDS 产品外观如图 8-2 所示，入侵检测系统（IDS）是可对异常自动检测、监控和分析的系统。IDS 通过网络或系统中的若干关键点收集信息，并对其进行分析，从中发现违反安全策略的行为或遭到攻击迹象。

图 8-2　IDS 产品外观

3. 入侵防御系统的概念

IPS 产品外观如图 8-3 所示，入侵防御系统（IPS）指监视网络或其设备的异常行为，及时中断、调整或隔离异常或具有破坏性的网络异常传输的系统，如同 IDS+防火墙，专门深入网络数据内部检测攻击代码特征，过滤有害数据流，阻断有害数据包并进行记载，以便追踪分析。

图 8-3　IPS 产品外观

8.2　入侵检测系统

入侵检测系统作为传统安全机制的补充，它的开发与应用扩大了网络和系统安全的纵深保护，成为目前动态安全技术的主要研究和开发方向。随着系统漏洞的不断发现和攻击的不断发生，入侵检测系统在整个安全系统中的地位不断提高，所发挥的作用也越来越大。

8.2.1　入侵检测系统的分类

入侵检测系统要对其所监控的网络或主机的当前状态作出判断，而不是凭空臆测，它需要以原始数据中包含的信息为基础来作出判断。按照原始数据的来源，可以将入侵检测系统分为基于主机的入侵检测系统和基于网络的入侵检测系统。

1. 基于主机的入侵检测系统（HIDS）

HIDS 通常部署在被授权和跟踪的主机上，比如运行关键应用的服务器，如图 8-4 所示。它通过监视与分析主机的审计记录和日志文件来检测入侵。日志中包含发生在系统上不寻常和非期望的活动证据，这些证据可以指出有人正在入侵或已成功入侵了系统。通过查看日志文件，能够发现入侵企图或成功完成的入侵，并很快启动相应的应急响应程序。

2. 基于网络的入侵检测系统（NIDS）

NIDS 主要用于实时监测网络关键路径的信息，侦听网络上的所有分组来采集数据，分析可疑现象。NIDS 使用原始网络包作为数据源，通常利用一个运行在混杂模式下的网络适配器来实时监视并分析通过网络的所有通信业务，如图 8-5 所示。这种机制为进行网络数据流的监视和入侵检测提供了必要的数据来源。目前该系统应用比较广泛。

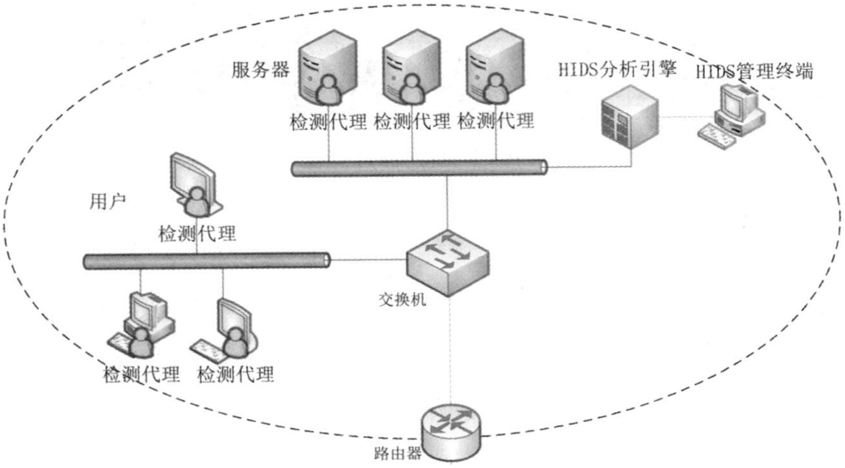

图 8-4 基于主机的入侵检测系统

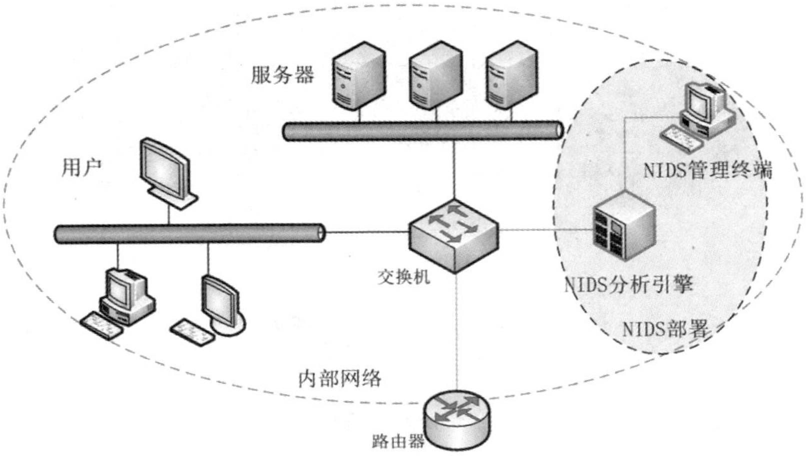

图 8-5 基于网络的入侵检测系统

3. HIDS 与 NIDS 优缺点比较

从以上对 HIDS 和 NIDS 的分析可以看出，它们各自有着自身独特的优势，而且在某些方面是很好的互补。

（1）HIDS 的优点及缺点。

HIDS 的主要优点如下：

1）能够确定攻击的目的所在。

2）非常适合于加密和交换环境。

3）不需要额外的硬件。

4）可监视特定的系统行为。

5）监控粒度更细。

6）对网络流量不敏感。

HIDS 的主要缺点是：HIDS 安装在需要保护的设备上，占用主机的资源并产生额外的负载，给业务系统带来性能影响；另外，HIDS 依赖于服务器固有的日志与监测能力，若没有平台支持，可移植性差，因而应用范围受到了严重限制。

（2）NIDS 的优点及缺点。

NIDS 的主要优点如下：

1）监测速度快（实时检测）。

2）隐蔽性好。

3）视野更宽。

4）较少的监测器。

5）攻击者不易转移证据。

6）操作系统无关性。

NIDS 的主要缺点是：只能监视本网段的活动，精确度不高；在交换环境下难以配置；防入侵欺骗的能力较差；难以定位入侵者。

8.2.2　入侵检测系统的工作过程

从入侵检测的定义可以看出，入侵检测的一般过程是：信息收集、信息（数据）预处理、数据的检测分析、根据安全策略作出响应，如图 8-6 所示。

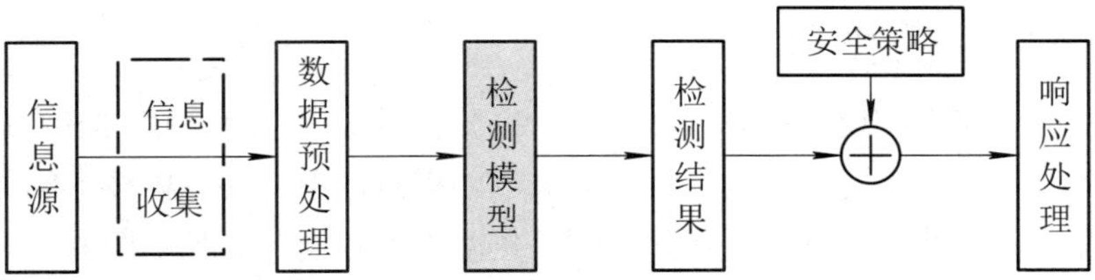

图 8-6　入侵检测的一般过程

图 8-6 中，信息源是指包含最原始的入侵行为信息的数据，主要是网络、系统的审计数据或原始的网络数据包。数据预处理是指对收集到的数据进行预处理，将其转化为检测模型所接受的数据格式，也包括对冗余信息的去除（即数据简约），这是入侵检测研究领域的关键，也是难点之一。检测模型是指根据各种检测算法建立起来的检测分析模型，它的输入一般是经过数据预处理后的数据，输出为对数据属性的判断结果，数据属性一般是针对数据中包含的入侵信息（包含非法字段值，与已知攻击特征匹配等）的断言。如果判断结果属于入侵行为，则记录相关证据，并启动相应安全策略，如通知防火墙断开连接或发出警告等；如果不是入侵行为，则继续对行为数据进行提取分析。

8.2.3　入侵检测系统的基本构成

一个入侵检测系统通常由以下一些基本组件构成，如图 8-7 所示。

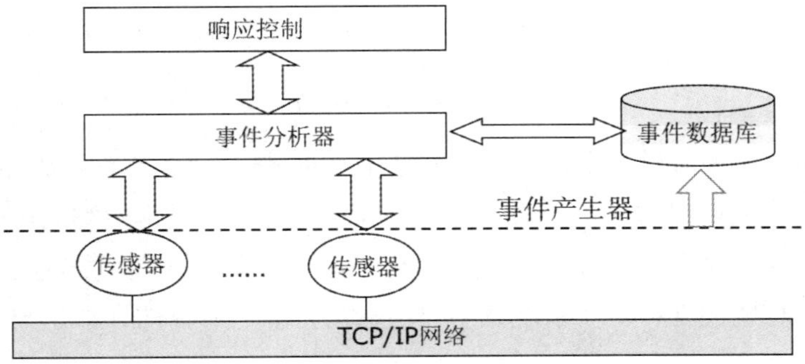

图 8-7　入侵检测系统的基本构成

1. 事件产生器

事件产生器是入侵检测系统中负责原始数据采集的部分，它对数据流、日志文件等进行追踪，然后将搜集到的原始数据转换为事件，并向系统的其他部分提供此事件。

2. 事件分析器

事件分析器接收事件信息，然后对它们进行分析，判断是否为入侵行为或异常现象，最后将判断结果转换为警告信息。

3. 事件数据库

事件数据库是存放各种中间数据和最终数据的地方。它从事件产生器或事件分析器接收数据，一般对数据进行较长时间的保存。它可以是复杂的数据库，也可以是简单的文本文件。

4. 响应控制

响应控制是根据警告信息作出反应，它可以作出切断连接、改变文件属性等强烈反应，也可以只是简单地报警。它是入侵检测系统中的主动武器。

8.2.4 常见的入侵检测技术

从入侵检测系统的实现过程可以看出，数据分析是入侵检测系统的核心，它是关系到能否检测出入侵行为的关键。检测率是人们关注的焦点，不同的分析技术所体现的分析机制也是不一样的，因此对数据分析得到的结果也就大不相同，而且不同的分析技术对不同的数据环境的适用性也不一样。下面介绍入侵检测系统所采用的两种数据分析技术：异常检测和误用检测。

1. 异常检测

异常检测是假定所有的入侵行为都是异常的，即入侵行为是异常行为的子集。其工作原理是：首先建立系统或用户的“正常”行为特征轮廓，通过比较当前的系统或用户的行为是否偏离正常的行为特征轮廓来判断是否发生了入侵行为，而不是依赖于具体行为是否出现来进行检测。从这个意义上讲，异常检测是一种间接的方法。图 8-8 是典型的异常检测过程的示意图。

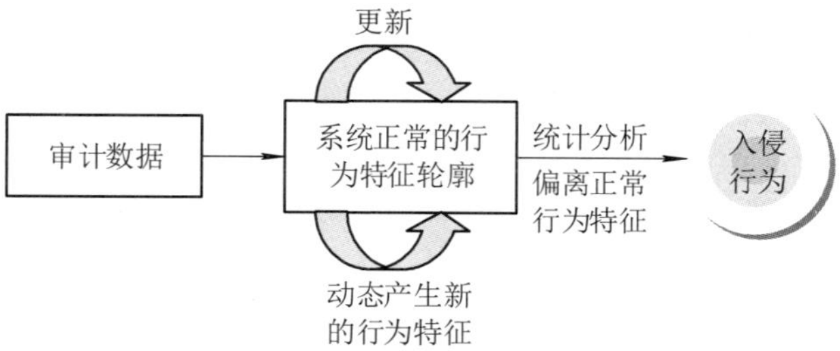

图 8-8 异常检测过程示意图

从异常检测的原理可以看出，该方法的技术难点在于：“正常”行为特征轮廓的确定；特征量的选取；特征轮廓的更新。由于这几个因素的制约，异常检测的虚警率会很高，但对于未知入侵行为的检测非常有效，它也是检测冒充合法用户的入侵行为的有效方法。此外，由于需要实时地建立和更新系统或用户的特征轮廓，所需的计算量很大，对系统的处理性能要求会很高。

2. 误用检测

误用检测是假定所有可能的入侵行为都能被识别和表示。其原理是：首先对已知的攻击方法进行攻击签名（使用一种特定的方式来表示已知的攻击模式）表示，然后根据已经定义好的攻击签名，通过判断这些攻击签名是否出现来判断入侵行为的发生与否。这种方法是通过直接判断攻击签名的出现与否来判断入侵行为的，从这一点来看，它是一种直接的方法。图 8-9 是典型的误用检测过程示意图。

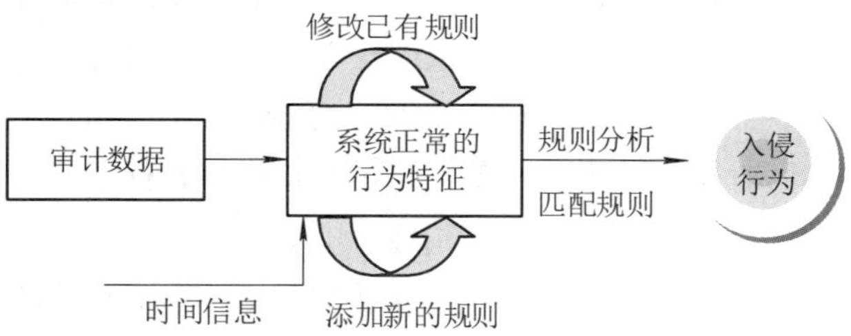

图 8-9　误用检测过程示意图

误用检测是通过将收集到的信息与已知的攻击签名模式库进行比较，从而发现违背安全策略的行为。因此，它只需收集相关的数据，这样系统的负担明显减少了。该方法类似于病毒检测系统，其检测的准确率和效率都比较高，并且这种技术比较成熟，国际上一些顶尖的入侵检测系统都采用的该方法，如 Cisco 公司的 NetRanger、ISS 的 RealSecure 以及 Axent 公司的 Intruder Alert 等。但是其检测的完备性依赖于攻击签名知识库的不断更新和补充。另外，误用检测是通过匹配模式库来完成检测过程的，所以在计算处理上对系统的要求不是很高。

误用检测和异常检测各有优劣，考虑到两者的互补性，在很多实际的检测系统中往往结合使用，同时包含误用检测和异常检测两种部件，将误用检测用于网络数据包的监测，将异常检测用于系统日志的分析。

8.3　入侵防御系统

IDS 和防火墙是抵御恶意攻击者攻击的两面盾牌。一般情况下，防火墙部署在网络边界，检查攻击包并将其直接抛弃，使攻击包无法到达目标，从根本上避免恶意攻击者的攻击，但通常的防火墙缺乏深层次分析的能力，如无法对付应用层的恶意代码，对于僵尸网络、病毒以及有针对性的不良数据包的攻击都显得有些无能为力。IDS 通过旁路部署的方式，可以进行深层次分析检测网络攻击，但它的阻断攻击能力却非常有限，一般只能通过发送 TCP reset 包或联动防火墙来阻止攻击。防火墙与 IDS 联动，没有标准协议，有滞后现象，非最优方案。随着网络攻击技术的不断提高和网络安全漏洞的不断发现，传统防火墙和传统 IDS 技术已经无法应对一些安全威胁，在这种情况下 IPS 技术应运而生。

8.3.1　入侵防御系统的概念

IPS 结合了 IDS 和防火墙的优势，具有深层次分析和在线部署的能力，是深层防御的最佳解决方案。也就是说，IPS 是一种能够防御深层入侵威胁的在线部署安全产品。

1. IPS 的定义

IPS 是一台能够监视网络或网络设备传输数据行为的计算机网络安全设备，能够及时地中断、调整或隔离一些不正常或具有伤害性的数据传输行为。也就是说，IPS 是一种主动的、智能的入侵防御系统，能预先对入侵行为和攻击性网络流量进行拦截，当它检测到攻击企图后，就会自动地将攻击包丢掉或采取措施将攻击源阻断。

2. IPS 的工作原理

图 8-10 为 IPS 的工作原理示意图。IPS 直接嵌入到网络流量中对数据流进行检测，它通过一个网络端口接收网络上传输的流量。所有流经 IPS 的数据包都被分类，分类的依据是数据包中的报头信息，如源 IP 地址和目的 IP 地址、端口号和协议等。针对不同的攻击行为，IPS 有不同的过滤器，每种过滤器负责分析对应的数据包。IPS 过滤器引擎集合了流水和大规模并行处理硬件，能够同时执行数千次的数据包过滤检查。并行过滤处理可以确保数据包能够不间断地快速通过系统，不会对网络性能造成影响。IPS 通过深层检查数据包的内容，如果符合匹配要求，称为命中数据包，也就是异常数据包，将在 IPS 设备中被删除掉；如果为正常的数据包，则更新与之相应的流状态信息，并通过另外一个端口传送出去。

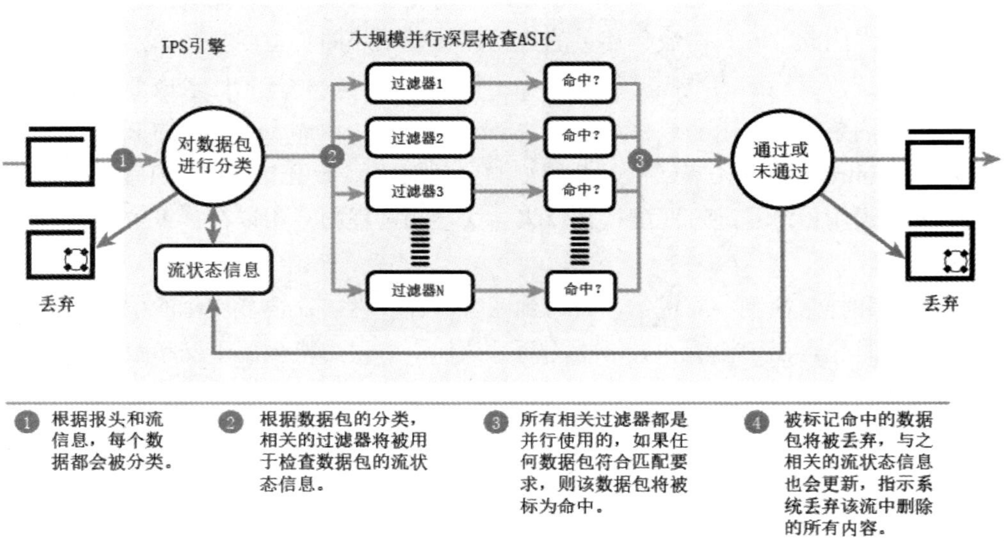

图 8-10 IPS 工作原理示意图

3. IPS 技术的优势

IPS 技术是一种既能发现又能阻止入侵行为的安全防御技术。通过检测发现网络入侵后，能自动丢弃入侵报文或者阻断攻击源，从根本上避免攻击行为。IPS 具有如下主要优势。

（1）实时阻断攻击。设备采用在线方式部署在网络中，能够在检测到入侵时，实时对入侵活动和攻击性网络流量进行拦截，把对网络的入侵降到最低。

（2）深层防护。新型的攻击一般都隐藏在 TCP/IP 协议栈的应用层里。传统的防火墙只能对网络层或传输层的内容进行检查，不能检测应用层的内容，并且防火墙的包过滤技术不会针对每一字节进行检查，因而无法发现攻击活动。IPS 可以做到逐一字节地深层次检查数据链路层到应用层的内容，还可以对网络数据流重组进行协议分析和检测，并根据攻击类型、策略等来确定哪些流量应该被拦截（称为流规范化）。

（3）全方位防护。IPS 可以提供针对蠕虫、病毒、木马、僵尸网络、间谍软件、广告软件、CGI（Common Gateway Interface）攻击、跨站脚本攻击、注入攻击、目录遍历、信息泄露、远程文件包含攻击、溢出攻击、代码执行、拒绝服务、扫描工具、后门等的防护措施，全方位防御各种攻击，保护网络安全。

（4）内外兼防。IPS 不但可以防止来自于组织外部的攻击，还可以防止来自于组织内部的攻击。系统对经过的流量都可以进行检测，既可以对服务器进行防护，也可以对客户端进行防护。

（5）不断升级，精准防护。IPS 依靠过滤器中定义非常广泛的过滤规则，提高了自身的过滤准确性。IPS 具有自学习和自适应的能力，当新的攻击手段被发现后，能根据所在网络的通信环境和被入侵的情况，分析和抽取新型攻击特征来更新特征库，从而制订新的安全防御策略。

4．防火墙、IDS/IPS 的区别

防火墙与 IDS/IPS 的区别如图 8-11 所示。IDS 与 IPS 在核心技术基础方面是一致的，名称也非常接近，通常厂商又同时推出两类产品，以至于很容易误认为 IDS 和 IPS 是一种产品。IDS 在总体和趋势上的分析能力是其他安全设备难以实现的，同时通过基于流量、统计等方面的分析，IDS 理论上拥有在未知攻击特别是蠕虫类攻击爆发时进行预警的能力，是一种风险检测设备。IPS 能够提供有效的、防火墙无法提供的应用层安全防护功能，但为了避免误报，IPS 对未知攻击的防御能力几乎没有，是一种风险控制设备。

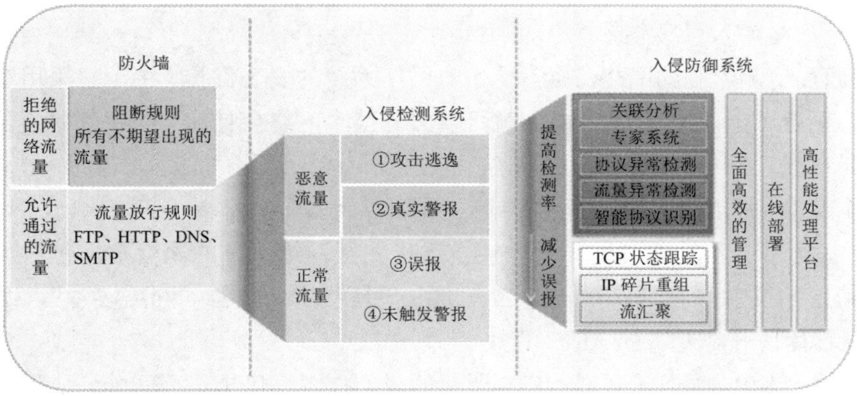

图 8-11　防火墙与 IDS/IPS 的区别

8.3.2　入侵防御系统的分类

IPS 根据在网络中的部署位置不同，可以分为基于主机的入侵防御系统（HIPS）和基于网络的入侵防御系统（NIPS），如图 8-12 所示。

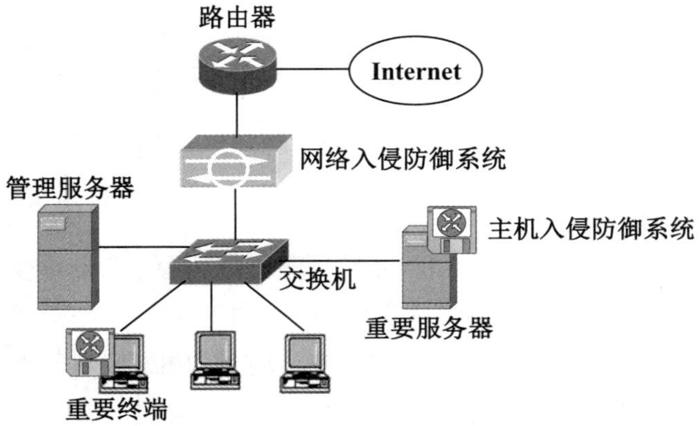

图 8-12　HIPS 与 NIPS 在网络中的位置

1. 基于主机的入侵防御系统

HIPS 通过在主机/服务器上安装软件代理程序，防止网络入侵操作系统及应用程序。HIPS 能够保护服务器的安全弱点不被不法分子所利用，可以根据自定义的安全策略以及分析学习机制来阻断对服务器、主机发起的恶意入侵。HIPS 可以阻断缓冲区溢出、改变登录口令、改写动态链接库以及其他试图从操作系统夺取控制权的入侵行为，整体提升主机的安全水平。

在技术上，HIPS 采用由包过滤、状态包检测和实时入侵检测组成的分层防御体系，对服务器使用独特的保护途径。这种体系能够在提供合理吞吐率的前提下，最大限度地保护服务器的敏感内容，既可以以软件形式嵌入到应用程序对操作系统的调用当中，通过拦截针对操作系统的可疑调用，提供对主机的安全防护；也可以以更改操作系统内核程序的方式，提供比操作系统更加严谨的安全控制机制。

由于 HIPS 工作在受保护的主机/服务器上，它不但能够利用特征和行为规则检测，阻止诸如缓冲区溢出之类的已知攻击，还能够防范未知攻击，如防范 Web 页面、应用程序和资源的未授权的任何非法访问。HIPS 与具体的主机/服务器操作系统平台紧密相关，不同的平台需要不同的软件代理程序。

2. 基于网络的入侵防御系统

NIPS 通过检测流经的网络流量，提供对网络系统的安全保护。由于它采用在线连接方式，所以一旦辨识出入侵行为，NIPS 就可以去除整个网络会话，而不仅仅是复位会话。同样由于实时在线，NIPS 需要具备很高的性能，以免成为网络的瓶颈，因此 NIPS 通常被设计成类似于交换机的网络设备，提供线速吞吐率以及多个网络端口。

NIPS 必须基于特定的硬件平台才能实现千兆级网络流量的深度数据包检测和阻断功能。这种特定的硬件平台通常可以分为三类：一是网络处理器（网络芯片），二是专用的 FPGA 编程芯片，三是专用的 ASIC 芯片。

在技术上，NIPS 吸取了目前 NIDS 所有的成熟技术，包括特征匹配、协议分析和异常检测。特征匹配是应用最广泛的技术，具有准确率高、速度快的特点。基于状态的特征匹配不但检测攻击行为的特征，还检查当前网络的会话状态，避免受到欺骗攻击。

8.3.3 入侵防御系统使用的关键技术

1. 主动防御技术

IPS 倾向于提供主动防护，其设计宗旨是预先对入侵活动和攻击性网络流量进行拦截，避免造成损失，而不是简单地在恶意流量传送时或传送后才发出警报。IPS 是通过直接部署在网络边界上连接内外网实现安全防护功能的，它可以通过网络端口接收来自外部系统的流量，检查确认其中是否包含异常或可疑的活动内容，在数据传输过程中清除掉有问题的数据内容。

2. 集成多种检测技术

（1）基于攻击签名的（Signature-based）检测。IPS 设备厂商提供攻击签名数据库，并可以从厂商处获得对新的攻击检测条目的更新，这种方式与杀毒软件所采取的方式类似。这种方式可能会产生错误报告，如正常的测试或访问行为可能会被认为是攻击，如利用带有-t 参数的 ping 命令测试网络连通性可能会产生误报。这种方式对已知攻击有效，需要一个攻击的特征文件，并要不断升级。

（2）基于策略的检测。在这种方式下，策略的定义与描述要先创建，入侵检测系统分为入侵检测设备与管理控制端两部分，入侵检测设备负责数据的收集和分析，记录日志信息，发现入侵行为时报警，安全管理端接收和处理报警信息，根据报警的相关设定按相应的策略采取行动，如与防火墙联动，并形成对此行为的新的规则库（可以是添加访问控制到防火墙上，以后就可以由防火墙直接拦截）。这种方式下需要对入侵检测与网络管理进行策略的协调，也需要一个策略数据库。

（3）基于异常的检测。在这种方式下要先定义哪些是正常的流量，即需要定义一个用户的活动范围，对超出此范围的情况发出警报。当然这需要构建一个准确的特征文件。这种方式的优点是能够检测未公布的攻击行为。但是这种方式的缺点也很明显，因为用户的活动有很大的随机性，可能新的访问方式或行为被认为是攻击而产生报警，这种方式下就需要一个用户正常行为的特征文件。

（4）密罐（Honeypot）的检测方法。这种方式要先设置一台主机，这台主机尽可能多开启服务，用于引诱攻击者对这台主机进行扫描或探测，对攻击者起到一个陷阱的作用，同时与关键设备隔离，使网络管理者发现企图对网络发起攻击的源头。这种方式下需要在网络关键位置部署一台陷阱主机。

8.4　入侵检测与防御系统的部署

有两种基于主机的 IDS 和 IPS 及基于网络的 IDS 和 IPS，这需要根据组织的网络安全策略中所述的安全目标来决定采用哪一种实施方式。

1. IDS 的部署策略

IDS 一般旁路连接在网络中的各个关键位置，如图 8-13 所示。

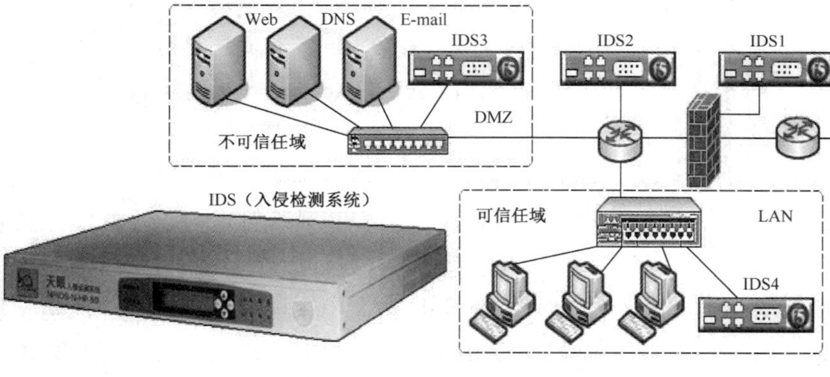

图 8-13　IDS 在网络中的位置

（1）IDS 安装在网络边界区域。IDS 非常适合安装在网络边界处，如防火墙的两端及到其他网络连接处。如果 IDS 与路由器并联安装，则可以实时监测进入内部网络的数据包，但是这个位置的带宽很高，IDS 性能必须能跟上通信流的速度。

（2）IDS 安装在服务器群区域。对于流量速度不是很高的应用服务器，安装 IDS 是非常好的选择；对于流量速度高，而且特别重要的服务器，可以考虑安装专用 IDS 进行监测。DMZ 往往是遭受攻击最多的区域，在此部署一台 IDS 非常必要。

（3）IDS 安装在网络主机区域。可以将 IDS 安装在主机区域，从而监测位于同一交换机上的其他主机是否存在攻击现象。例如，将 IDS 部署在内部各个网段，可以监测来自内部的网络攻击行为。

（4）IDS 安装在网络核心层。网络核心层带宽非常高，不适宜布置 IDS。

2. IPS 的部署策略

IPS 不但能够检测入侵的发生，而且还能实时终止入侵行为。IPS 在网络中采用串接式连接。串接工作模式保证所有网络数据都必须经过 IPS 设备，IPS 检测数据流中的恶意代码，核对策略，在未转发到服务器之前将信息包或数据流阻截。IPS 是网关型设备，最好串接在网络的出口处。IPS 经常部署在网关出口的防火墙和路由器之间，监控和保护内部网络，如图 8-14 所示。

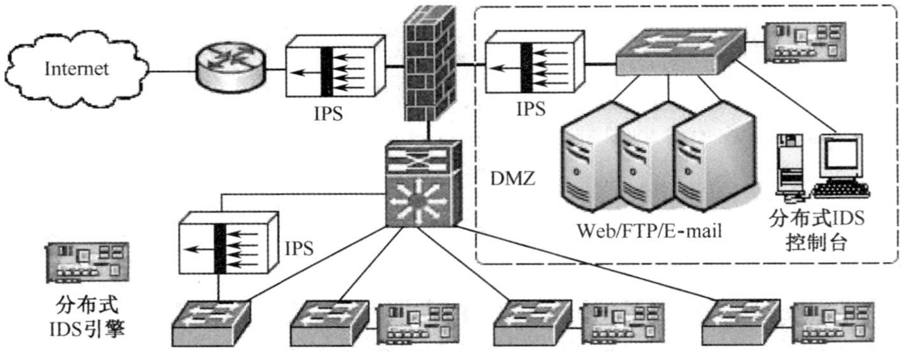

图 8-14 IPS 在网络中的位置

部署 IDS 和 IPS 时，使用其中一种技术并不是否定另一种技术的使用。事实上，IDS 技术和 IPS 技术可以互为补充。例如，可以实施 IDS 来验证 IPS 的运行，因为配置 IDS 可以通过离线方式进行更加深入的数据包检测，这使 IPS 可以专注于更少但更关键的在线流量模式。

IPS 可以阻断认为是攻击的流量，但不应该阻断合法的数据流量，只是阻断确认为攻击的流量，这需要进行调整以免网络连接中断。而 IDS 可以对 IPS 进行有效的补充，可以检测 IPS 是否工作，除正常流量外，认为其他流量是可疑流量并进行报警，可以对 IPS 没有阻止但可能是攻击的数据流量进行标识。

IDS 侧重于全面检测、记录与警报，而 IPS 则更擅长深层防御与精确阻断。从应用角度来看，低风险企业往往关注风险控制，对检测、监控和风险管理要求不高，此类企业选择 IPS 产品即可；金融、电信等高风险行业，不仅关注风险控制，还关注风险管理，这样的企业既需要 IDS，也需要 IPS；对于一些监管机构/部门来说，往往更关注风险管理的检测与监控，监督风险控制的改进状况，因此 IDS 是比较合适的产品。各行业客户不同的应用环境和实际需求使得 IDS 和 IPS 在国内都呈现出繁荣发展的前景，因此两者之间的关系并非简单的升级和替代。长期来看，IDS 和 IPS 将出现共同发展、和平共存的局面。

8.5 混合技术解决方案

未来将是混合技术的天下，在网络边缘和核心层进行检测，遍布在网络上的传感设备和矫正控制的通力协作将是安全应用的主流。全局性的检测可提高准确率，但是使检测过程变长，局部反应速度过慢。因此，面对一些局部事件，要相当准确地判断出问题所在而阻断风险不大时，IPS 当之无愧地成为首选产品；而需要全面检测和事后分析时，则非 IDS

莫属。根据客户需求将两者统一部署，使其相辅相成，不失为一个优秀的解决方案。图 8-15 给出了一个高可用性 IPS、IDS 与防火墙综合的入侵防御解决方案。

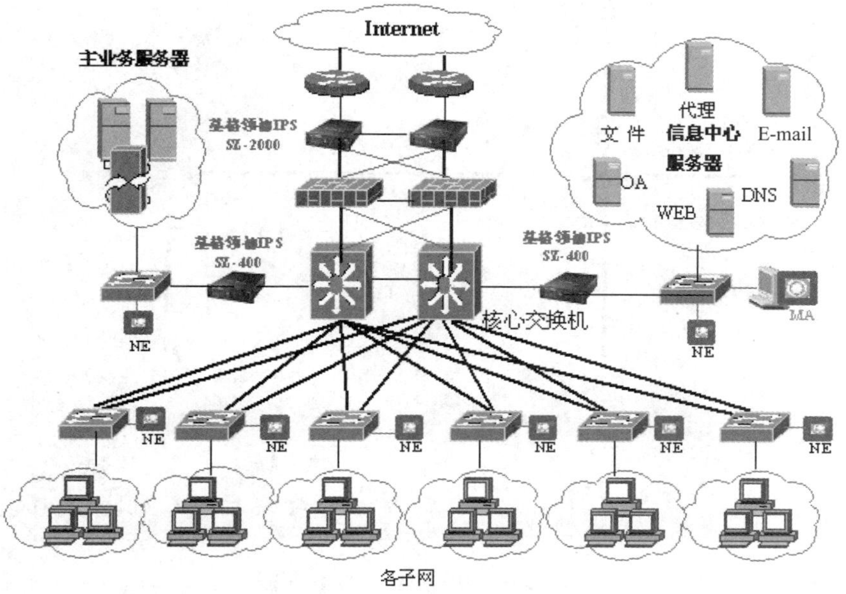

——分布式 IDS 中心控制台；——分布式 IDS 网络引擎

图 8-15　防火墙、IDS/IPS 综合的入侵防御解决方案

该方案的特点是：网络主干线的 IPS 和防火墙均采用双机动态热备份部署，确保任何单机故障均不会影响主干网的畅通；将高端 IPS 串接于路由器与防火墙之间，利用 IPS 能够快速终结 DoS 与 DDoS、未知的蠕虫、异常应用程序流量攻击所造成的网络断线，实现网络架构防护机制，保护防火墙和核心交换机等网络设备免遭入侵和攻击；信息中心和业务服务器的子交换机前分别部署一台中级 IPS，可以有效地阻断来自内部和外部对于公共访问和关键业务服务器群的攻击；在各子网的分交换机端口部署分布式 IDS 的网络引擎，对各子网的通信进行实时监听，发现攻击或者误操作立即报告其中心控制台，向系统管理员发出警报，并且做好时间记录和报告，以便进行事件分析。

8.6　入侵防御系统的实践

入侵防御系统的实践

思科路由器集成了 IPS，采用基于特征的入侵检测机制。首先加载特征库，特征库中包含用于识别各种入侵行为的信息流特征，一旦在某个路由器接口的输入或输出方向设置入侵检测机制，则需要采集通过该接口输入或输出的信息流，然后与加载的特征库中的特征进行比较。如果该信息流与识别某种入侵行为的信息流特征匹配，则对该信息流采取相应动作。因此，特征库中与每一种入侵行为相关的信息有两部分：一是标识入侵行为的信息流特征；二是对具有入侵行为特征的信息流所采取的动作。

本节采用如图 8-16 所示的网络拓扑图。具体要求是，在路由器 R1 的接口 fa0/0 输出方向设置入侵检测机制，一旦检测到终端 C 发送给终端 A 的 ICMP ECHO 请求报文，则丢弃该请求报文，并向日志服务器发送警告信息。启动该入侵规则后，如果终端 C 发起 ping 终端 A 的操作，则 ping 操作不仅无法完成，还会在日志服务器中记录警告信息，其他终端之间的 ping 操作依然能够完成。

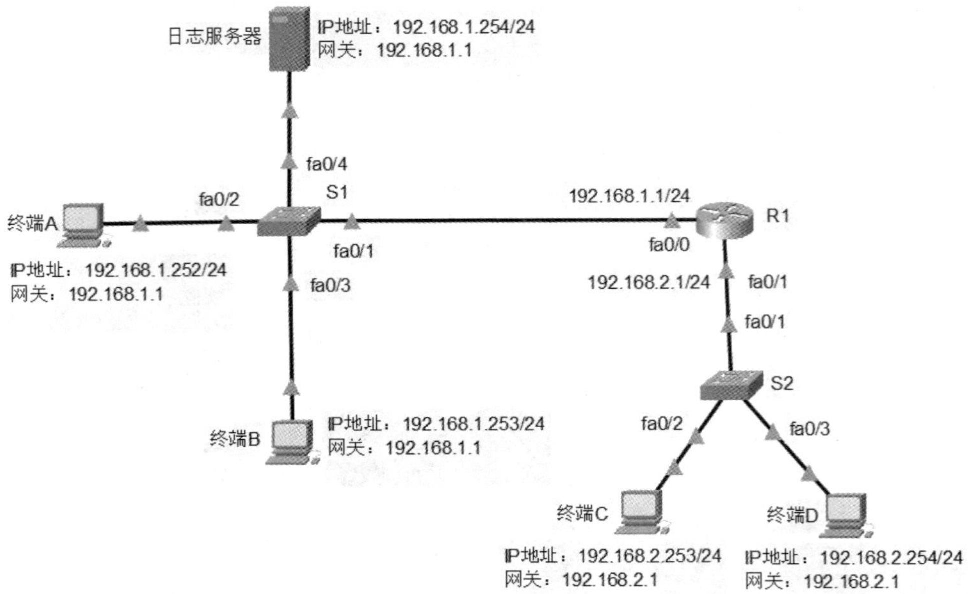

图 8-16 IPS 配置网络拓扑图

1. 网络基本配置

按照图 8-16 规划的 IP 地址，配置路由器 R1 的接口 IP 地址、各终端的 IP 地址和日志服务器的 IP 地址，并开启日志服务。

2. 确定特征库的存储位置

（1）在特权模式下，执行 mkdir ipsdir 命令，在闪存中创建用于存储特征库的目录。

（2）在全局配置模式下，执行 ip ips config location flash:ipsdir 命令，指定用于存储特征库的目录。

3. 制定入侵检测规则

执行 ip ips name IPS 命令，建立名为 IPS 的入侵检测规则。

4. 开启日志功能

（1）将事件记录在日志服务器中作为指定的事件通知方法，执行 ip ips notify log 命令。

（2）指定日志服务器的 IP 地址，执行 logging host 192.168.1.254 命令。

（3）在发送日志信息中标记日期事件，精确到毫秒，执行 service timestamps log datetime msec 命令。

（4）设置日期与时间，执行 clock set 时间 日期 命令，其中时间和日期与计算机同步。

5. 配置每一类特征

（1）进入特征库分类配置模式，执行 ip ips signature-category 命令。

（2）指定所有类别特征库，执行 category all 命令。

（3）释放指定类别的特征库，执行 retired true 命令。

（4）指定特征库的类别名和类别子名，执行 category ios_ips basic 命令。

（5）加载指定类别的特征库，这里指的是 ios_ips 类别中的 basic 子类别，执行 retired false 命令。

6. 定义扩展分组过滤器

指定信息流类别的扩展分组过滤器并与入侵检测规则绑定在一起。执行如下命令：

```
access-list 100 permit ip host 192.168.2.253 host 192.168.1.252
access-list 100 deny ip any any
ip ips name IPS list 100
```

7. 将规则应用到路由器接口

在 R1 的 fa0/0 接口配置模式下，执行 ip ips IPS out 命令。

8. 重新定义特征

（1）进入特征定义模式，执行 ip ips signature-definition 命令。

（2）指定编号为 2018 子编号为 0 的特征，所匹配的报文是 ICMP ECHO 请求报文，执行 signature 2018 0 命令。

（3）指定特征定义模式下使用的命令，执行 status 命令。

（4）加载指定类别的特征库，执行 retired false 命令。

（5）启动指定特征，用该特征匹配需要检测入侵行为的信息流，执行 enabled true 命令。

（6）进入指定特征引擎配置模式，执行 engine 命令。

（7）将在线丢弃作为对指定匹配的信息流所采取的动作，执行 event-action deny-packet-inline 命令。

（8）将发送警告信息作为对指定特征匹配的信息流所采取的动作，执行 event-action produce-alert 命令。

9. 配置结果验证

执行 show ip ips all 命令查看配置结果，并且使用终端 C 分别 ping 终端 A、终端 B、终端 D 和日志服务器，输出结果如图 8-17 所示。

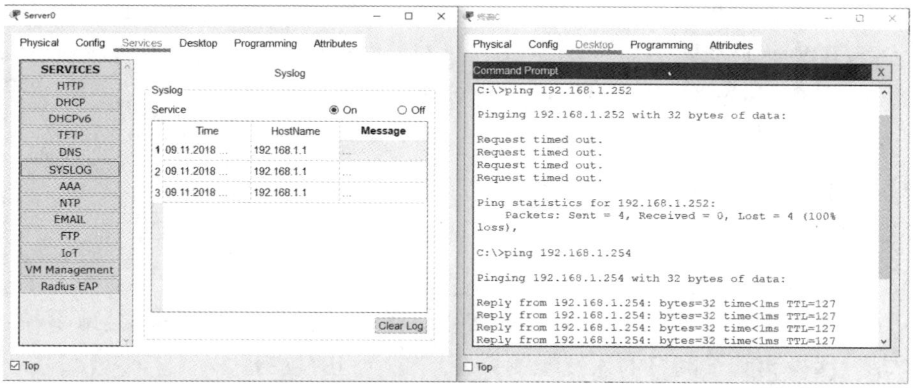

图 8-17 入侵检测与防御配置验证结果

8.7 过关训练

8.7.1 知识储备检验

1. 填空题

（1）按照原始数据的来源，IDS 分为________和________。

（2）IPS 的中文含义是________。

（3）IDS 的工作过程分为_______、_______、_______和_______四个阶段。

（4）IDS 的基本构成包括_______、_______、_______和_______四个部分。

（5）IPS 分为_______和_______两大类。

（5）IDS 部署时采用_______方式，IPS 部署时采用_______方式。

（6）网络入侵检测的技术主要有_______和_______。

2. 选择题

（1）入侵检测系统一般不能检测出（　　）。

A. 网络线路物理中断　　B. 远程访问服务器

C. 拒绝服务攻击　　D. 扫描攻击

（2）入侵检测的内容不包括（　　）。

A. 独占资源、恶意使用　　B. 试图闯入或成功闯入、冒充其他用户

C. 安全审计　　D. 违反安全策略、合法用户的泄漏

（3）下面关于网络入侵检测的叙述不正确的是（　　）。

A. 占用资源少　　B. 攻击者不易转移证据

C. 容易处理加密的会话过程　　D. 检测速度快

（4）按照检测数据的来源可将入侵检测系统（IDS）分为（　　）。

A. 基于主机的 IDS 和基于网络的 IDS

B. 基于主机的 IDS 和基于域控制器的 IDS

C. 基于服务器的 IDS 和基于域控制器的 IDS

D. 基于浏览器的 IDS 和基于网络的 IDS

（5）对入侵检测设备的作用认识比较全面的是（　　）。

A. 只要有 IDS 网络就安全了　　B. 只要有配置好的 IDS 网络就安全了

C. IDS 一无是处　　D. IDS 不能百分之百地解决所有问题

（6）在使用 Honeynet 技术过程中要着重保护（　　）。

A. 设备　　B. 网络　　C. 系统日志　　D. 数据

（7）从系统结构上来看，入侵检测系统可以不包括（　　）。

A. 数据源　　B. 分析引擎　　C. 审计　　D. 响应

（8）下面说法错误的是（　　）。

A. 由于基于主机的入侵检测系统可以监视一个主机上发生的全部事件，它们能够检测基于网络的入侵检测系统不能检测的攻击

B. 基于主机的入侵检测系统可以运行在交换网络中

C. 基于主机的入侵检测系统可以检测针对网络中所有主机的网络扫描

D. 基于应用的入侵检测系统比起基于主机的入侵检测系统更容易受到攻击，因为应用程序日志并不像操作系统审计追踪日志那样被很好地保护

（9）误用入侵检测技术的核心问题是（　　）的建立以及后期的维护和更新。

A. 异常模型　　B. 规则集处理引擎区

C. 网络攻击特征库　　D. 审计日志

（10）对于有特征的入侵行为，（　　）更适用。

A. 误用检测　　B. 异常检测　　C. 恶意检测　　D. 外部检测

3. 简答题

（1）比较防火墙与 IDS 在网络安全方面的异同。

（2）IDS 与 IPS 的优缺点各是什么？

（3）简述 IPS 的工作原理。

8.7.2　实践操作检验

某企业网络拓扑图如图 8-18 所示。工程师给出了该网络的需求：

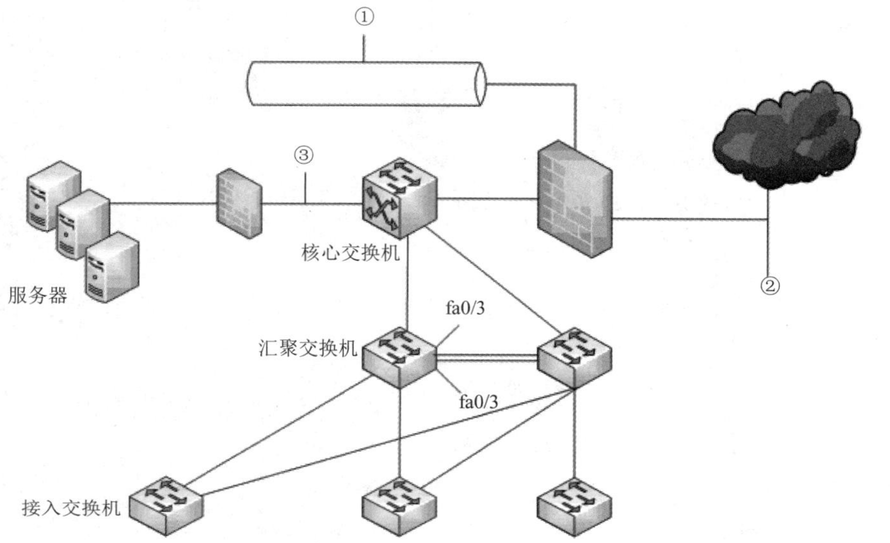

图 8-18　企业网络拓扑图

（1）用防火墙实现内外网地址转换和访问控制策略。

（2）核心交换机承担数据转发，并且与汇聚层两台交换机实现 OSPF 功能。

（3）接入层到汇聚层采用双链路方式组网。

（4）接入层交换机对地址进行 VLAN 划分。

（5）对企业的核心资源加强安全防护。

该企业计划在①、②或③的位置部署基于网络的入侵检测系统（NIDS），将 NIDS 部署在①的优势是（　　）；将 NIDS 部署在②的优势是（　　）、（　　）；将 NIDS 部署在③的优势是（　　）。

A．检测外部网络攻击的数量和类型

B．监视针对 DMZ 中系统的攻击

C．监视针对关键系统、服务和资源的攻击

D．能减轻拒绝服务攻击的影响

8.7.3　挑战性问题

根据网络安全防范需求，需在不同位置部署不同的安全设备，进行不同的安全防范，为图 8-19 中的安全设备选择相应的网络安全设备。

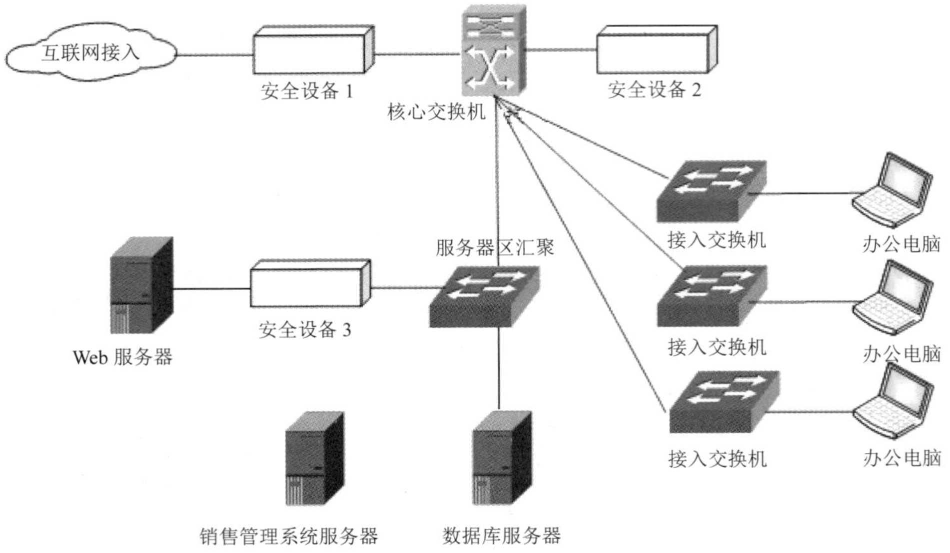

图 8-19　IDS/IPS 部署图

（1）在安全设备 1 处部署（　　）；在安全设备 2 处部署（　　）；在安全设备 3 处部署（　　）。

A．防火墙　　B．入侵检测系统（IDS）　　C．入侵防御系统（IPS）

（2）在网络中需要加入如下安全防范措施（　　）。

A．访问控制　　B．NAT

C．上网行为审计　　D．包检测分析

E．数据库审计　　F．DDoS 攻击检测和阻止

G．服务器负载均衡　　H．异常流量阻断

I．漏洞扫描　　J．Web 应用防护

其中，在防火墙上可部署的防范措施有（　　）；在 IDS 上可部署的防范措施有（　　）；在 IPS 上可部署的防范措施有（　　）。结合图 8-19，请简要说明入侵防御系统（IPS）的优点和缺点。

项目 9　虚拟专用网络技术

现代企业在发展过程中，对网络提出了越来越高的要求。人们不再仅仅满足于企业内部网络信息共享，更需要和企业外部的网络尤其是 Internet 相互连接，在享受 Internet 信息服务的同时，数据传输的安全还要得到保证。在采用传统路由交换和广域网连接技术构建企业网时，网络将面对路由设计、地址规划、安全保护、成本、灵活性等各方面的挑战。企业通过 Internet 或运营商骨干 IP 网络连接分支机构，存在网络层协议必须统一、使用统一的路由策略、使用统一的地址空间等缺点；通过专线、电路交换和分组交换的广域网技术连接各分支机构，存在部署成本高、变更不灵活、移动用户远程拨号接入费用高的缺点。如何建立既安全又经济的网络商务环境？使用 VPN 技术是一个很好的选择，公司可以获得使用公共通信基础设施所带来的便利和经济效益，同时获得使用专用的点到点连接所带来的安全。用于构建 VPN 的公共网络并不局限于 Internet，也可以是 ISP 的 IP 骨干网络，甚至可以是企业私有的骨干 IP 网络等。企业通常在分支之间部署 GRE VPN，通过公共 IP 网络传送内部 IP 网络数据，从而实现网络层的点到点 VPN。普通的 VPN 技术虽然将数据封装在 VPN 承载协议的内部，但其本质上并不能防止篡改和窃听。IPsec 通过验证算法和加密算法防止数据篡改和窃听等安全威胁，大大提高了安全性。图 9-1 显示了 VPN 在网络安全体系中的位置。

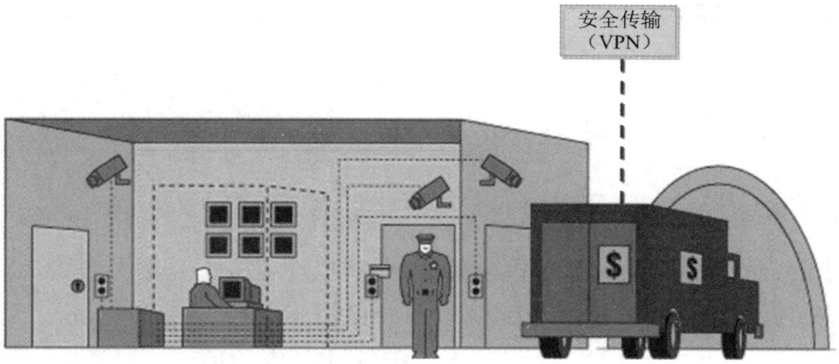

图 9-1　VPN 技术在网络安全体系中的位置

9.1　VPN 技术概述

9.1.1　VPN 的概念

1. VPN 的产生背景

VPN（Virtual Private Network，虚拟专用网）技术起初是为了解决明文数据在网络上传输时所带来的安全问题。TCP/IP 协议簇中的很多协议都采用明文传输，如 Telnet、FTP 等。一些恶意攻击者可能为了获取非法利益，通过诸如窃听、伪装等攻击方式截获明文数据，使企业或个人遭受损失。

VPN 技术可以从某种程度上解决该问题。例如，它可以对公网上传输的数据进行加密，即使恶意攻击者通过某种窃听工具截获到数据，也无法了解数据信息的含义；也可以实现数据传输双方的身份验证，避免恶意攻击者伪装成网络中的合法用户攻击网络资源。

2. VPN 的定义

VPN 是在两个网络实体之间建立的一种受保护连接，这两个实体可以通过点到点的链路直接相连，但通常情况下它们的距离相隔较远。Virtual Private Network 中的 Virtual 一词意为虚拟的，通过隧道（Tunnel）技术使用不同的封装协议对原始数据包进行重新封装来实现；Private 一词意为专用的，通过安全（Security）机制对原始数据包进行加密等来实现；Network 一词意为网络，通常指组织机构所使用的 Remote Access、Intranet、Extranet 等类型的网络。

对于定义中提到的“受保护”一词，可以从以下几个方面理解：

（1）通过使用加密技术防止数据被窃听。

（2）通过数据完整性验证防止数据被破坏、篡改。

（3）用户通过认证机制实现通信方身份确认，防止通信数据被截获和回放。

此外，VPN 技术还定义了：

（1）何种流量需要被保护。

（2）数据被保护的机制。

（3）数据的封装过程。

实际工作环境中的 VPN 解决方案不一定包含上述所有功能，要由具体的环境需求和实现方式来决定，而且很多企业可能采用不止一种 VPN 解决方案。

9.1.2 常见 VPN 封装协议

VPN 的种类和标准非常多，这些种类和标准是在 VPN 的发展过程中产生的。用户为了适应不同的网络环境和安全要求，可以选择适合自己的 VPN，因此，先认识常见 VPN 使用的封装协议类型是非常必要的。

1. PPTP

PPTP（Point to Point Tunneling Protocol，点到点隧道协议）是由微软（Microsoft）公司开发的。PPTP 包含了 PPP 和 MPPE（Microsoft Point-to-Point Encryption，微软点对点加密）两个协议，其中 PPP 用来封装数据，MPPE 用来加密数据。

2. L2TP

L2TP（Layer 2 Tunneling Protocol，第二层隧道协议）是由 Microsoft、Cisco、3COM 等厂商共同制定的，主要是为了解决兼容性的问题。PPTP 只有工作在纯 Windows 的网络环境中时才可以发挥所有的功能。

3. GRE

GRE（Generic Routing Encapsulation，通用路由封装）是由 Cisco 公司开发的。GRE 不是一个完整的 VPN 协议，因为它不能完成数据的加密、身份认证、数据报文完整性校验等功能，在使用 GRE 技术的企业网中，经常会结合 IPsec 使用，以弥补其安全性方面的不足。

4. IPsec

IPsec（IP Security， IP 安全）是现今企业使用最广泛的 VPN 协议，它工作在第三层。IPsec 是一个开放性的协议，各网络产品制造商都会对 IPsec 进行支持。

IPsec 可以通过对数据加密，保证数据传输过程中的私密性；可以使用多种加密算法来实现对数据的加密。常见的加密算法有 DES、3DES、AES 等。

IPsec 可以保证数据传输过程的完整性，防止数据在传输过程中被篡改，通常使用散列函数来实现此功能。常用的散列函数有 MD5 和 SHA 等。

IPsec 可以执行对设备和数据包的验证功能，这样可以确定数据包来自合法的设备。常见的验证方法有预共享密钥、RSA 随机数加密、CA 等。

5. SSL

SSL（Secure Sockets Layer，安全套接层）是网景公司基于 Web 应用提出的一种安全通道协议，它具有保护传输数据、积极识别通信机器的功能。SSL 主要采用公开密钥体系和 X509 数字证书，在 Internet 上提供服务器认证、客户认证、SSL 链路上数据的保密性和安全性保证，被广泛用于 Web 浏览器与服务器之间的身份认证。

6. MPLS

MPLS（Multi Protocol Label Switching，多协议标签交换）是一种用于快速数据包交换和路由的体系，它为网络数据流量提供了目标、路由、转发和交换等能力。更特殊的是，它具有管理各种不同形式通信流的机制。

限于篇幅，本书只讨论 GRE、IPsec 和 SSL 这 3 种 VPN 封装协议。

9.1.3 VPN 连接模式

VPN 技术有两种基本的连接模式：传输模式和隧道模式。这两种模式实际上定义了两台实体设备之间传输数据时所采用的不同封装过程。

1. 传输模式

如图 9-2 所示，传输模式一个最显著的特点就是：在整个 VPN 的传输过程中，IP 包头并没有被封装进去，这就意味着从源端到目的端数据始终使用原有的 IP 地址进行通信，而传输的实际数据载荷被封装在 VPN 报文中。对于大多数 VPN 传输而言，VPN 的报文封装过程就是数据的加密过程，因此，攻击者截获数据后将无法破解数据内容，但可以清晰地知道通信双方的地址信息。

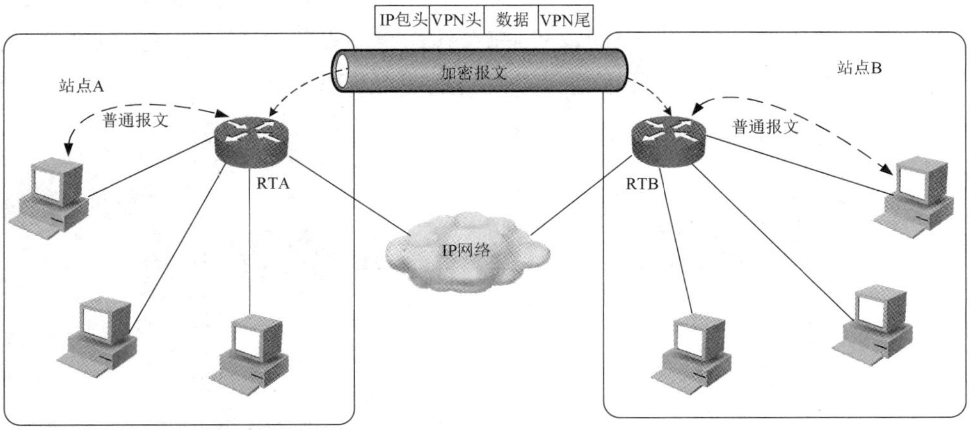

图 9-2　传输模式

由于传输模式封装结构相对简单（每个数据报文较隧道模式封装结构节省 20 个字节），因此传输效率较高，多用于通信双方在同一个局域网内的情况。例如，网络管理员通过网管主机登录公司内网的服务器进行维护管理，就可以选用传输模式的 VPN 对其管理的流量进行加密。

2. 隧道模式

如图 9-3 所示，隧道模式与传输模式的区别显而易见，VPN 设备将整个三层数据报文封装在 VPN 数据内，再为封装后的数据报文添加新 IP 包头。由于新 IP 包头中封装的是 VPN 设备的 IP 地址信息，所以当攻击者截获数据后，不但无法了解实际载荷数据的内容，也无法知道实际通信双方的地址信息。

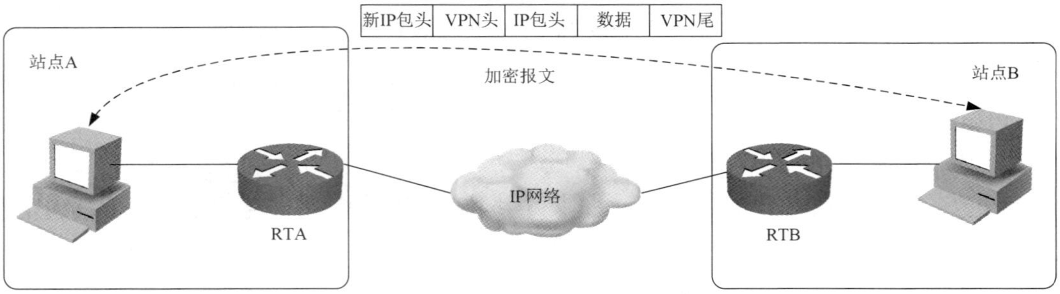

图 9-3 隧道模式

隧道模式的 VPN 在安全性和灵活性方面具有很大的优势，因此在企业环境中应用十分广泛，如总公司和分公司跨广域网的通信，移动用户在公网访问公司内部资源等场景下都会应用隧道模式的 VPN 对数据传输进行加密。

9.1.4 VPN 的类型

通常情况下，VPN 的类型可以分为站点到站点 VPN 和远程访问 VPN。

1. 站点到站点 VPN

站点到站点 VPN 就是通过隧道模式在 VPN 网关之间保护两个或更多的站点之间的流量，站点间的流量通常是指局域网之间（L2L）的通信流量。L2L VPN 多用于总公司与分公司、分公司之间在公网上传输重要业务数据。

如图 9-4 所示，对于两个局域网的终端用户来说，在 VPN 网关中间的网络是透明的，就好像通过一台路由器连接的两个局域网。总公司的终端设备通过 VPN 连接访问分公司的网络资源，数据包封装的 IP 地址都是公司内网地址（一般为私有地址），客户端是全然不知对数据包进行再次封装过程的。

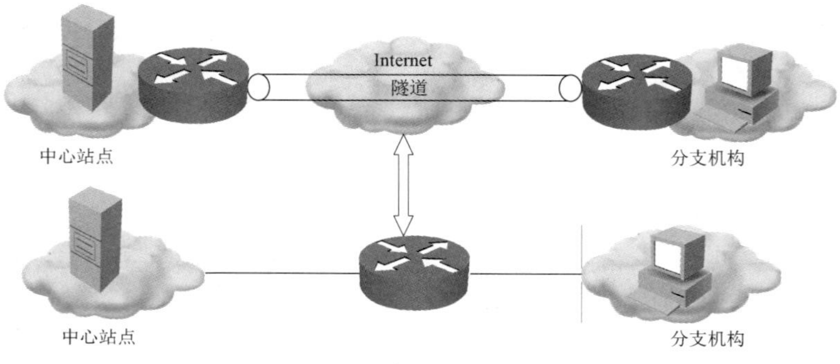

图 9-4 站点到站点 VPN

2. 远程访问 VPN

远程访问 VPN 通常用于单用户设备与 VPN 网关之间的通信连接，单用户设备一般为一台 PC 或一个小型办公网络等。远程访问 VPN 使用传输模式，很可能成为恶意攻击者的攻击对象，所以远程访问 VPN 对安全性要求较高时，应使用隧道模式。

要想实现隧道模式的通信，就需要给远程客户端分配两个 IP 地址：一个是它自己的 NIC 地址，另一个是内网地址。也就是说远程客户端在 VPN 建立过程中同时充当 VPN 网关（使用 NIC 地址）和终端用户（使用内网地址）。

如图 9-5 所示，当远端的移动用户与总公司的网络实现远程访问 VPN 连接后，就好像成为了总公司局域网中的一个普通用户，不仅可以使用总公司网段内的地址访问公司资源，而且因为使用隧道模式，真实的 IP 地址被隐藏了起来。实际公网通信的一段链路对于远端移动用户而言就像是透明的。

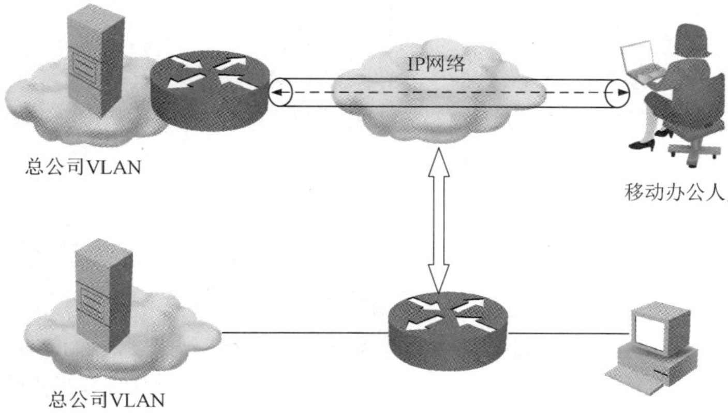

图 9-5　远程访问 VPN

9.2　GRE 隧道技术

GRE 属于第三层隧道协议，定义了在任意一种网络层协议上封装其他网络层协议的工作机制，其根本功能是实现隧道功能，使得通过 GRE 隧道连接的两个远程网络具有直连的效果。GRE 没有任何安全保护机制。

9.2.1　GRE 封装的标准格式

最初，国际互联网工程任务组（Internet Engineering Task Force，IETF）在 RFC1701 中描述了 GRE。GRE 是一个在任意一种网络协议上传输任意一种其他网络协议的封装方法；随后，在 RFC 1702 中又描述了如何用 GRE 在 IPv4 网络上传送其他网络协议；最终，在 RFC 2784 中规定了 GRE 的标准头格式。相对之前的格式而言，这是一个经过极大简化的格式，它只保留了必需的字段。因此，GRE 头较小，封装数据效率高。

1. GRE 封装格式

RFC 2784 规定的 GRE 头格式如图 9-6 所示，其中主要字段的含义如下：

（1）Checksum Present（bit 0）：如果 Checksum Present bit 设置为 1，则 GRE 头中存在 Checksum filed 和 Reserved1 filed。

（2）Reserved0（bits 1～12）：必须为 0。除非实现了 RFC 1701，否则当第 1～5 bit 非

0 时，接收方必须丢弃报文；第 6～12 bit 为未来的用途保留，必须为 0。

0 1 2 3 4 5 6 7 8 9 0 1 2 3 4 5 6 7 8 9 0 1 2 3 4 5 6 7 8 9 0 1 2

C	Reserved0	Ver	Protocol Type
Checksum (optional)			Reserved1 (optional)

图 9-6　RFC2784 GRE 标准头格式

（3）Version Number（bits 13～15）：版本号必须为 0，表示标准的 GRE 封装。

（4）Protocol Type（2 octets）：指示载荷协议的类型。GRE 使用 RFC 1700 定义的以太协议类型指示上层协议的类型。

（5）Checksum（2 octets）：表示整个 GRE 头和载荷协议报文的 16 位校验和。计算时 Checksum filed 值设置为 0。

（6）Reserved1（2 octets）：保留给未来的用途。

2. GRE 封装过程

考虑一种常见情况：如果一个网络设备希望跨越一个协议为 A 的网络，并且发送协议为 B 的报文到对端，该设备须执行以下操作。

（1）将载荷报文封装在 GRE 包中，也就是添加一个 GRE 头。

（2）将这个 GRE 包封装在承载协议报文中。

（3）将封装后的承载协议报文放在承载协议网络上传输。

以上操作过程可以用图 9-7 来描述。GRE 头的加入也是一种封装行为，因此可将 GRE 称为封装协议，将经过 GRE 封装的报文称为封装协议报文。在承载协议头之后加入的 GRE 头本身就可以告诉目标设备：上层有载荷报文，从而目标设备就可以做出不同于协议 A 标准报文的处理。当然，这还是不够的，GRE 必须表达一些其他的信息，以便设备继续执行正确的处理。例如，GRE 头必须包含上层协议的类型，以便目标设备在解封装之后将载荷报文递交到正确的协议来继续处理。

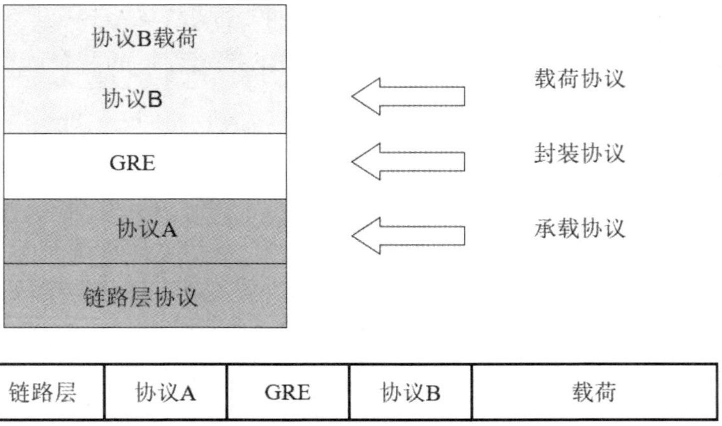

图 9-7　GRE 封装过程描述

9.2.2　GRE 的 IP in IP 封装

GRE 是一种封装方法的名称，而不是指 VPN。GRE VPN 实际上是指直接使用 GRE 封装，在一种网络协议上传送其他网络协议的一种 VPN 实现。企业通常在分支机构之间部署 GRE VPN，通过公共网络传送内部网络的 IP 数据，从而实现网络层的点到点 VPN。由于 IP 网络的普遍应用，主要的 GRE VPN 部署多采用 IP 同时作为载荷协议和承载协议的 GRE 封装，这种封装方式又称为 IP in IP 的 GRE 封装。

1. 以 IPv4 作为承载协议的 GRE 封装

如图 9-8 所示，IPv4 用 IP 协议号 47 标识 GRE 头，当 IP 头中的 Protocol 字段值为 47 时，说明 IP 包头后面紧跟的是 GRE 头。

2. 以 IPv4 作为载荷协议的 GRE 封装

如图 9-9 所示，GRE 头指明了载荷协议类型的值为 0x0800，说明 GRE 头后面的载荷要用 IPv4 协议来封装。

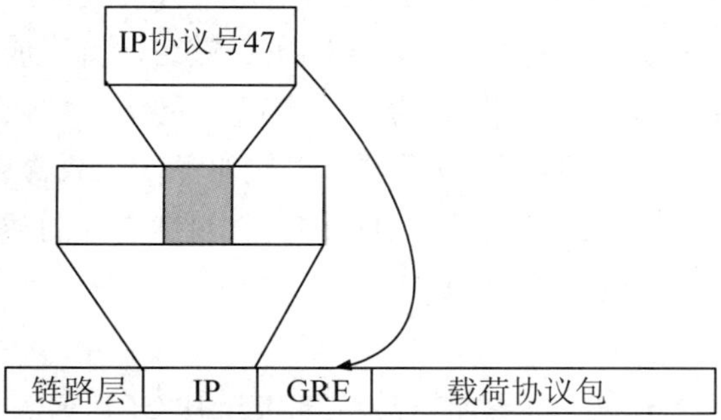

图 9-8　以 IPv4 作为承载协议的 GRE 封装

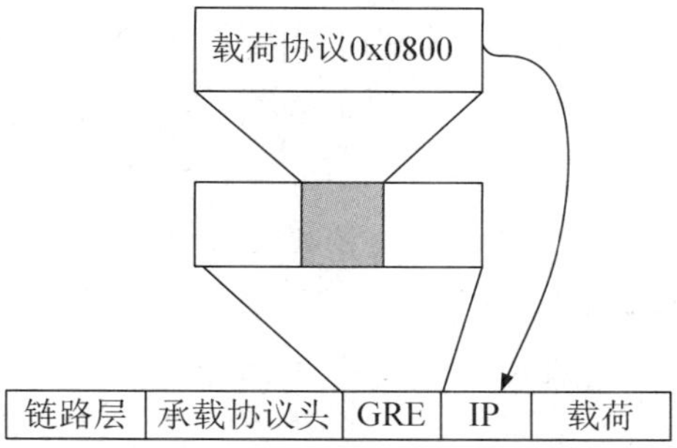

图 9-9　以 IPv4 作为载荷协议的 GRE 封装

3. IP in IP 的 GRE 封装

图 9-10 为以 IPv4 同时作为载荷和承载协议的 GRE 封装，又称 IP in IP 的 GRE 封装。IPv4 用 IP 协议号 47 标识 GRE 头，当 IP 头中的 Protocol 字段值为 47 时，说明 IP 包头后面紧跟的是 GRE 头。GRE 用以太网协议类型 0x0800 时，说明 GRE 头后面紧跟的是 IP 头。这种封装结构在 GRE VPN 应用中最为普遍，在本章后续讨论中，如无特别说明，所称的 GRE 隧道都是 IP in IP 的 GRE 隧道。

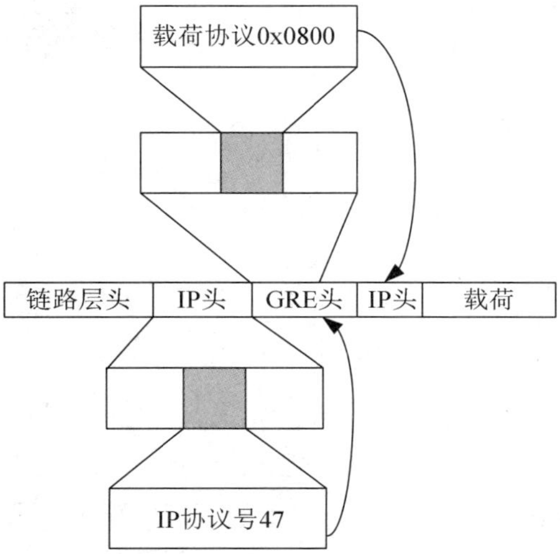

图 9-10　IP in IP 的 GRE 封装

9.2.3 GRE 隧道的工作原理

GRE 封装本身提供了建立 VPN 隧道的能力。GRE VPN 正是基于 GRE 封装，将一个网络层协议封装在另一个网络层协议里，以最简化的手段建立的 VPN。

1. GRE 隧道概述

目前，大部分组织机构使用私有 IP 地址空间，但私有 IP 地址在公网上是不能路由的，因此 GRE 的主要任务是建立连接组织机构各个站点的隧道，以跨越 IP 公网传送内部私网 IP 数据。

GRE 实现的虚拟直连链路可以认为是隧道。由于隧道是虚拟链路，所以隧道两端需要 IP 地址。为了使点对点的 GRE 隧道像普通铁路一样工作，可以在隧道构建设备（如路由器）上引入一种称为 Tunnel 接口的逻辑接口。一旦在连接两个站点的路由器上分别建立一个 Tunnel 接口，并使用 GRE 协议在两个 Tunnel 接口之间建立点对点的虚拟链路，就形成了一条跨越公共网络的隧道。在隧道两端的路由器各自通过物理接口连接公共网络，并依赖物理接口进行实际通信。物理接口包含承载协议的地址和相关配置，直接服务于承载协议；而 Tunnel 接口则包含载荷协议的地址和相关配置，负责为载荷协议服务。当然实际的载荷协议报文需要经过 GRE 封装和承载协议封装，再通过物理接口传送。

2. GRE 隧道的建立过程

无论何种 GRE 隧道，其工作原理都是基本相同的。下面以常见的 IP in IP GRE VPN 为例说明 GRE 隧道的工作原理，如图 9-11 所示。站点 A 与 IP 公网相连的路由器为 RTA，站点 B 与 IP 公网相连的路由器为 RTB，它们 fa0/0 和 Tunnel 0 接口使用有私网 IP 地址，而 S0/0 接口使用公网 IP 地址。此时，要从站点 A 发送私网 IP 数据报文到站点 B，需经过如下基本过程。

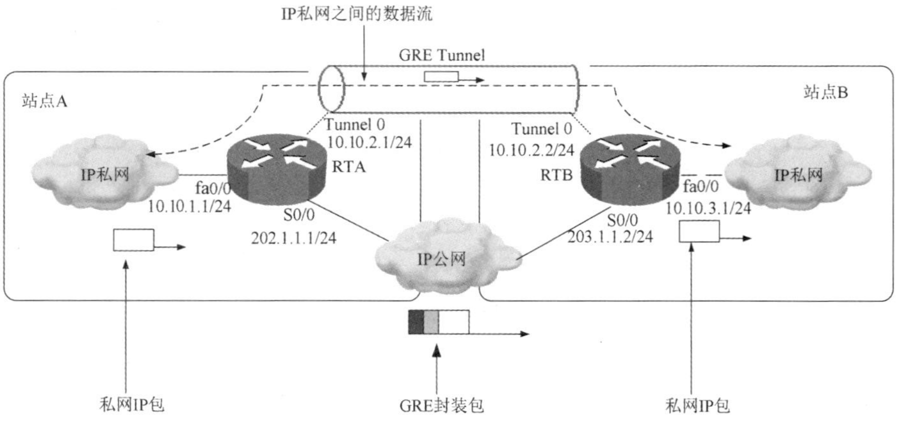

图 9-11　IP in IP 的 GRE 隧道

（1）当一个私网 IP 报文达到 RTA 时，如果目的地址不属于 RTA，则 RTA 执行正常的路由查找流程。RTA 根据 IP 报文的目标地址查找路由表，可能有以下结果：若找不到匹配项，则丢弃报文；若匹配一条出站接口为普通接口的路由，则执行正常转发流程；若匹配一条出站接口为 Tunnel 0 的路由，则执行 GRE 封装和转发流程，如图 9-12 所示。

（2）如果出站接口是 GRE VPN 的 Tunnel 0 接口，RTA 需要从 Tunnel 0 接口的配置中获得一系列参数。RTA 首先得知需要使用 GRE 封装格式，于是在原私网 IP 报文前添加 GRE

头，并填充适当的字段；同时，RTA 获知一个源地址（公网 IP 地址，作为隧道的起点）和一个目的地址（公网 IP 地址,作为隧道的终点），RTA 利用这两个地址为 GRE 封装报文添加公网 IP 地址头，并填充其他适当的字段。这样，一个包裹着 GRE 头和私网 IP 报文的公网 IP 报文，也就是承载协议报文就形成了，如图 9-13 所示。需要注意的是，这两个公网 IP 地址之间是相互可达的。

Destination/Mask	Protocol	Cost	Next Hop	Interface
10.10.1.0/24	DERECT	0	--	LOOP0
10.10.2.0/24	DERECT	0	--	LOOP0
10.10.3.0/24	OSPF	110	10.10.2.2	Tunnel0
202.1.1.0/24	DERECT	0	--	LOOP0
203.1.1.0/24	STATIC	0	200.1.1.2	S0/0

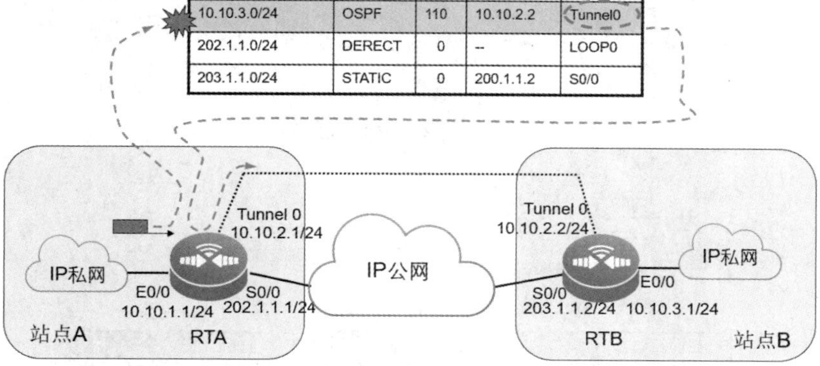

图 9-12　隧道起点查找路由表

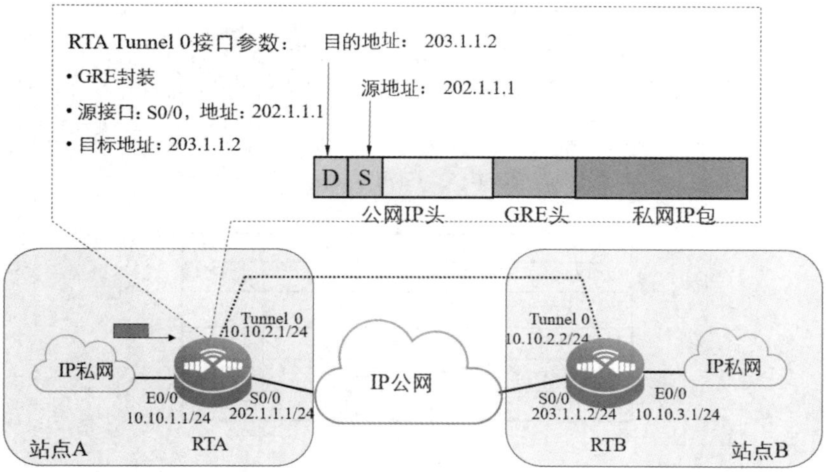

图 9-13　GRE 封装

（3）RTA 针对这个公网 IP 报文，再次进行路由查找。可能有如下查找的结果：若找不到匹配项，则丢弃该报文；若匹配一条路由，则执行正常的转发流程。假设 RTA 找到一条匹配的路由，如图 9-14 所示，则经物理接口 S0/0 发出此包，此数据包穿越 IP 公网，最终达到 RTB。

（4）公网 IP 报文达到 RTB 后，RTB 检查 IP 地址，发现此数据报文的目标 IP 地址是自己接口的 IP 地址；RTB 检查 IP 头，发现上层的协议号为 47，表示此载荷为 GRE 封装；RTB 解开 IP 头，如图 9-15 所示，将得到的私网 IP 数据包递交给自己相应的 Tunnel 0 接口，再进行下一步的路由表查找，通过 fa0/0 将私网 IP 数据包送到站点 B 的私网里，如图 9-16 所示。

Destination/Mask	Protocol	Cost	Next Hop	Interface
10.10.1.0/24	DERECT	0	--	LOOP0
10.10.2.0/24	DERECT	0	--	LOOP0
10.10.3.0/24	OSPF	110	10.10.2.2	Tunnel0
202.1.1.0/24	DERECT	0	--	LOOP0
203.1.1.0/24	STATIC	0	202.1.1.2	S0/0

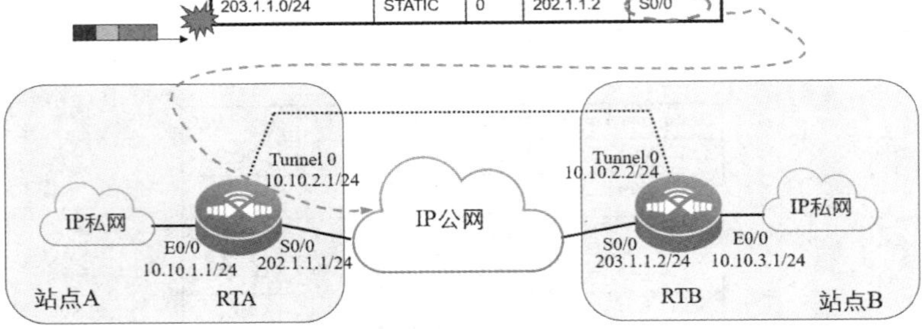

图 9-14　承载协议报文的转发

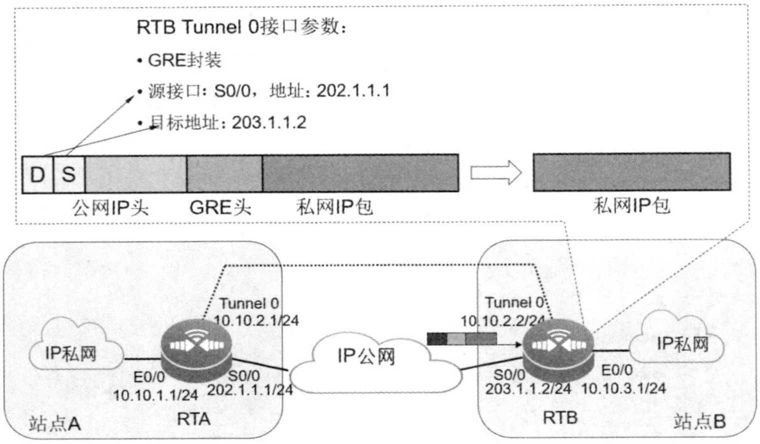

图 9-15　GRE 解封装

Destination/Mask	Protocol	Cost	Next Hop	Interface
10.10.3.0/24	DERECT	0	--	LOOP0
10.10.2.0/24	DERECT	0	--	LOOP0
10.10.1.0/24	OSPF	2100	10.10.2.2	Tunnel0
203.1.1.0/24	DERECT	0	--	LOOP0
202.1.1.0/24	STATIC	0	202.1.1.2	S0/0

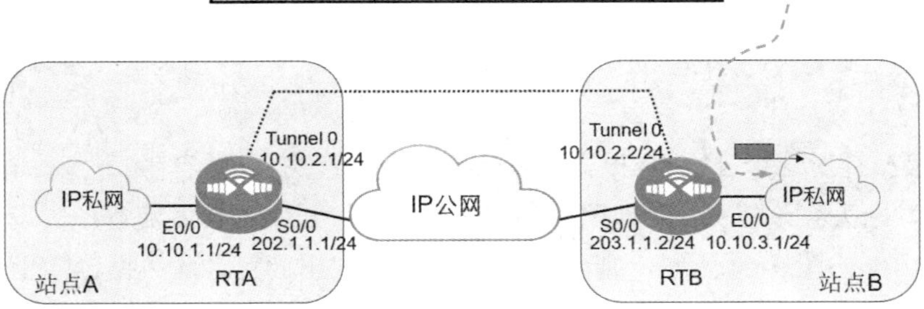

图 9-16　GRE 隧道终点路由转发

GRE VPN 的应用场景

9.2.4　GRE VPN 的应用场景

GRE VPN 技术主要用于内部网络的数据需要通过公共网络来传输、扩大包含跳数受限协议（如 RIP）的网络工作范围、将一些不连续的子网连接起来等实际场景中。

1. GRE VPN 的部署

GRE 隧道在构建时使用了公网 IP 地址和私网 IP 地址，但是每一个运行 GRE 的路由器只有一个路由表，因此公网与私网之间只能通过不同的路由策略来加以区分。在实际部署 GRE VPN 时，针对隧道端点的路由器有如下要求。

（1）其连接到 IP 私网的物理接口和 Tunnel 0 接口属于私网路由域（图 9-17），它们采用一致的私网路由策略。

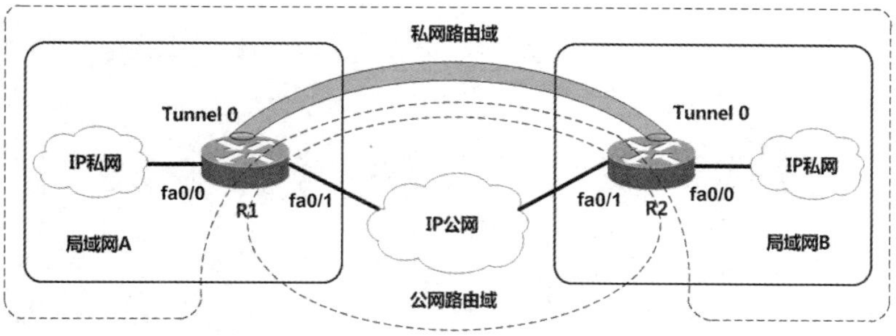

图 9-17　地址空间与路由配置

（2）其连接到公网的物理接口属于公网路由域，它必须与公网使用的路由策略一致。

企业连接到 IP 公网的边缘路由器（R1 或 R2）通常从 IP 公网获得一个公网路由，以保证隧道两端路由器物理接口的可达性。而为私网转发数据的 Tunnel 0 接口，则可以使用静态路由或任何动态路由协议获知对方站点的私网路由。配置路由的方式分为静态路由配置和动态路由配置。

1）静态路由配置。需要手工配置到达目的 IP 私网网段（不是 Tunnel 的目的地，而是未进行 GRE 封装的报文目的地址所属网段）的路由，下一跳是对端 Tunnel 接口的 IP 地址。

2）动态路由配置。需将隧道和 IP 私网作为一个私网路由域对待，在 IP 私网接口和 Tunnel 0 接口上启用相应的路由协议。例如，如果图 9-17 所示的 IP 私网要求运行 OSPF 协议，则应对 R1 和 R2 的 Tunnel 0 接口均运行 OSPF 协议，保证 RTA 和 RTB 相互学习到对方站点的私网路由。

2. GRE VPN 的配置举例

使用 GRE VPN 的目的是搭建点到点 VPN，即将用户的两个或多个局域网使用现有的 Internet 出口，通过 Internet 搭建广域网。为了加深读者对 GRE 隧道技术的理解，下面以一个具体实例来说明 GRE VPN 的配置过程。

（1）拓扑设计。假设一个企业的总部和分支机构之间要通过 GRE VPN 实现广域网互联，如图 9-18 所示。路由器 R1 为总部的 Internet 出口设备，路由器 R2 为分支机构的 Internet 出口设备，路由器 Internet 用来模拟国际互联网。在路由器 R1 和 R2 上创建 GRE 隧道接口，并分别使用静态路由和 OSPF 动态路由协议实现内部网络互联。

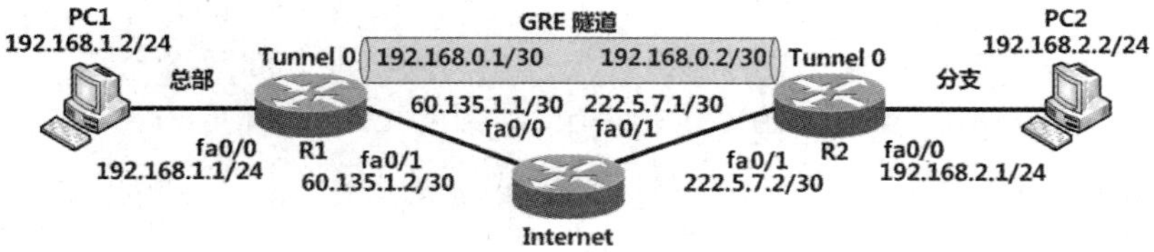

图 9-18　GRE VPN 配置拓扑图

（2）IP 地址规划。GRE VPN 的 IP 地址规划涉及私网 IP 地址和公网 IP 地址规划，具体规划结果如图 9-18 所示。其中，192.168.1.0/24、192.168.2.0/24 和 192.168.0.1/30 属于私网 IP 地址空间，60.135.1.0/30 和 222.5.7.0/30 属于公网 IP 地址空间。

（3）配置接口 IP 地址。按照图 9-18 中的 IP 地址规划，为路由器 R1、R2、Internet 的物理接口配置 IP 地址，为 PC1 和 PC2 配置 IP 地址、子网掩码和默认网关。该步骤完成后，确保在网络中任何一台设备上能够 ping 通对端设备接口的 IP 地址。

（4）配置公网路由。要使 GRE VPN 正常工作，前提是公网必须连通。图 9-18 中路由器 R1 和 R2 的 fa0/1 接口都连接到 Internet，ISP 必须保证路由器 R1 和 R2 能够各自访问到对方的 fa0/1 接口所配置的公网 IP 地址。

1）配置路由器 R1 的公网路由。执行如下命令：

```
R1(config)#ip route 0.0.0.0 0.0.0.0 60.135.1.1
```

2）配置路由器 R2 的公网路由。执行如下命令：

```
R2(config)#ip route 0.0.0.0 0.0.0.0 222.5.7.1
```

3）配置路由器 Internet 的公网路由。因为路由器 Internet 的路由表中已经有本拓扑中的所有公网地址段，所以不需要为它配置任何静态路由或动态路由协议。

4）测试公网连通性。使用 ping 测试路由器 R1 与 R2 之间的公网地址连通性。

（5）配置 GRE 隧道。

1）配置路由器 R1 的 GRE 隧道。执行如下命令：

```
R1(config)#interface tunnel 0                      //创建隧道接口，该接口只要求本地唯一
R1(config-if)#tunnel mode gre ip                   //指定隧道的封装为 GRE（默认封装）
R1(config-if)#tunnel source fastethernet 0/1       //指定隧道的实际物理出接口（隧道源）
R1(config-if)#tunnel destination 222.5.7.2         //指定隧道的目的 IP 地址
*Mar 1 00:19:18.699: %LINEPROTO-5-UPDOWN: Line protocol on Interface Tunnel0, changed state to up
```

配置了隧道目的 IP 地址后，只要隧道的物理出接口（fa0/1）UP，隧道口的数据链路层协议状态即为 UP。执行如下命令：

```
R1(config-if)#ip address 192.168.0.1 255.255.255.252
R1(config-if)#keepalive        //允许路由器探测隧道的实际工作情况
*Mar 1 00:21:17.939: %LINEPROTO-5-UPDOWN: Line protocol on Interface Tunnel0, changed state to
down
```

由于隧道的对端路由器 R2 还未配置 GRE 隧道，所以在启用隧道接口的 Keepalive（保持激活）特性后，隧道的数据链路层协议 down 了。

2）配置路由器 R2 的 GRE 隧道。执行如下命令：

```
R2(config)#interface tunnel 0
R2(config-if)#tunnel source fastethernet 0/1
R2(config-if)#tunnel destination 60.135.1.2
R2(config-if)#ip address 192.168.0.2 255.255.255.252
R2(config-if)#keepalive
```

将路由器 R2 的 GRE 隧道配置好后，路由器 R1 的隧道口链路层协议就转变为 UP 了。

（6）配置私网路由（使用静态路由）。建立 GRE 隧道后，总部和分支机构之间的私网数据就可以通过隧道接口传输了。首先，使用静态路由实现内部网络互通。

1）配置路由器 R1 的私网路由。执行如下命令：

```
R1(config)#ip route 192.168.2.0 255.255.255.0 tunnel 0
```

2）配置路由器 R2 的私网路由。执行如下命令：

```
R2(config)#ip route 192.168.1.0 255.255.255.0 192.168.0.1
```

因为隧道口的数据流量最终要通过物理接口向外发送，所以在配置静态路由时，使用本地出接口或下一跳 IP 地址这两种方式都是可以的。

（7）配置私网路由（使用 OSPF 动态路由协议）。GRE 隧道既支持传输单播数据，也支持传输组播数据，因此可以使用 OSPF 这样的动态路由协议，通过 GRE 隧道互联两个局域网。

1）删除路由器 R1 和 R2 的静态路由。执行如下命令：

```
R1(config)#no ip route 192.168.2.0 255.255.255.0
R2(config)#no ip route 192.168.1.0 255.255.255.0
```

2）配置路由器 R1 的私网路由。执行如下命令：

```
R1(config)#router ospf 1
R1(config-router)#network 192.168.1.0 0.0.0.255 area 0
R1(config-router)#network 192.168.0.0 0.0.0.255 area 0
```

3）配置路由器 R2 的私网路由。执行如下命令：

```
R2(config)#router ospf 1
R2(config-router)#network 192.168.0.0 0.0.0.255 area 0
R2(config-router)#network 192.168.2.0 0.0.0.255 area 0
*Mar  1 00:45:45.195: %OSPF-5-ADJCHG: Process 1, Nbr 192.168.1.1 on Tunnel0 from LOADING to FULL, Loading Done
```

路由器 R2 通过 Tunnel 0 接口与路由器 R1 建立了 OSPF 邻接关系。

（8）测试 GRE VPN 网络连通性并进行数据包分析。

1）测试网络连通性：从 PC1 来 ping PC2，测试 GRE VPN 网络的连通性。执行如下命令：

```
PC1> ping 192.168.2.2
192.168.2.2 icmp_seq=1 ttl=62 time=109.200 ms
（省略其他输出内容）
```

2）使用 Wireshark 进行数据包分析。首先分析从 PC1 发送到路由器 R1 的数据包，如图 9-19 所示。在数据包的 IP 头部中，Protocol 字段为 ICMP（协议号为 1），表示 IP 数据包的内部是 ICMP 协议数据。数据包的源 IP 地址为 192.168.1.2，目的 IP 地址为 192.168.2.2。这是一个使用私有地址编址的 IP 数据包，不能直接在公网上传输。

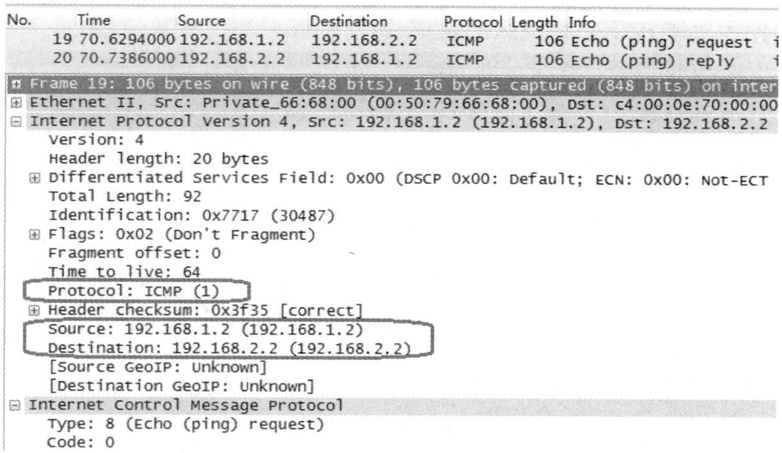

图 9-19　私网中 IP 报文分析

然后分析从路由器 R1 发送到路由器 Internet 的数据包，如图 9-20 所示。原始 IP 数据包被封装在 GRE 里面，然后又被封装在使用公有 IP 地址标识的外层 IP 数据包中。在 GRE 头部中，Protocol Type 字段为 IP（编号为 0x0800），表示被 GRE 封装的内部数据为 IP 数据包。在外层 IP 头部中，Protocol 字段为 GRE（协议号为 47），表示外层 IP 数据包的内部是由 GRE 封装的数据。外层 IP 数据包的源 IP 地址为 60.135.1.2，目的 IP 地址为 222.5.7.2，分别为 GRE 隧道配置中的隧道源（本案例为出接口）IP 地址和隧道目的 IP 地址。

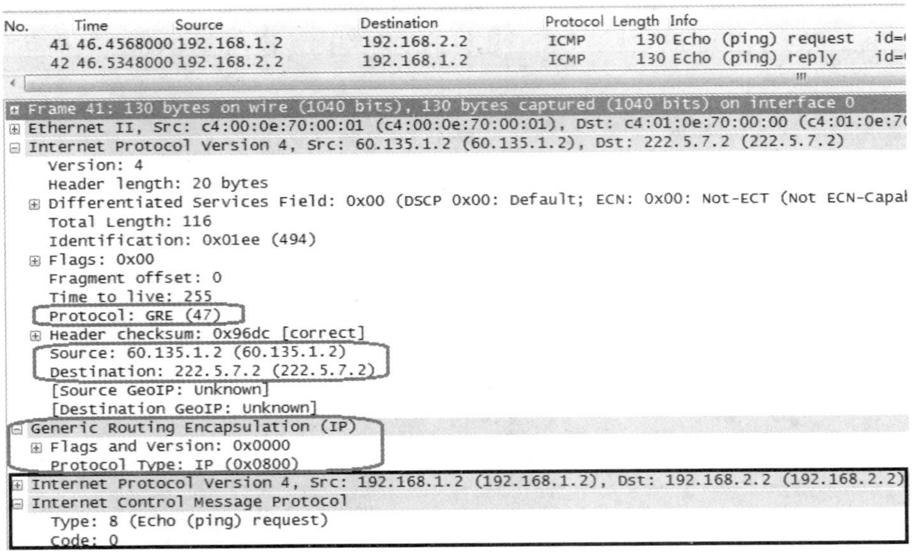

图 9-20　公网中 GRE 封装报文分析

3. GRE VPN 的优点及缺点

（1）GRE VPN 的优点。从前面的讨论中可以看到，使用 GRE 隧道构建 VPN 具有不少优点。

1）GRE VPN 可以使用 IP 网络（包括 Internet）作为承载网络，因而可以最大限度地扩展 VPN 的范围。

2）Internet 是一个纯粹的 IP 网络，任何非 IP 网络层协议都不会被 Internet 路由器承认，也不能得到路由。但是很多情况下，企业仍然会使用一些遗留或特殊的其他网络层协议，如 IPX 等。GRE 封装可以支持多种协议。GRE VPN 可以承载多种上层协议载荷，从而可以跨越公共网使用一些传统的和特殊的协议。

3）GRE VPN 并不局限于单播数据的传送。事实上，任何需要从 Tunnel 接口发出的数据均可以获得 GRE 封装并穿越隧道，这使 GRE VPN 能够支持应用越来越广泛的 IP 组播路由。

4）GRE VPN 没有复杂的隧道建立和维护机制，因此可以说是最简单明了、最容易部署的 VPN 技术之一。

（2）GRE VPN 的缺点。GRE 在实际的应用过程中，也具有一些不足之处。

1）GRE VPN 在隧道两端建立的是点对点连接，隧道双方地位是平等的，因而只适用于站点对站点的场合。

2）GRE VPN 要求在隧道的两个端点上静态配置隧道接口，并指定本端和对端地址。要想修改隧道配置，必须同时手工修改两端的参数。

3）当需要在所有站点间建立直接的全网状连接时，必须在每一个站点上指定所有其他隧道端点的参数。当站点数量较大时，部署和修改 GRE VPN 的代价是呈平方数量级增加的。

4）GRE VPN 只提供有限的差错校验机制，并不提供数据加密、身份验证等安全性，需要使用其他技术，如 IPsec，才能获得足够的安全性。

9.3　IPsec VPN 技术

传统的安全技术（如 HTTPS）和一些无线安全技术（如 WEP/WPA）都使用特定的加密算法和散列函数。与之相反，IPsec 的使用已有很长一段时间了，它的成功之处在于，IPsec 没有与任何一个协议或一组协议绑定在一起。IPsec 的目标也非常简单：提供数据机密性、完整性、源认证和反重放保护，它可以对经由 VPN 隧道的数据实施这些保护功能。

9.3.1　IPsec 的基本框架结构

普通的 VPN 技术，如 GRE VPN，虽然将数据封装在 VPN 承载协议内部，但其本质上并不能防止篡改和窃听。IPsec 通过验证算法和加密算法防止数据遭受篡改和窃听等安全威胁，大大提高了安全性。

1. IPsec 概述

IPsec 最初在 RFC 2401 中被描述，其中定义了如何在 IP 数据报文中增加字段来保证 IP 报文的完整性、私有性和真实性，以及如何加密数据报文，并由一系列的安全开放标准构成。

IPsec 是一种网络层安全保障机制，可以在一对通信节点之间提供一个或多个安全的通信路径。它使一个系统能选择其所需要的安全协议，确定安全服务所使用的算法，并为相应安全服务配置所需的密钥。

IPsec 可以实现访问控制、机密性、完整性校验、数据源验证、拒绝重放报文等安全功能。IPsec 实现于 OSI 参考模型的网络层，因此，上层的 TCP、UDP 以及依赖这些协议的应用协议均可以受到 IPsec 隧道的保护。

IPsec 是一个可扩展的体系，它并不受限于任何一种特定算法。IPsec 中可以引入多种开放的验证算法、加密算法和密钥管理机制。

IPsec 可以在主机、路由器或者防火墙上实现，这些实现了 IPsec 的中间设备称为安全网关。

IPsec VPN 是利用 IPsec 隧道实现的第三层 VPN，IPsec 对 IP 报文的验证、加密和封装能力使其可以被用来创建安全的 IPsec 隧道并传送 IP 数据包。利用这一隧道功能实现的 VPN 称为 IPsec VPN。

2. IPsec 的框架结构

IPsec 是一套安全体系结构，如图 9-21 所示。它的主要功能是数据源认证、保护数据完整性、保证数据私密性和防止数据被重放。但是，IPsec 本身不是一种协议，它如同 OSI 参考模型一样，只是一个框架；OSI 包含多个协议，同样 IPsec 也定义了多个协议。

为 IPsec 服务的协议有三个：因特网密钥交换（Internet Key Exchange，IKE）、封装安全载荷（Encapsulating Security Payload，ESP）和认证头（Authentication Header，AH）。虽然是三个协议，但是整体来说分为两类。IKE 针对密钥传输、交换及存储过程中的安全，并不对用户的实际数据进行操作。ESP 和 AH 的主要工作是加密用户数据。

9.3.2　IPsec VPN 的运行模式

IPsec 只能工作在网络层，要求载荷协议和承载协议都必须是 IP 协议。IPsec 支持两种工作模式：传输模式和隧道模式。

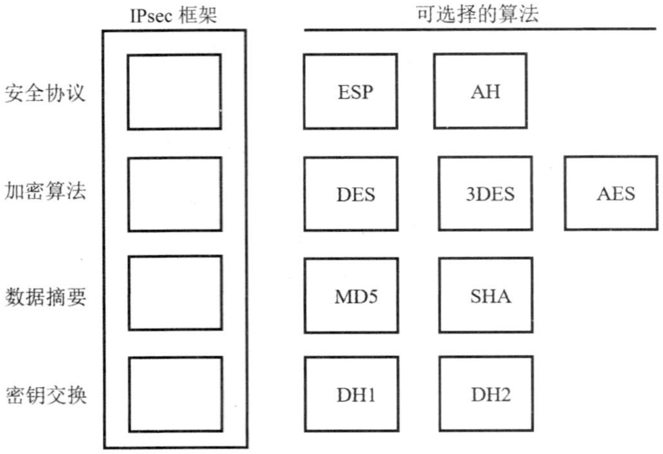

图 9-21 IPsec 框架结构

1. IPsec 的安全协议

IPsec 使用 AH 和 ESP 两种安全协议来提供通信安全服务。AH 和 ESP 不但可以单独使用，还可以同时使用，从而提供额外的安全性。

（1）AH。AH 可以用来验证数据源地址、确保数据包的完整性以及防止相同数据包的不断重播，但是 AH 却不能提供对数据机密性的保护。AH 对网络层的数据使用 HMAC，从而对完整性进行保护。通过 HMAC 可以检测出对 IP 报文的头部和载荷的修改，从而保护 IP 包的内容完整性和来源可靠性。AH 协议和 TCP、UDP 协议一样，是被 IP 协议封装的协议之一，可以由 IP 协议头部中的协议字段来判断，AH 的协议号是 51。AH 头部的示意图如图 9-22 所示。

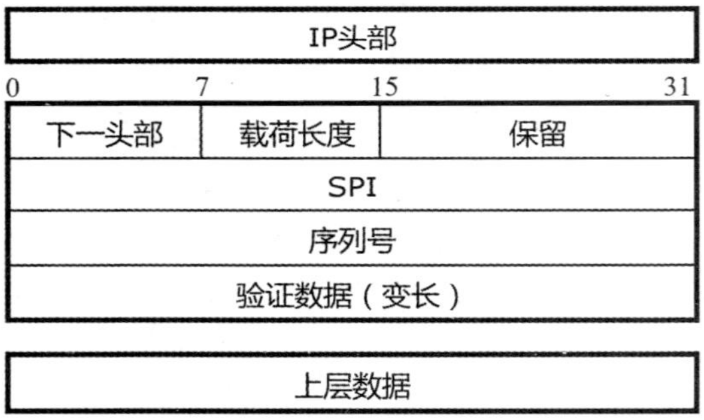

图 9-22 AH 头部示意图

1）下一头部（Next Header）：8 位，表示紧跟在 AH 头部的下一个载荷的类型，也就是紧跟在 AH 头部后面数据的协议。

2）载荷长度（Payload Length）：8 位，其值是以 32 位（4 字节）为单位，载荷长度为整个 AH 数据（包括头部和变长的认证数据）的长度再减 2。

3）保留（Reserved）：16 位，作为保留用，实现时应全部设置为 0。

4）SPI（Security Parameter Index，安全参数索引）：32 位，与源/目的 IP 地址、IPsec 协议一起组成的三元组可以为该 IP 包唯一地确定一个 SA，[1,255]保留为将来使用，0 保留为本地的特定实现使用。因此，可用的 SPI 值为[256,$2^{32}-1$]。

5）序列号（Sequence Number）：32 位，为一个单调递增的计数器，为每个 AH 包赋予一个序号。当通信双方建立 SA 时，计数器初始化为 0。SA 是单向的，每发送一个包，外出

SA 的计数器增 1；每接收一个包，进入 SA 的计数器增 1。该字段可以用于抵抗重放攻击。

6）验证数据（Authentication Data）：可变长部分，包含了验证数据，也就是 HMAC 算法的结果，称为完整性校验值（Integrity Check Value，ICV）。该字段必须为 32 位的整数倍，如果 ICV 不是 32 位的整数倍，必须进行填充。

（2）ESP。ESP 不但能提供 AH 的所有功能，而且还可以提供对数据机密性的保护，以及为数据流提供有限的机密性保护。与 AH 相比，ESP 验证的数据范围要小一些。ESP 的加密采用的是公钥加密算法，但 ESP 协议规定加密和认证不能同时为 NULL，即加密和认证必须至少选其一。ESP 的协议号为 50，ESP 头部的示意图如图 9-23 所示。

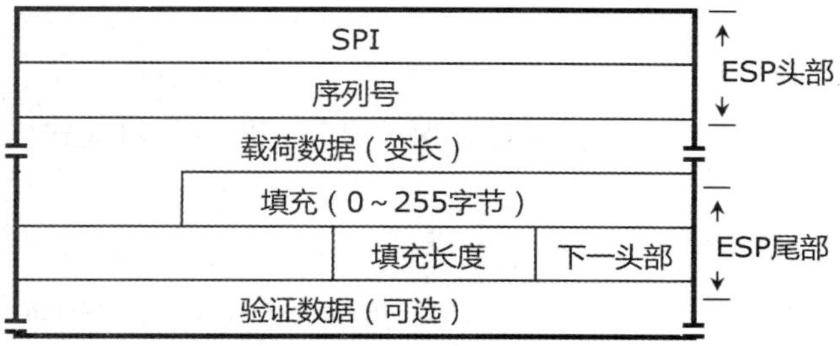

图 9-23　ESP 头部示意图

1）SPI：32 位，与源/目的 IP 地址、协议一起组成的三元组可以为该 IP 包唯一地确定一个 SA。

2）序列号（Sequence Number）：32 位，单调递增的计数器，为每个 ESP 包赋予一个序号。通信双方建立 SA 时，计数器初始化为 0。SA 是单向的，每发送一个包，外出 SA 的计数器增 1；每接收一个包，进入 SA 的计数器增 1。该字段可以用于抵抗重放攻击。

3）载荷数据（Payload Data）：变长，包含了实际的载荷数据。不管 SA 是否需要加密，该字段总是必需的。如果采用了加密，该部分就是加密后的密文；如果没有加密，该部分就是明文。如果采用加密算法，需要一个初始向量（Initial Vector，IV），IV 也是在本字段中传输的。该加密算法的规范必须能够指明 IV 的长度以及在本字段中的位置。对于强制实施的 DES-CBC 来说，IV 是该字段中第一个 8 位组。本字段的长度必须是 8 位的整数倍。

4）填充（Padding）：填充字段包含了填充位，当载荷数据长度不够 8 的整数倍时，使用填充位进行补齐。

5）填充长度（Pad Length）：8 位，以字节为单位指示了填充字段的长度，其范围为 [0,255]。

6）下一头部（Next Header）：8 位，指明了封装在载荷中的数据类型，如 6 表示 TCP 数据，4 表示 IP-in-IP。

7）验证数据（Authentication Data）：可选，只有选择了验证服务才会有该字段，包含了验证的结果。

（3）AH 与 ESP 的比较。AH 和 ESP 在数据安全方面的对比情况见表 9-1。

表 9-1　AH 和 ESP 在数据安全方面的对比情况

比较项目	AH	ESP
数据源认证	√	√
完整性验证	√	√

续表

比较项目	AH	ESP
反重放	√	√
加密		√
流量认证		√

在实际部署 IPsec VPN 时很少使用 AH，大多数情况下使用 ESP。当然，AH 不提供私密性服务只是其中的一个原因，另外一个原因是，现在使用的网络主要是 IPv4 网络，NAT 经常被使用，一旦 AH 封装的数据报文穿越 NAT，地址就会改变，这样数据报文抵达目的地之后将不能通过验证。

2. IPsec 的工作模式

IPsec 协议使用 AH 或 ESP 对报文进行保护时，会使用传输模式（Transport Mode）或隧道模式（Tunnel Mode）。

（1）传输模式。传输模式的目的是直接保护端到端通信，只有在需要端到端安全性的时候，才推荐使用此种模式。在传输模式中，所有加密、解密和协商操作均由端系统自行完成，网络设备仅执行正常的路由转发，并不关心此类过程或协议，也不加入任何 IPsec 过程。在传输模式中，两个需要通信的终端计算机之间彼此直接运行 IPsec 协议。AH 和 ESP 直接用于保护上层协议，也就是传输层协议，如图 9-24 所示。

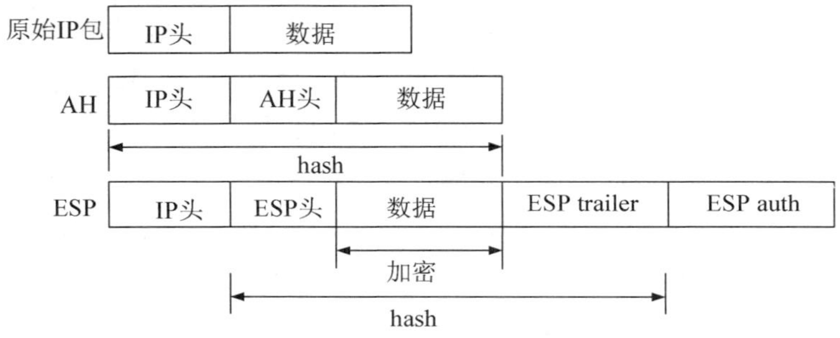

图 9-24　IPsec 传输模式

（2）隧道模式。隧道模式的目的是建立站点到站点的安全隧道，保护站点之间的特定或全部数据。隧道模式对端系统的 IPsec 能力没有任何要求，来自端系统的数据流经过安全网关时，由安全网关对其保护，所有加密、解密和协商操作均由安全网关完成，这些操作对端系统来说都是透明的。用户的整个 IP 数据包被用来计算 AH 或 ESP 头且被加密，AH 或 ESP 头和加密用户数据被封装在一个新的 IP 数据包中，如图 9-25 所示。

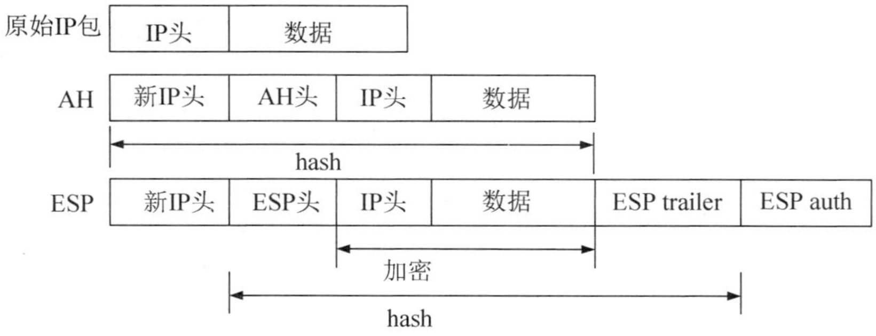

图 9-25　IPsec 隧道模式

9.3.3　IPsec VPN 的工作原理

IPsec 协议框架包括数据加密、报文摘要、密钥交换、安全协议四个部分，这四部分涉及的问题可以采用多种算法来实现。因此，要成功建立 IPsec VPN，安全网关设备必须采用相同的加密算法、Hash 算法和安全协议等，但 IPsec 并没有描述双方应如何协商这些参数，也没有定义通信双方如何进行身份认证，安全网关有可能会和一个假冒的对端建立 IPsec VPN。上述问题中涉及的加密算法、摘要算法、加密密钥、验证密钥、AH/ESP 等要素，都包含在安全关联（Security Association，SA）中。

1. SA 概述

SA 是两个 IPsec 实体（主机、安全网关）之间经过协商建立起来的一种协定，内容包括采用何种安全协议（AH 还是 ESP）、运行模式（传输模式还是隧道模式）、验证算法、加密算法、加密密钥、密钥生存期、抗重放窗口、计数器等，从而决定保护什么、如何保护以及谁来保护，可以说 SA 是构成 IPsec 的基础。AH 和 ESP 都使用 SA 中的参数来对 IP 数据报文进行保护，通过以下三个因素来唯一决定 SA 的标识符。

- SPI：是一个 32bit 的数值，在每一个 IPsec 报文中都携带该值。
- IP 目的地址：是 IPsec 协议对方的 IP 地址。
- 安全协议标识符：AH 或 ESP。

SA 是单向的，入方向（inbound）SA 负责处理接收到的数据包，出方向（outbound）SA 负责处理要发送的数据包。因此每个通信方必须要有两种 SA：一个入方向 SA，一个出方向 SA，这两个 SA 构成了一个 SA 束（SA Bundle），如图 9-26 所示。

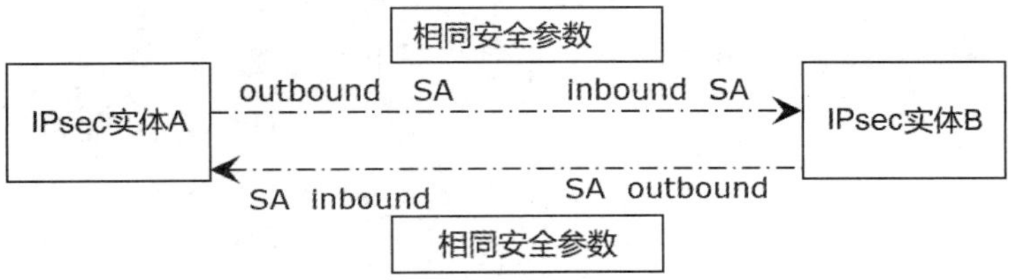

图 9-26　IPsec 通信实体间的 SA

IPsec 可以使用如下两种方法来生成 SA。

（1）手工配置。SA 的内容可由管理员手工指定、手工维护。手工维护容易出错，而且手工建立的 SA 没有生存周期限制，永不过期，除非手工删除，因此存在安全隐患，在实际工程项目中几乎不会使用。

（2）IKE 自动管理。SA 的自动建立、动态维护和删除是通过 IKE 进行的，而且 SA 是有生命期的。如果安全策略要求建立安全、保密的连接，但又不存在与该连接相应的 SA，IPsec 会立刻启动 IKE 来协商 SA。

2. IKE 概述

IPsec VPN 需要预先协商加密协议、散列函数、安全协议和运行模式等内容。实际协商这些内容的协议叫作 IKE，协商完成后的结果叫作 SA。

（1）IKE 的主要任务。IKE 主要完成以下三个方面的任务。

1）协商协议参数，如加密协议、散列函数、安全协议和运行模式。

2）通过密钥交换，产生用于加密和 HMAC 用的随机密钥。

3）对建立 IPsec VPN 的双方进行认证（需要预先协商认证方式）。

（2）IKE 协议的组成。IKE 属于一种混合型协议，建立在由 Internet 安全联盟密钥管理协议（Internet Security Association Key Management Protocol，ISAKMP）定义的一个框架之上，实现了两种密钥管理协议的一部分——Oakley 和 SKEME，还定义了自己的两种密钥交换方式。

1）SKEME：决定 IKE 的密钥交换方式，IKE 使用 DH 来实现密钥交换。

2）Oakley：决定 IPsec 的框架设计，让 IPsec 支持更多的协议。

3）ISAKMP：IKE 的本质协议，决定 IKE 的封装格式、协商过程和模式的切换。

人们经常会把 IKE 和 ISAKMP 互换，例如，IKE SA 也经常被说成 ISAKMP SA，在配置 IPsec VPN 时主要的配置内容也是 ISAKMP，SKEME 和 Oakley 没有任何相关配置内容，所以常常会认为 IKE 和 ISAKMP 是一样的。但是，IKE 和 ISAKMP 之间还是有区别的，由于 SKEME 的存在，IKE 能够决定密钥交换的方式；ISAKMP 只能够为密钥交换数据包，不能决定密钥交换的实现方式。

（3）IKE 协商阶段。IKE 的协商分为两个阶段与三个模式，如图 9-27 所示。

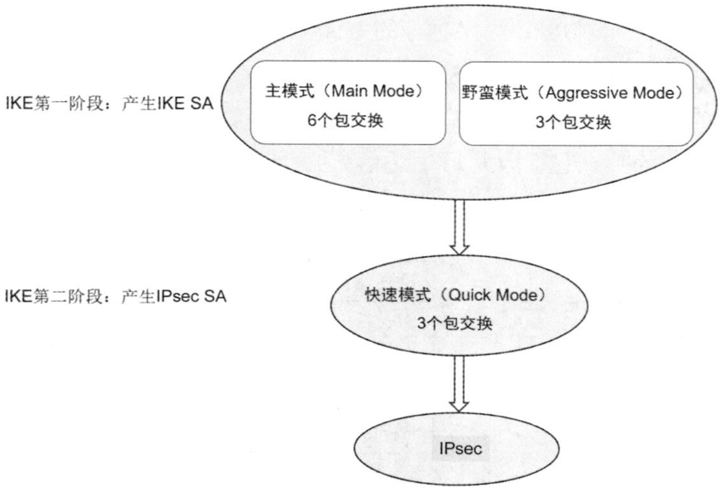

图 9-27　IKE 的两个阶段与三个模式

1）IKE 协商第一阶段。可以使用 6 个包交换的主模式（需要更多的数据报文，安全性高）或 3 个包交换的野蛮模式（需要少量的数据报文，安全性低）来完成 IKE 第一阶段的协商。第一阶段协商的目的是对需要建立 IPsec 的双方进行认证，确保合法的对等体，这样才能建立 IPsec VPN。

IKE 的协商过程非常像两个公司做生意的过程。两家公司在合作之前需要相互了解，最简单的办法就是核查对方公司的工商牌照、公司营业和信誉状况。也有可能是约一个地点，双方面对面进行介绍。不管怎么样，目的就是相互认证，建立基本的信任关系。这个过程其实就是 IKE 第一个阶段需要完成的任务。第一阶段完成后，信任关系建立了，相应的 IKE SA 也就建立了。

2）IKE 协商第二阶段。第二阶段总是使用 3 个包交换的快速模式来完成，其主要目的是根据具体需要加密的流量（感兴趣流），协商保护这些流量的策略，协商的结果就是 IPsec SA。

仍然以上述例子来阐述 IKE 第二阶段的协商过程。接下来的任务是基于具体的项目来签订合同，对于具体的 IPsec VPN 而言，具体的项目就是安全保护通信站点之间的流量，具体处理这些流量的策略（IPsec SA）就是合同。IKE 的第二阶段就是基于具体需要加密的流量协商相应的 IPsec SA 来处理这个流量。

3. IKE 协商过程

下面结合具体实例，如图 9-28 所示，讨论 IKE 的协商过程。在图 9-28 所示的点到点 VPN 环境中，每个对等体都可以称为是一个 VPN 网关，为私网上的客户提供服务。这两个 VPN 网关将成为对方的 IPsec 对等体，通过 Internet 建立 IPsec 隧道。在此假设两台 VPN 网关都作了正确配置，都有指向 Internet 的默认路由，并且也都是刚刚加电。

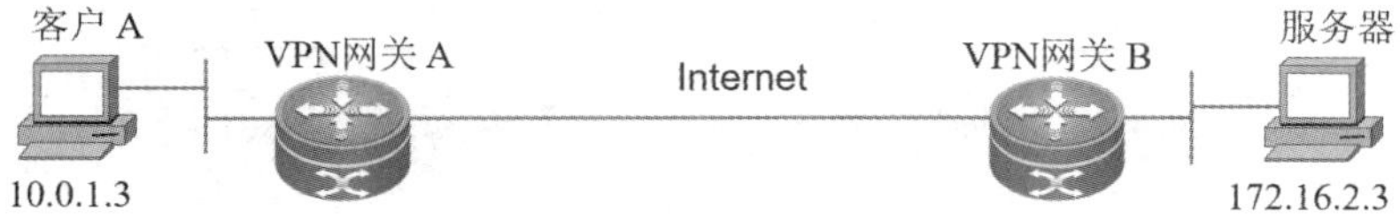

图 9-28　IKE 协商过程拓扑

如果对左边的 VPN 网关从网络 10.0.0.0 发往网络 172.16.0.0 的流量提供加密和保护，第一件事情是先要等待流量的出现。比如，10.0.0.0 网络上的客户 A 发送一个数据报文给网络 172.16.0.0 中的服务器 B，现在，VPN 网关 A 看到了这个数据报文，需要在发送它之前对它进行加密和保护。但不幸的是，这台 VPN 网关还没有和最右边的 VPN 网关 B 之间建立 VPN 隧道。所以，如果 VPN 网关 B 接收到了流量，而且需要根据策略对其进行加密，那么 VPN 网关 A 就会与 VPN 网关 B 进行协商。这种情况下，VPN 网关 A 就是 VPN 的发起方（initiator），VPN 网关 B 就是响应方（responder）。

（1）IKE 协商第一阶段过程分析（主模式）。主模式要交换 6 个 ISAKMP 数据报文，可以分为 1-2、3-4 和 5-6 三次报文交换。

1）1-2 ISAKMP 报文交换。1-2 报文交换主要完成两个任务：通过核对收到 ISAKMP 数据报文的源 IP 地址，确认收到的 ISAKMP 数据报文是否源自合法的对等体；协商 IKE 策略。

- 第一个任务的操作过程。假设图 9-28 中 VPN 网关 A 配置对等体的公网 IP 地址为 61.1.1.1，VPN 网关 B 配置的对等体的公网 IP 地址为 62.1.1.1，VPN 网关 B 收到第一个 ISAKMP 数据报文，就会查看这个 ISAKMP 数据报文的源 IP 地址，如果这个源 IP 地址是 61.1.1.1，就接收这个数据报文；如果不是，就终止整个协商过程。
- 第二个任务的操作过程。在 1-2 报文交换中，IKE 策略协商才是它的主要任务。该策略包含加密方式、散列函数、DH 组、认证方式、密钥有效期等内容。在第一个 ISAKMP 数据报文内，发起方会把本地配置的所有策略发给响应方，由响应方从中挑出一个可以接受的策略。若响应方存在多条匹配策略，则选择序号最小的策略。响应方找到与之匹配的策略后，通过第二个 ISAKMP 数据报文，回送被选择的那个策略给发起方，如图 9-29 所示。

2）3-4 ISAKMP 报文交换。1-2 ISAKMP 报文交换已经协商出 IKE 策略，但是期待使用这些加密策略和散列函数来保护 IKE 数据还缺少一个重要内容——密钥。加密和 HMAC 都需要密钥，这个密钥需要从 3-4 ISAKMP 报文的 DH 交换中产生，如图 9-30 所示。

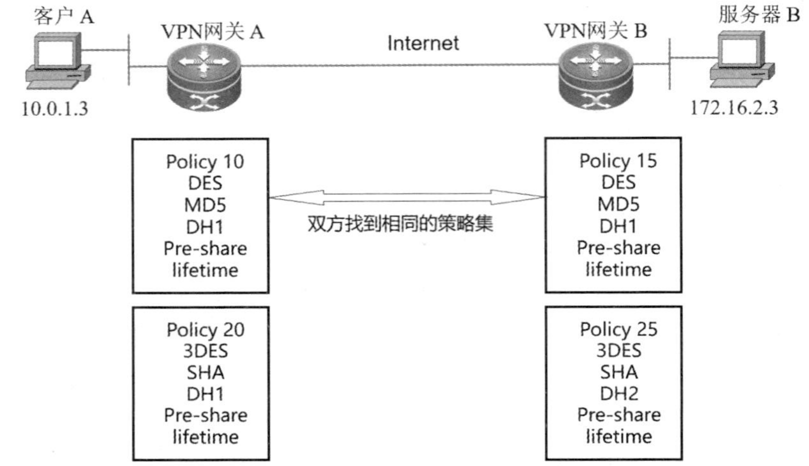

图 9-29 响应方选择 IKE 策略示意图

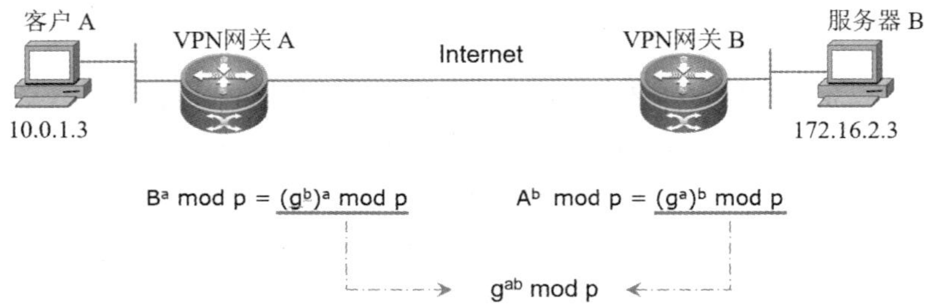

图 9-30 DH 生成共享密钥

此过程 DH 算法使用双方交互信息计算出共同的密钥材料 $K=g^{ab}\bmod p$ 后，通过一系列的密钥衍生算法，得到用于计算后续 IPsec 的密钥（为了讨论方便，密钥简记为 K1）、用于提供后续 ISAKMP 消息的数据完整性和认证密钥（K2）及用于加密 IKE 消息的密钥（K3）。

3）5-6 ISAKMP 报文交换。以上过程中的 1-2 和 3-4 ISAKMP 报文交换只是为 5-6 ISAKMP 报文的认证作铺垫，1-2 ISAKMP 报文为认证准备好了策略，3-4 ISAKMP 报文为保护 5-6 ISAKMP 报文的安全算法提供了密钥资源。IPsec VPN 支持的认证方式有预共享密钥认证和 RSA 数字签名认证等。

若采用预共享密钥认证，则收发双发预先配置一个相同的共享密钥，利用 K 值和协商的散列函数衍生出一个密钥 K2，使用加密 IKE 信息的密钥 K2 加密 K3。由于产生 K2 包含了预共享密钥，因此只有双方掌握相同的预共享密钥，计算出的散列值才会相等。当响应方收到第 5 条 ISAKMP 报文后，首先对报文进行验证再解密，响应方会使用发起方发送的身份载荷，并与本地存储的信息一起进行 HMAC 计算，得到一个散列值，再与发起方发送的散列值进行比较，如果不相等，则会中断协商过程。响应方验证发起方合法后，发送本地信息，供发起方来验证本地。发起方使用同样方法判断响应方是否掌握相同密钥，若发起方判断响应方也合法，则第一阶段协商过程结束。

（2）IKE 协商第二阶段过程分析（快速模式）。在完成建立 IKE 协商第一阶段的所有工作后，协商出来的这条隧道只能用作管理隧道，能够确保两台 VPN 网关之间安全通信，但不能加密和保护用户的数据，因此需要在两个 VPN 网关之间建立用于加密用户数据的第二条隧道（IPsec 隧道），这才是 IPsec 的最终目标。

1）IKE 协商过程建立 2 个隧道的原因。IKE 协商第二阶段的对话过程需要在一个安全的媒介中进行，而 IKE 协商第一阶段建立了管理隧道，用来保护协商流量。因此，一旦 IKE 第一阶段隧道建立起来后，VPN 网关就开始协商建立 IKE 第二阶段隧道，具体协商的内容为保护数据的加密算法、散列算法和运行模式等。建立 IKE 第二阶段隧道的模式称为快速模式，它只使用了 3 个报文，因为 IKE 第二阶段协商报文是在安全的隧道中进行的。

2）转换集（Transform Set）。虽然 ESP 和 AH 都可以对数据进行封装，但是定义哪些算法封装数据还得需要一种策略。转换集则定义了数据受到何种等级的保护，它是一组算法的集合，定义了加密数据的算法，如图 9-31 所示。

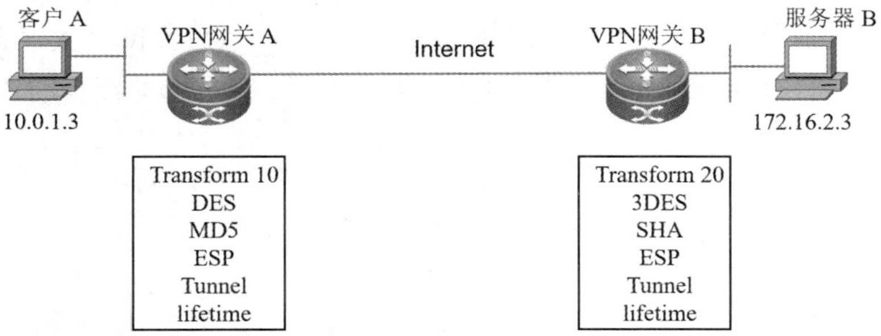

图 9-31　转换集定义内容

这里是最容易混淆的地方，因为在配置过程中，IKE 第一阶段不是已经指定了加密和散列的信息吗？为什么还需要再次配置这些信息呢？答案是，我们需要通过一些命令为 IKE 第一阶段设置策略，同样也需要通过一系列类似的命令确定 IKE 第二阶段的策略，转换集就承担了该任务。IKE 和 IPsec 安全参数之间的区别如图 9-32 所示。

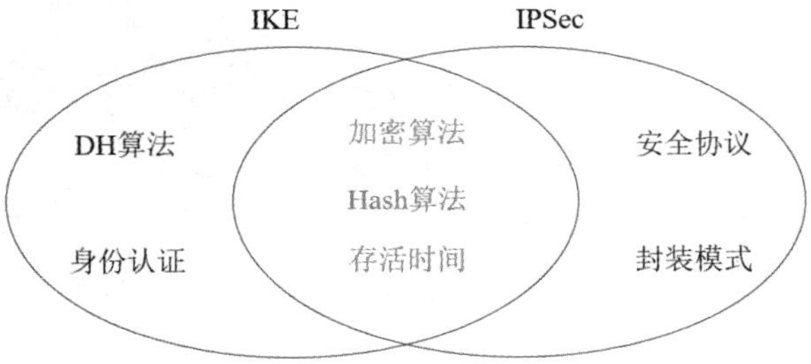

图 9-32　IKE 和 IPsec 安全参数比较

3）第 1 个 ISAKMP 报文。第 1 个 ISAKMP 报文携带发起方所配置的 IPsec 保护策略，即使用 ESP 还是 AH、采用什么模式、加密 IP 数据使用什么加密算法、验证 IP 数据使用什么算法、对什么样的数据流进行保护、数据发往的对端等。这一过程在 VPN 网关配置中叫作定义加密图（Crypto Map）。

4）第 2 个 ISAKMP 报文。响应方收到发起方发出的第二阶段第 1 个 ISAKMP 报文后，首先验证报文并解密，查看 SA 载荷中的策略是否与本地匹配，并在本地使用同样的方法计算散列值并与收到的散列载荷进行比较。若相同，响应方则发出第 2 条 ISAKMP 消息，包含的载荷与发起方发出的一致。

5）第 3 个 ISAKMP 报文。发起方收到响应方发出的第二阶段第 2 个 ISAKMP 报文后，首先验证报文并解密，查看 SA 载荷中的策略是否与本地匹配，并在本地使用同样的方法计算散列值并与收到的散列载荷进行比较。若相同，发起方则发出第 3 条 ISAKMP 消息，只包含 Hash 载荷，用以通知响应方完成第二阶段 IPsec SA 协商并可以使用 IPsec SA 对 IP 数据进行保护。

4. IPsec 之后的流量

在图 9-28 中，将 VPN 网关 A 和 VPN 网关 B 配置为对等体，并且告诉它们所有在 10.0.0.0/24 和 172.16.0.0/24 这两个网络之间传输的数据报文都受到 IPsec 保护后，VPN A 网关和 VPN B 就会协商和建立自己的 VPN 隧道，于是无论从哪个网络发送的到另一端的数据报文都会受到保护。

当客户 A 发送一个去往服务器 B 的数据报文时，VPN 网关 A 也能看到去往服务器 B 的数据报文。由于数据报文的源 IP 地址是 10.0.0.0/24，因此 VPN 网关 A 会使用 IKE 第二阶段建立的隧道对该数据报文进行加密，然后再将加密后的数据报文用新的 IP 头进行封装，在这个新的 IP 头中，源 IP 地址是 VPN 网关 A 与 Internet 相连的公网 IP 地址，目的 IP 地址是 VPN 网关 B 与 Internet 相连的公网 IP 地址。这样，从 VPN 网关 A 发送到 VPN 网关 B 的原始数据报文都是加密的。

5. IKE 与 IPsec 之间的关系

综上所述，VPN 网关会使用主动模式或野蛮模式协商 IKE 第一阶段隧道，然后使用快速模式建立 IKE 第二阶段隧道。在幕后，IKE 第二阶段会创建两条单向隧道，用户看不到这个过程的任何细节，甚至用户不知道加密被应用到自己发送的数据报文上。所以，可以认为 IKE 第一阶段的一条双向隧道来管理两个 VPN 网关，IKE 第二阶段的两条单向隧道来加密和解密用户的数据报文，它们之间的关系如图 9-33 所示。

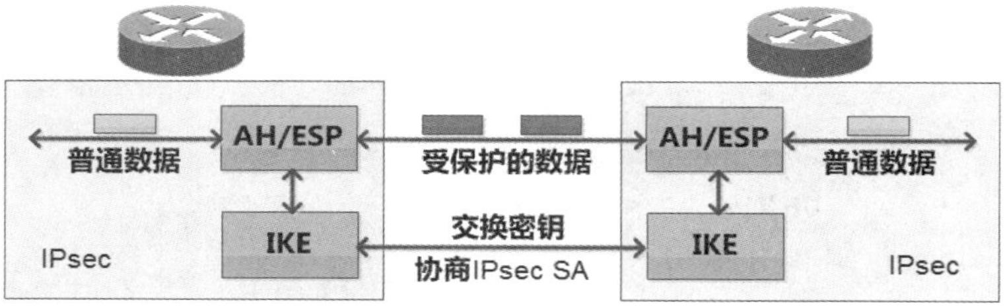

图 9-33 IKE 和 IPsec 之间的关系

IPsec VPN 的应用场景

9.3.4 IPsec VPN 的应用场景

IPsec VPN 的应用范围非常有限，主要应用在站点到站点之间的安全传输数据和安全远程访问（需要预先安装和配置 IPsec VPN 客户端软件）等场景。

1. IPsec VPN 的部署

在进行 IPsec VPN 部署时，需要考虑如下问题。

（1）选择合适的安全策略。IPsec 能够执行加密、认证、防篡改和防重放等操作，支持 AH 或 ESP 封装方法，采用传输或隧道运行模式。因此，在部署 IPsec VPN 时，首先根据用户需求合理选择 IKE 协商阶段的安全策略。

（2）选择合适的路由协议。IPsec VPN 要能正常运行，首先 VPN 网关能够正常连接到 Internet，同时需要验证 VPN 网关之间能够相互访问。IPsec 隧道使用的地址是公网 IP 地址，可以想象 VPN 网关之间的 IP 地址不可能在同一网段，要建立动态路由协议邻居关系的可能性很低。IPsec 建立的隧道是逻辑隧道，没有点到点的连接功能。因此，IPsec 隧道只支持单播，不支持组播或广播，动态路由协议的流量不可能穿越 IPsec 隧道。在部署 IPsec VPN 时使用静态路由协议，通常的做法是在 VPN 网关配置一条指向 Internet 的默认路由。

（3）选择合适的运行模式。当 IPsec 不需要实现隧道功能，只是实现保护数据安全的功能时，可以使用传输模式。当 IPsec 工作在此模式时，IPsec 报文头部是被加在原始 IP 报文头部与上层协议之间，原始 IP 报文头部在传输过程中也是可见的。正因为如此，数据报文无法通过 Internet 传输到另一端，也就是缺乏对 NAT 的支持。

通过 Internet 互访的两个网络之间，都希望通过私有 IP 地址来通信，但是私有 IP 地址达到公网后就被丢弃。要使私有 IP 地址的数据报文能通过 Internet 传递，必须在数据报文头上打上公网 IP 头，IPsec 的隧道模式就具有这样的功能。在 Internet 上隐藏了私有 IP 地址空间，原始数据报文的所有内容就都被加密了。因此，隧道模式被认为更安全。

通过以上的表述，在使用 IPsec 建立 VPN 的两个网络之间，要运行动态路由协议十分困难，但并不是不可以实现。在此建议使用 GRE 隧道协议，同时，它不仅提供 IP 组播和动态路由协议的传递功能，还能使用 IPsec 功能来保护数据安全，隧道两端的 IP 地址处于同一网段，动态路由协议运行更加稳定，这种结合称为 GRE over IPsec。

有一个小细节需要注意，在 GRE over IPsec 情况下，IPsec 的两种运行模式都是被允许的，但有时传输模式会有局限性，所以优先选用隧道模式。

（4）考虑 NAT 对 IPsec VPN 的影响。NAT 是为了缓解 IPv4 公网 IP 地址日益枯竭的问题，采用将私网 IP 地址映射为公网 IP 地址的一种技术。然而，IPsec 的设计目的是保证数据的机密性、完整性等，采用加密、摘要等算法来防止数据被窃听和恶意修改。可以看出，IPsec 和 VPN 在设计思想上是矛盾的。

IPsec 流量是不能穿越 NAT 的，需要引入 NAT 穿越技术，将 ESP 协议报文封装到 UDP 报文中（在原 ESP 协议的 IP 报文头部外添加新的 IP 头和 UDP 头），使得 NAT 对待它像对待一个普通的 UDP 报文一样。

（5）最大化节省部署成本。VPN 网关两端都使用静态公网 IP 地址建立的 VPN 称为静态 GRE over IPsec，而 VPN 网关的一端使用静态 IP 地址，对端使用动态 IP 地址建立的 VPN 称为动态 GRE over IPsec。

但是申请一个静态的公网 IP 地址花费非常高，所以一个可能的做法是：在总公司申请静态的公网 IP 地址，分公司使用动态的公网 IP 地址，这样会节省一部分成本。

2. IPsec VPN 配置举例

为了加深读者对 IPsec VPN 技术的理解，下面通过一个具体实例来说明 IPsec VPN 的配置过程。

（1）拓扑设计。假设一个组织机构的总部和分支机构之间通过 IPsec VPN 实现广域网互联，如图 9-34 中，VPN 网关 A 为总部的 Internet 出口设备，VPN 网关 B 为分支机构的 Internet 出口设备，1.1.1.0/24 和 2.2.2.0/24 网段之间通信的数据要受到 IPsec 保护，采用预共享密钥验证方式、ESP 封装、工作模式为隧道模式，并使用静态路由实现总部和分支机构网络互联。

（2）IP 地址规划。IP 地址规划结果如图 9-34 所示。其中，1.1.1.0/24、2.2.2.0/24 属于私网 IP 地址空间，9.0.12.1/30 和 9.0.12.2/30 属于公网 IP 地址空间。

（3）配置接口 IP 地址。按照图 9-34 中的 IP 地址规划，为 VPN 网关的物理接口配置

IP 地址，为总部和分支机构的 PC 配置 IP 地址、子网掩码和默认网关。该步骤完成后，确保在网络中任何一台设备上能够 ping 通对端设备接口的 IP 地址。

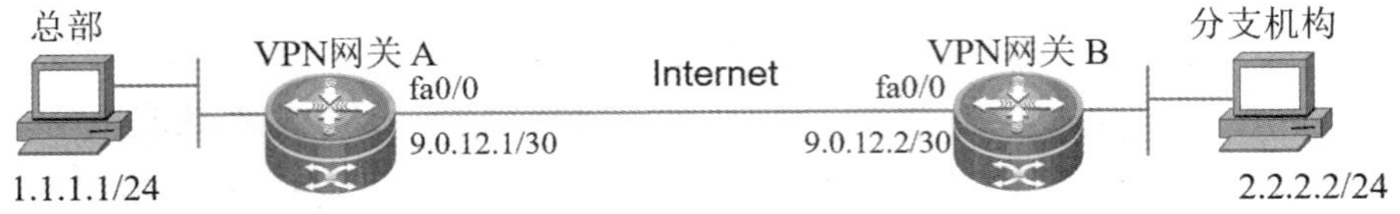

图 9-34 IPsec VPN 配置拓扑图

（4）配置公网路由。要使 IPsec VPN 正常工作，前提是公网必须连通。图 9-34 中 VPN 网关 A 和 VPN 网关 B 的 fa0/0 接口都连接到 Internet，ISP 必须保证 VPN 网关 A 和 VPN 网关 B 能够各自访问到对方的 fa0/0 接口所配置的公网 IP 地址。

1）配置 VPN 网关 A 的公网路由。执行如下命令：

```
VPN_A(config)#ip route 0.0.0.0 0.0.0.0 9.0.12.2
```

2）配置 VPN 网关 B 的公网路由。执行如下命令：

```
VPN_B(config)#ip route 0.0.0.0 0.0.0.09.0.12.1
```

3）测试公网连通性。使用 ping 测试 VPN 网关 A 和 VPN 网关 B 之间的公网地址连通性。

（5）定义第一阶段 ISAKMP/IKE SA 策略。定义 ISAKMP 消息的保护策略，主要包含加密算法、验证算法、验证方式等，不同的验证方式对应的配置会有所不同。在预共享密钥（pre-share key）验证方式下，需要为对端每一个 IPsec 实体定义相应的预共享密钥，如图 9-35 所示。

图 9-35 IKE SA 策略配置

（6）定义第二阶段 IPsec SA 策略。定义 IP 数据的保护策略，主要内容包括安全协议、运行模式、加密算法和验证算法的选择等，定义需要被 IPsec 保护的数据，即感兴趣流，如图 9-36 所示。

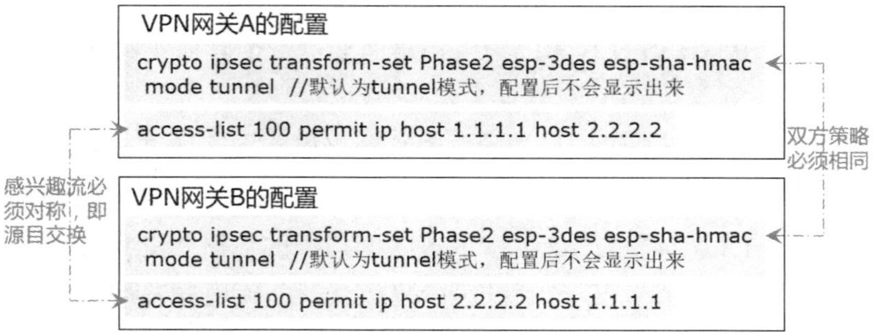

图 9-36 IPsec SA 策略配置

（7）定义 Crypto Map。定义 IPsec SA 对端通信实体，调用配置的第二阶段 IPsec SA 策略、感兴趣流，如图 9-37 所示。

VPN网关A的配置	VPN网关B的配置
crypto map C_MAP 1 ipsec-isakmp set peer 9.0.12.2 set transform-set Phase2 match address 100	crypto map C_MAP 1 ipsec-isakmp set peer 9.0.12.1 set transform-set Phase2 match address 100

图 9-37　Crypto Map 配置

（8）在出向接口上调用 Crypto Map。要确保路由表中的路由能够使感兴趣流从配置了 Crypto Map 的出向接口转发出去，如图 9-38 所示。

VPN网关A的配置	VPN网关B的配置
interface FastEthernet0/0 ip address 9.0.12.1 255.255.255.0 crypto map C_MAP	interface FastEthernet0/0 ip address 9.0.12.2 255.255.255.0 crypto map C_MAP

图 9-38　接口上调用 Crypto Map 配置

（9）网络连通性测试。当所有配置完成后，可在 VPN 网关 A 上使用 IP 地址 1.1.1.1 去 ping IP 地址 2.2.2.2，测试结果如下。

```
VPN_A#ping 2.2.2.2 source 1.1.1.1
Type escape sequence to abort.
Sending 5, 100-byte ICMP Echos to 2.2.2.2, timeout is 2 seconds:
Packet sent with a source address of 1.1.1.1
.!!!!
Success rate is 80 percent (4/5), round-trip min/avg/max = 16/57/92 ms
```

（10）IPsec 协议协商结果查看。在 VPN 网关 A 上执行命令 show crypto isakmp sa 查看第一阶段 ISAKMP/IKE SA 协商结果，若 State 显示 QM_IDLE，则说明第一阶段协商成功，如图 9-39 所示。

```
VPN_A#show crypto isakmp sa
dst           src           state         conn-id   slot  status
9.0.12.2      9.0.12.1      QM_IDLE           2       0   ACTIVE
```

图 9-39　查看 IKE SA 协商结果

在 VPN 网关 A 上执行命令 sh crypto IPsec sa 查看第二阶段 IPsec SA 的协商结果，如图 9-40 所示，若方框内显示的为非 0 数字，则说明 IPsec SA 已经开始对 IP 数据进行保护。

```
RA#sh crypto ipsec sa

interface: FastEthernet0/0
    Crypto map tag: C_MAP, local addr 9.0.12.1
   protected vrf: (none)
   local  ident (addr/mask/prot/port): (1.1.1.1/255.255.255.255/0/0)
   remote ident (addr/mask/prot/port): (2.2.2.2/255.255.255.255/0/0)
   current_peer 9.0.12.2 port 500
     PERMIT, flags={origin_is_acl,}
    #pkts encaps: 4, #pkts encrypt: 4, #pkts digest: 4
    #pkts decaps: 4, #pkts decrypt: 4, #pkts verify: 4
    #pkts compressed: 0, #pkts decompressed: 0
    #pkts not compressed: 0, #pkts compr. failed: 0
    #pkts not decompressed: 0, #pkts decompress failed: 0
    #send errors 1, #recv errors 0

     local crypto endpt.: 9.0.12.1, remote crypto endpt.: 9.0.12.2
     path mtu 1500, ip mtu 1500, ip mtu idb FastEthernet0/0
     current outbound spi: 0xA96160FB(2841731323)
```

图 9-40　查看 IPsec SA 协商结果

3. IPsec VPN 配置总结

图 9-41 为 IPsec VPN 配置流程，主要步骤体现在以下几个方面：定义 ISAKMP SA 所需的各项参数；定义对等体间预共享密钥；定义 IPsec SA 所需的各项参数；定义受到 VPN 保护的流量；定义加密图，将安全策略与要保护的对象绑定在一起；将加密图应用到正确接口上。

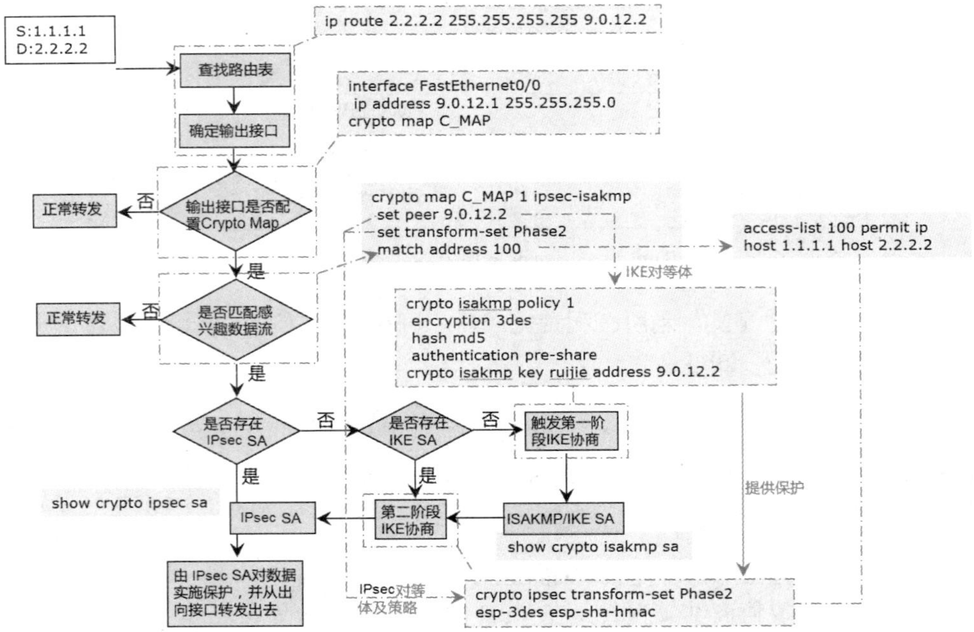

图 9-41 IPsec VPN 配置流程

9.4 SSL VPN 技术

最初的 VPN 仅实现简单的网络互连功能，采用了 GRE 等隧道技术。为了保证数据的私密性和完整性，进一步产生了 IPsec VPN 技术。而现在，人人都在走向移动时代，通过移动设备访问企业的数据，这对 VPN 技术提出了更高的要求。

SSL VPN 正是在这样的新挑战下应运而生的。SSL 协议几乎内置在所有浏览器中，可以用来在终端用户和企业服务器或企业网络之间建立安全隧道，使得成千上万需要实现远程访问的用户快速达到他们的目的。

9.4.1 SSL 协议的框架

SSL 一经提出，就得到了广泛的应用，如使用 SSL 保护存有敏感信息的 Web 服务器的安全，消除用户在 Internet 上数据传输的安全顾虑，为 TCP/IP 连接提供了数据加密、信息完整性验证和服务器身份认证功能等。

1. SSL 协议简介

1994 年，SSL 最初由网景（Netscape）公司开发，在当时迅速成为应用程序和服务器在 Internet 上安全传输数据时使用的一个主导协议。然而，因为网景公司已经在它的浏览器使用了它自己开发的 SSL 协议，微软的操作系统也采纳了 SSL 协议，所以 WWW 协会成员最终决定使用 HTTPS，这个协议合并了 SSL 和 HTTP 协议。SSL 协议有三个版本（SSL 1.0——不推荐使用，SSL 2.0——不推荐在生产环境中使用，SSL 3.0）。但由于 SSL 是一个私有协议，IETF 在 1999 年发布了 RFC 2246（TLS 1.0 正式标准）。传输层安全（Transport Layer Security，TLS）是在 SSL 3.0 上开发的（称为 SSL 3.1），TLS 协议也有三个版本（TLS 1.0——SSL 3.1，TLS 1.1，TLS 1.2）。

整体来说，TLS 非常类似于 SSL 3.0，只是对 SSL 3.0 作了一些增加和修改，所以 SSL 3.0 是 TLS 1.0 的基础，它们都使用 PKI 和数字证书来认证 VPN 端点设备，并建立要使用的加密密钥，与 IPsec 一样使用公钥加密算法进行批量加密，使用私钥加密算法来认证和密钥交换，被视为 Internet 上 Web 浏览器（图 9-42）和服务器（图 9-43）的安全标准。不过，有些实施方式包含了在必要时切换为其他协议的功能，特别是在使用 TLS 时，如果客户端连接需要，协议可以切换为 SSL，好在对客户来说，所有这一切都是在后台完成的，因此对终端用户来说是透明的，用户不会明显觉察。

图 9-42　IE 浏览器支持 SSL 和 TLS

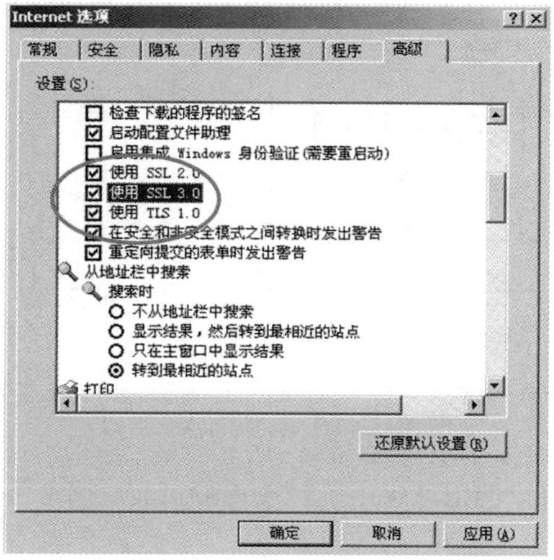

图 9-43　使用 SSL 协议安全访问服务器

由于 TLS 和 SSL 非常类似，所以从这里开始，使用统一术语 SSL 来代替 SSL 或 TLS 支持的概念。

2. SSL 协议在 TCP/IP 协议栈中的位置

SSL 协议建立在可靠的 TCP 之上，并且与上层协议无关。各种应用层协议均能通过 SSL 协议进行透明传输。SSL 位于 TCP/IP 协议栈的应用层和传输层之间，就像应用层连接到传输的一个插口，如图 9-44 所示。

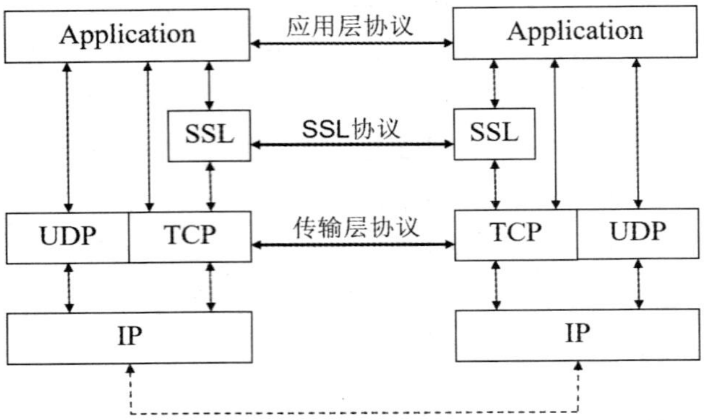

图 9-44 SSL 在 TCP/IP 协议栈中的位置

由于 SSL 协议在应用层协议之前就已经完成了加密算法、通信密钥的协商以及服务器的认证工作，在此之后应用层协议所传送的数据都会被加密，从而保证通信的安全性。

3. SSL 协议的体系结构

SSL 协议是一个分层的协议，由两层组成，如图 9-45 所示。处于 SSL 协议底层的是 SSL 记录层协议（SSL Record Protocol），用于封装高层协议的数据，提供基本的安全服务。握手层包括握手协议、告警协议和密钥改变协议 3 个协议，主要用于管理 SSL 密钥信息的交换。

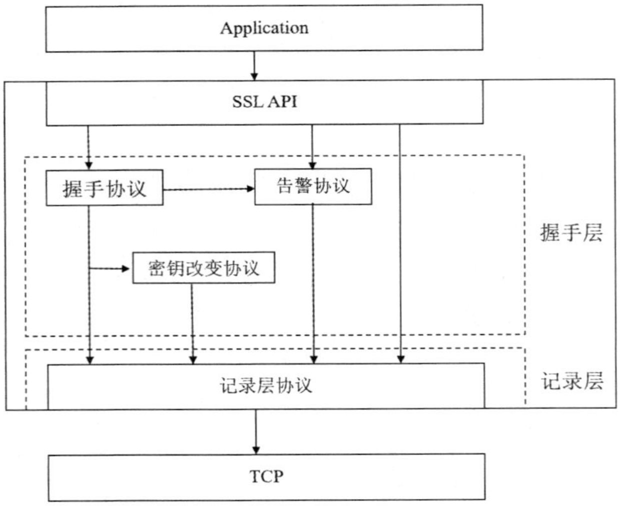

图 9-45 SSL 协议的体系结构

（1）记录层。SSL 协议的记录层用于封装传输报文，加密传输数据，为上层通信提供以下服务。

- 保护传输数据的私密性，对数据进行加密和解密。
- 验证传输数据的完整性，计算报文的摘要。
- 提高数据的传输效率，对数据进行压缩。

● 保证数据传输的有序性和可靠性。

1）SSL 记录层报文格式。记录层报文有固定的格式，包括报文类型、版本、长度、MAC 及加密数据等内容，如图 9-46 所示。

报文类型	版本	长度	加密数据
1字节	2字节	2字节	长度（字节）

图 9-46　SSL 协议记录层报文格式

版本字段可以取的值有 3.1（TLS 1.0）、3.0（SSL 3.0）和 2.0（SSL 2.0）。报文类型字段可以取的值有如下几种。

● 20：表明封装的是密钥改变协议报文。该报文用于在握手过程结束时通知对方本端加密参数已改变。
● 21：表明封装的是告警报文。任何时候都可以使用该报文通知对方告警信息。告警信息分警告和致命两个级别。对致命的告警一般都需要关闭 SSL 连接。对警告级别的信息，由实现方决定如何处理。
● 22：表明封装的是握手报文。握手报文用于建立 SSL 连接。
● 23：表明封装的是应用层报文，说明正在传输上层应用数据。

从这里可以看出，SSL 记录协议包括握手协议、告警协议、密钥改变协议和应用层协议。而长度字段说明了本条记录报文加密数据段的字节数。MAC 字段记录报文的消息验证码，包括从报文类型开始的所有字段。

2）SSL 记录层的操作过程。SSL 记录层的具体操作流程如图 9-47 所示。

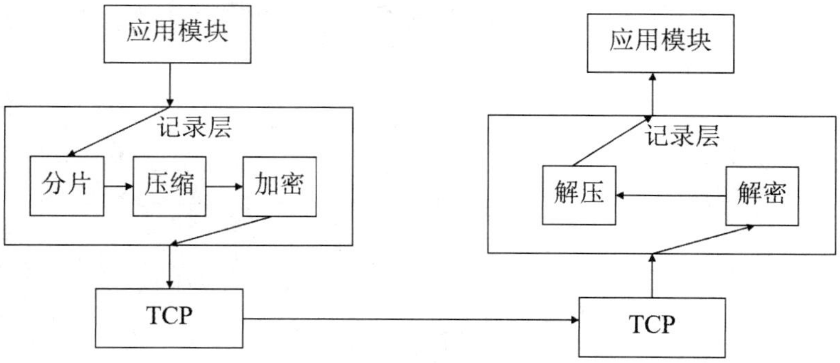

图 9-47　SSL 记录层操作流程图

在发送方首先将报文进行分片。SS1 记录层一次最大传输的数据长度为 16K 字节，当上层一次传输数据超过 16K 字节时，SSL 记录层将会对数据进行分片；为了提高数据传输效率，SSL 可以对数据进行压缩；最后发送方对经过压缩的报文进行加密，然后通过 TCP 连接将报文发送出去，如图 9-48 所示。

在接收方，记录层首先对接收到的报文进行解密，然后对解密完的数据进行解压缩，最后将得到的结果传输给上层应用。

（2）握手层。握手层定义了握手协议、告警协议和密钥改变协议等 3 个协议。

1）握手层协议的作用。

● 握手协议的作用：用于服务器和客户机之间相互鉴别对方的身份，协商加密和 MAC 的产生算法以及传送加密密钥。

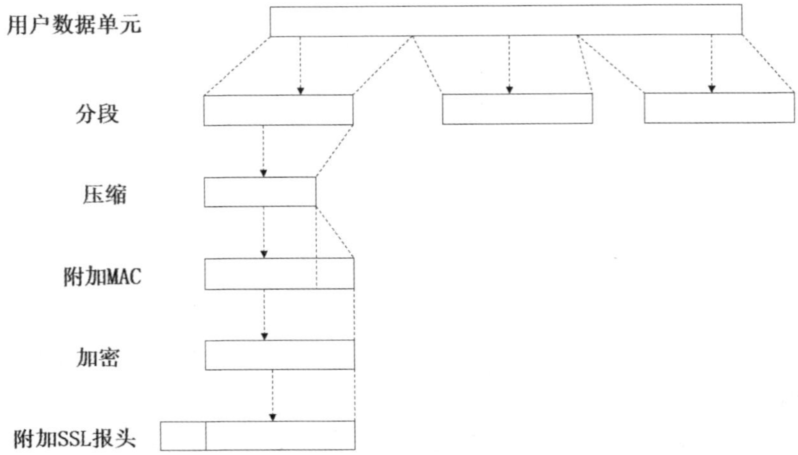

图 9-48 SSL 数据报文的形成过程

- 告警协议的作用：用于 SSL 通信双方之间发送告警信息。
- 密钥改变协议的作用：用于 SSL 通信双方之间对加密算法、密钥位数信息进行修改，使参数达成一致。

2）SSL 连接与会话的概念。在客户/服务器结构中，应用层从请求服务和提供服务的角度定义客户端和服务器，而 SSL 协议则从建立加密参数的过程中所扮演的角色来定义客户端和服务器两个通信主体。另外，SSL 协议定义了 SSL 连接和 SSL 会话两个重要概念。SSL 连接是点对点的关系，一个连接是一个提供一种合适类型服务的传输（OSI 分层的定义）；SSL 会话定义了一组可供多个连接共享的密码安全参数，用以避免为每一个连接提供新的安全参数所需的昂贵协商代价，一个 SSL 会话是在客户端与服务器之间的一个关联。连接是暂时的，每一个连接和一个会话关联，在任意一对通信主体之间，可以有多个安全连接，如图 9-49 所示。

图 9-49 SSL 连接与会话之间的关系

3）SSL 连接与会话的建立过程。在客户端准备打开浏览器连接到服务器，或连接到其他类型的 SSL VPN 网关设备时，需要经历以下过程，以建立 SSL 的连接和会话。

- 客户端使用服务器的 IP 地址和 TCP 端口号 443 向服务器发起一条连接请求。由于是基于 TCP 的，所以会经历标准的三次握手过程。
- 在客户端发起连接建立请求后，服务器会提供数字证书作出响应，证书中包含服务器的公钥。
- 客户端在接收到该证书后，需要作出一个重大决策，即是否相信它刚刚从 SSL VPN 服务器接收到的数字证书。
- 客户端信任该数字证书并提取该证书中的公钥，然后客户端会生成一个共享密钥来加密自己和服务器之间的流量。为了确保共享密钥安全地发送给服务器，客户端使用服务器的公钥来加密共享密钥，并将加密后的共享密钥发送给服务器。

- 服务器使用自己的私钥来解密发送给它的密钥。于是，会话双方都知道了共享密钥，也都可以使用这个密钥了。
- 该密钥随后就用于 SSL 会话，如协商用于加密的消息加密算法（IDEA、RC4、DES、3DES、RSA 等）和用于完整性检查的哈希函数（MD5、SHA 等）。通常由客户端提供它所支持的所有算法列表，然后由服务器选择最强大的加密算法。

9.4.2 SSL VPN 的工作原理

如果把 SSL 和 VPN 两个概念分开，或许读者对它们的含义都非常清楚。但是作为一种新技术，它们之间是如何结合起来的，读者也许还不是很了解。SSL VPN 其实是 VPN 设备商为了与 IPsec VPN 区别所创造出来的名词，指的是使用 SSL 对远程拨号用户的 VPN 流量进行保护。不过需要注意的是，使用 SSL 对访问 HTTP 的流量进行保护的方法叫作 HTTP over SSL（HTTPS）。

1. SSL VPN 概述

如图 9-50 所示，客户端和 SSL VPN 网关之间的数据是通过 SSL 协议进行加密的，而 SSL VPN 网关和内网各服务器之间则是明文传送的。SSL 本身的一些特性使得 SSL VPN 具有一些独特的优势。首先，SSL 协议是一种加密协议，可以很好地保证数据传输的私密性和完整性。其次，SSL 协议还是一种工作在 TCP 传输层之上的协议。使用 SSL 进行通信并不改变 IP 报文头和 TCP 报文头，因而 SSL 报文对 NAT 和防火墙来说都是透明的，SSL VPN 的部署不会影响现有的网络。这样用户从任何地方上网，只要能接入 Internet，就能使用 SSL VPN。

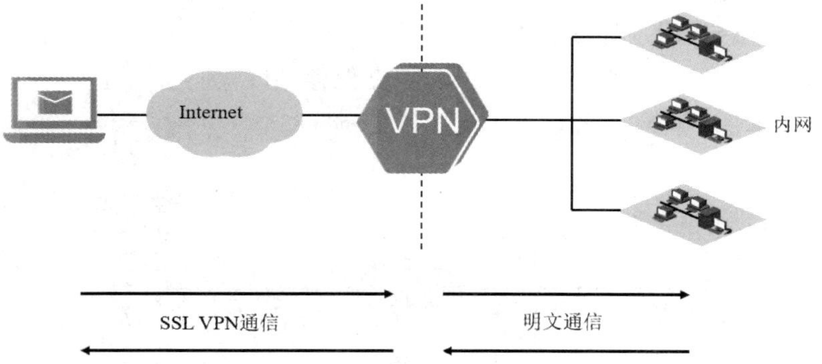

图 9-50 SSL 与 SSL VPN

2. SSL VPN 的系统结构

SSL VPN 的系统结构如图 9-51 所示，主要由远程主机、SSL VPN 网关和服务器组成。

（1）远程主机。远程主机其实就是运行 Web 浏览器、主机检查器、缓存清除器、TCP/IP 接入客户端等，除 Web 浏览器是远程主机自带的以外，其他都是从 SSL VPN 网关下载的，而且这些客户端一般都是自动下载、自动安装、自动配置、自动建立连接的。

1）主机检查器。主机检查器主要用于检查远程主机的安全情况，包括操作系统补丁、防病毒软件版本等，以决定从该主机登录的用户到底应该授予多大的权限。

2）缓存清除器。为了进一步提高安全性，在用户登录 SSL VPN 后，客户端会下载一个被称为“缓存清除器”的小程序。在用户退出 SSL VPN 系统后，缓存清除器会自动清除包含私密信息的页面缓存和 Cookie，当然也包括从 SSL VPN 网关上下载的各种客户端程序及客户端配置等。

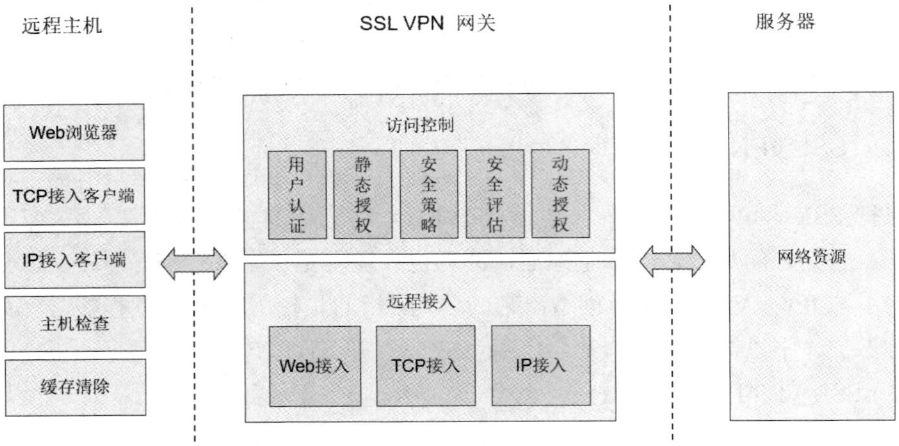

图 9-51　SSL VPN 的系统结构

（2）SSL VPN 网关。SSL VPN 网关是 SSL VPN 的核心组件，负责终结客户端发来的 SSL 连接，并与资源服务器之间建立连接，起到中继的作用，其核心功能是远程接入和访问控制。SSL VPN 提供了 Web 接入、TCP 接入、IP 接入这 3 种接入方式。SSL VPN 在访问控制方面提供了用户认证、安全评估、动态和静态授权等功能。

（3）访问控制。SSL VPN 可以提供 URL、文件目录、服务器端口和 IP 网段等细粒度访问控制功能，其核心技术在于授权管理，通常有两种授权方式：静态授权和动态授权。

1）静态授权。静态授权是指用户无论在什么时间、从什么地方、远程主机处于什么样的安全状态情况下登录后，都被授予同样的访问权限，权限的大小只和用户账号有关，即用户的身份与授予的权力是绑定在一起的。根据保存身份验证信息位置的不同，静态授权的身份认证分为本地认证和外部认证，如图 9-52 所示。

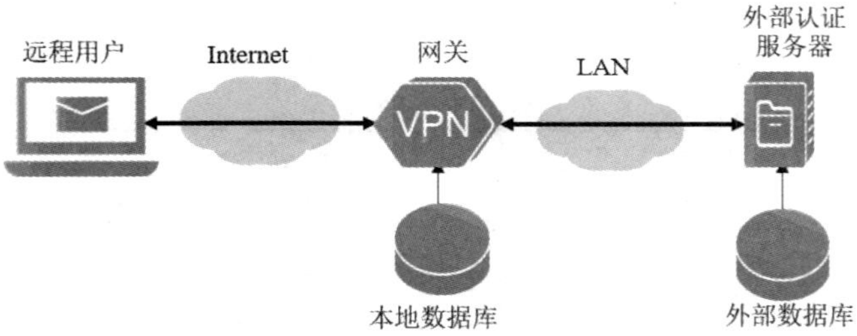

图 9-52　SSL VPN 静态授权的身份认证原理示意图

- 本地认证。SSL VPN 网关设备上保存着用户名和密码的验证信息，由 SSL VPN 网关对认证请求中的用户名和密码进行验证，以确认用户身份。如果认证成功，则可以与远端建立受信任的连接。
- 外部认证。如果用户身份的验证信息保存在外部认证服务器上，则 SSL VPN 网关设备就相当于一个认证代理，负责中继认证信息。如果外部认证服务器对用户身份认证成功，SSL VPN 网关设备就与远程用户建立信任的连接，允许用户访问内部网络资源；反之，则拒绝接入。SSL VPN 网关与外部认证服务器之间可以使用

RADIUS、LDAP/AD 等多种交互协议，还支持一些高级认证技术：CA 认证、动态令牌认证、双因子认证、短信认证等。

2）动态授权。SSL VPN 可以实现更为高级的“动态授权”方式。一方面根据用户的身份确定用户可以合法访问的网络资源，另一方面通过安全策略和主机检查确定用户目前可以安全访问的网络资源，然后取两者的交集就得到用户在当前的网络环境中可以既安全又合法地访问哪些网络资源。SSL VPN 动态授权过程如图 9-53 所示。

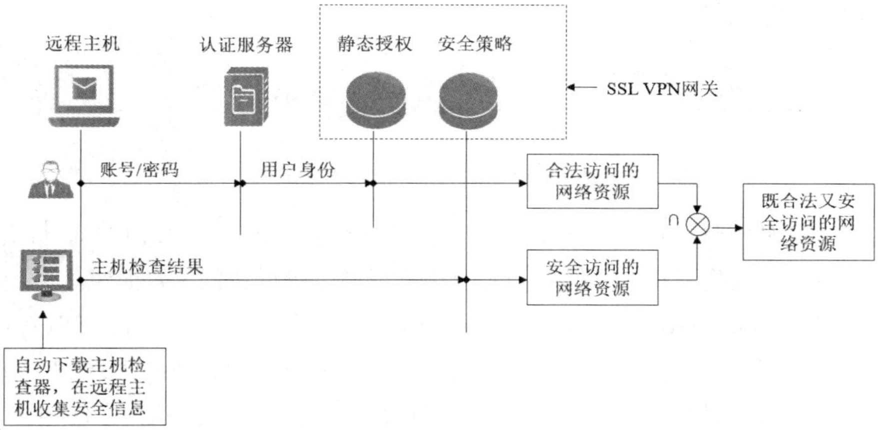

图 9-53　SSL VPN 动态授权过程示意图

3. SSL VPN 的工作原理

典型的 SSL VPN 构成其实非常简单，包括远程主机、SSL VPN 网关、内网资源服务器、相关认证及 CA 类服务器等。SSL VPN 的运作分为以下 3 个过程。

（1）域及资源的创建。SSL VPN 网关上配置了 3 种类型的账号：超级管理员、域管理员和普通用户。超级管理员是系统域的管理员，可以创建若干个域（图 9-54），并指定每个域的域管理员，初始化域的管理员密码，给域授予资源组，并授权域是否能够创建新的资源。

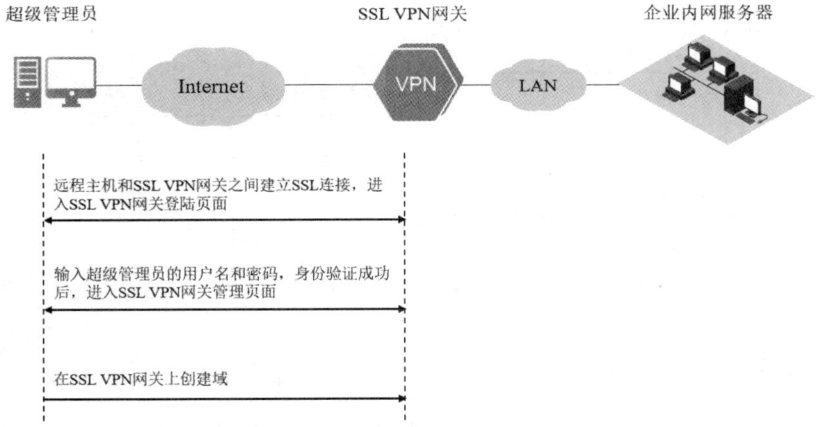

图 9-54　SSL VPN 工作过程（一）

（2）访问资源授权。域管理员是一个 SSL VPN 域的管理人员，可以创建域的本地用户、用户组、资源和资源组等，并对一个域的所有用户进行访问权限的限制，如图 9-55 所示。

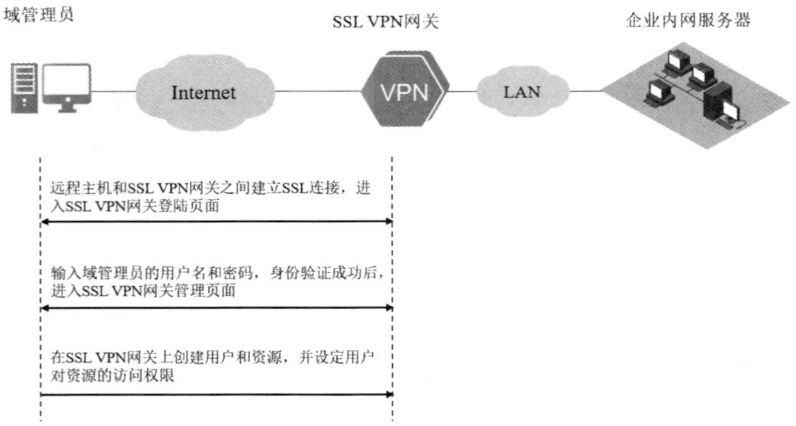

图 9-55 SSL VPN 工作过程（二）

以域管理员账号登录到 SSL VPN 网关后，可以配置本域的资源和用户，将资源加入到资源组，将用户加入到用户组，然后为每个用户组指定可以访问的资源组。

（3）安全访问服务器资源。以 SSL VPN 用户账号登录后，可以访问 SSL VPN 网关的访问页面，选择需要访问的资源，通过 SSL 连接将访问请求发送给 SSL VPN 网关；SSL VPN 网关根据域管理员配置的用户权限及该用户使用的主机安全情况决定该用户可以访问的资源，将访问请求转发给内网资源服务器；内网资源服务器将应答 SSL VPN 网关，SSL VPN 网关将该应答通过 SSL 连接转发给远程客户端，如图 9-56 所示。

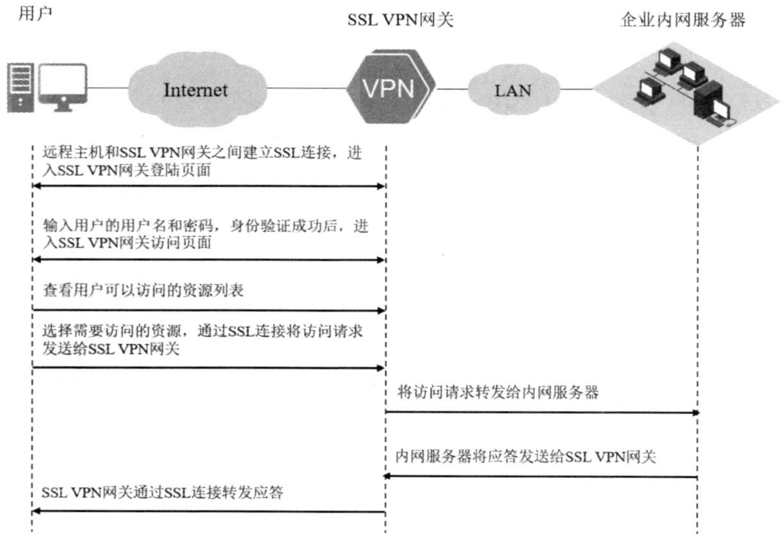

图 9-56 SSL VPN 工作过程（三）

9.4.3 SSL VPN 的接入方式

前面讨论了 SSL VPN 的一个核心功能访问控制，接下来讨论 SSL VPN 的另一个核心功能是远程接入。SSL VPN 远程接入提供了 Web 接入、TCP 接入和 IP 接入三种访问方式。

1. Web 接入方式

Web 接入方式，也称为反向代理或无客户端模式，因为它不需要在客户端设备上安装任何客户端代理，感觉就像使用某个浏览器的窗口或超级链接访问企业网络中的资源。Web

接入是 SSL VPN 最为常见的一种接入方式，代理服务器位于远程用户和内部服务器之间，为远程用户提供访问内部Web服务器资源的入口点。代理服务器是一个真正的Web服务器，当接收到用户的 Web 请求时，代理服务器中继客户的请求被发送到内部服务器，就像用户直接去获取一样，并且回送服务器的内容给客户端，此过程会对内容进行额外的处理，如图 9-57 所示。

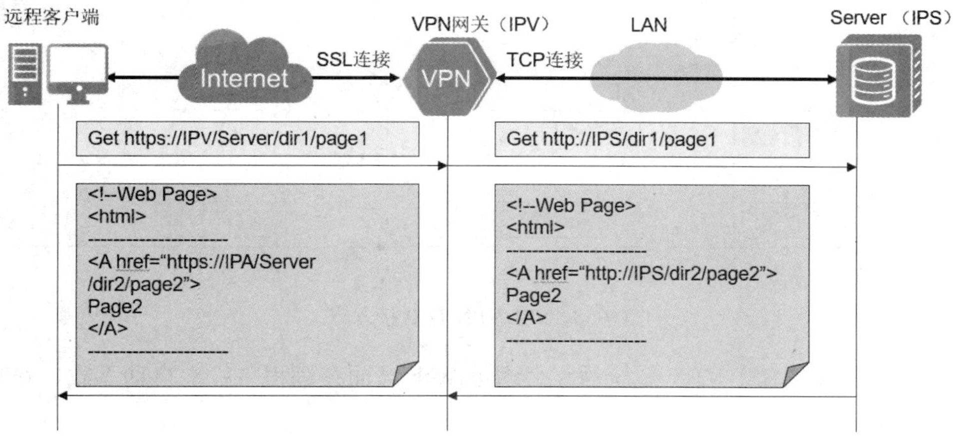

图 9-57　SSL VPN Web 接入方式

图 9-57 中，SSL VPN 网关的公网 IP 地址是 IPV，内部的资源服务器 Server 使用的 IP 地址是 IPS。SSL VPN Web 接入方式的实现原理是：对返回 Web 页面中的 URL 进行改写，使得远程用户在公网上可以访问到私网中的 URL，具体过程描述如下。

（1）用户使用 Web 浏览器与 SSL VPN 网关之间建立 SSL 连接，通过 SSL 连接发送 HTTP 请求，请求的地址是 https://IPv/Server，这个 URL 并不是一个真实路径，而是 SSL VPN 网关给内网服务器 Server 建立的虚拟路径。

（2）SSL VPN 网关解析 HTTP 请求，将报文中的请求路径"IPV/Server/dir1/page1”修改成为“IPS/dir1/page1”，将修改后的请求报文通过 TCP 连接转发给 Server 进行处理。

（3）Server 处理完远程主机发来的 HTTP 请求后，返回应答报文。该报文一般情况下是一个 Web 页面。Weh 页面文件中的连接<A>...<A>指向的是内网服务器上的地址，如“http://IPS/dir2/page2”（这个 URL 外网是不可见的）。

（4）SSL VPN 网关解析 Server 返回的 Web 页面，对页面中的链接逐一修改，使之映射成为外网用户可见的 URL 地址，如将 http://IPS/dir2/page2 改写为 https://IPV/Server/dir2/page2。

这样被改写过的页面传回给远程主机后，远程用户就可以访问页面中的链接了。

2. TCP 接入方式

虽然 Web 接入具有免客户端的好处，但是这种接入方式主要适用于访问 Web 类型的资源，对于 Telnet 和 FTP 等这些拥有自己客户端的非 Web 类的客户端/服务器架构的 TCP 应用，SSL VPN 提供 TCP 接入。

TCP 接入也称为端口转发或瘦客户端模式。SSL VPN 厂商把不同的技术应用到 TCP 接入，如 Java Applet、ActiveX 控件、Windows Layered Service Provider（LSP）等，使用最为广泛的是 Java Applet Web 接入客户端。与 Windows 技术相比，Java Applet 可以在 Windows 和非 Windows 操作系统中应用，只要客户端的操作系统支持 Java 即可。

SSL VPN 的 TCP 接入的实现原理为：在远程主机上安装一个 VPN 客户端，以代理方式与 SSL VPN 网关建立 SSL 连接，SSL VPN 网关再以代理方式与服务器端建立 TCP 连接。图 9-58 描述了 TCP 接入的过程。

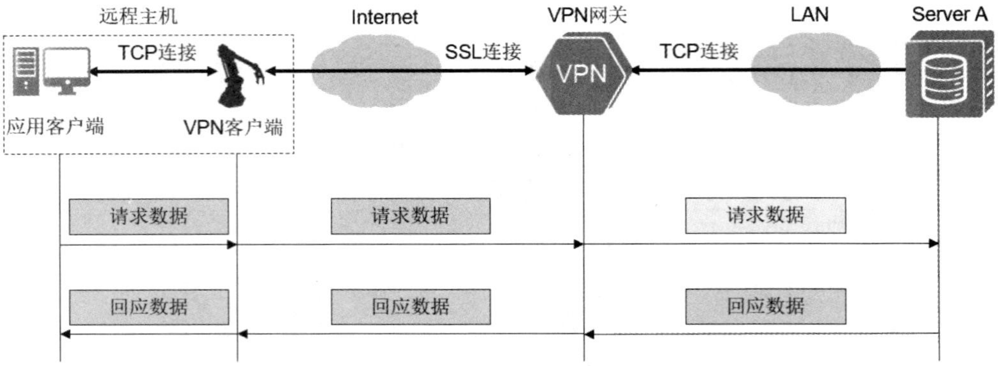

图 9-58　SSL VPN TCP 接入方式

（1）用户登录 SSL VPN 系统后，会通过 Web 页面在远程主机上自动下载、安装和运行一个 VPN 客户端程序。

（2）用户在远程主机上启动网络应用的客户端程序，该客户端向内网服务器发起建立 TCP 连接的请求被 VPN 客户端截获，于是应用程序的客户端与 VPN 客户端之间将建立起 TCP 连接。

（3）VPN 客户端与 SSL VPN 网关之间建立起 SSL 连接。在 SSL 连接建立起来后，VPN 客户端通知 SSL VPN 网关远程主机希望访问内网服务器上的某种 TCP 服务。

（4）SSL VPN 网关与指定的内网服务器上的 TCP 服务建立 TCP 连接。

经过上述步骤后，从客户端到内网服务器之间就建立起一条 TCP 连接的全双工数据通道。

3. IP 接入方式

对于一些采用动态端口建立连接的复杂通信方式，往往需要 SSL VPN 解析应用层的协议报文才能确定通信双方所要采用的端口，上述的两种接入方式均无法满足这种比较复杂的网络应用。对此 SSL VPN 提供了被称为 IP 接入的网络互连手段。IP 接入方式有时也被称作完全客户端模式。

IP 接入方式会通过 SSL 隧道将整个 SSL 的客户端程序传输到客户主机上，由客户主机安装后，即可通过客户端软件访问资源。这种模式的问题在于，需要客户主机有管理员的权限，否则客户端软件将无法安装。但在很多工作环境中，用户往往只有普通用户的权限。

9.4.4 SSL VPN 的应用场景

SSL VPN 主要提供基于 Web 应用程序的安全访问，用户通常不需要在远程主机上安装客户端软件。另外，客户端只需要在远程主机上通过 Web 浏览器即可使用 SSL VPN，几乎不需要对用户进行任何培训。SSL VPN 在易用性方面有了很大的提升，但缺点是主要对 Web 流量实现加密保护。

1. SSL VPN 的部署

根据 SSL VPN 网关在网络中位置的不同，SSL VPN 在实际应用中有双臂和单臂两种组网模式。

（1）双臂组网模式。采用双臂组网模式时，SSL VPN 网关跨接在内网和外网之间，如图 9-59 所示。

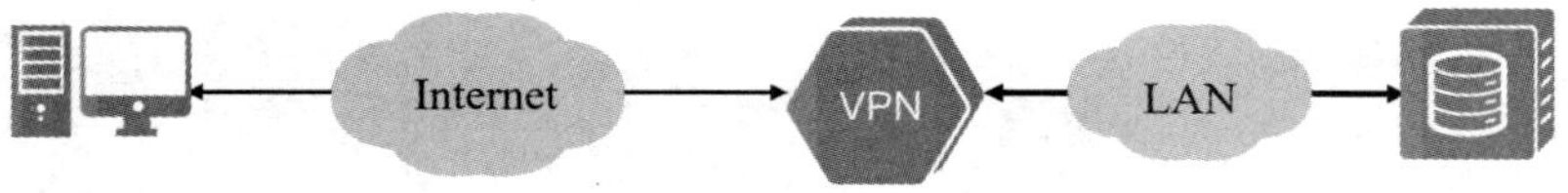

图 9-59　SSL VPN 双臂组网模式

这种组网模式的优势在于，外网对内网所有的访问流量都经过网关，网关可以对这些流量进行全面的控制。不足之处是，网关处于内网与外网通信的关键路径上，一旦网关出现故障将导致整个内网与外网之间通信中断；网关的处理性能也对整个内网访问外网的速度有影响。一般在 SSL VPN 网关与防火墙集成时，多采用双臂组网模式。由于有防火墙对网络攻击的防护，SSL VPN 可以比较安全地运行。

（2）单臂组网模式。采用单臂组网模式时，SSL VPN 网关并不跨接在内网和外网之间，而像一台服务器一样与内网相连，如图 9-60 所示。

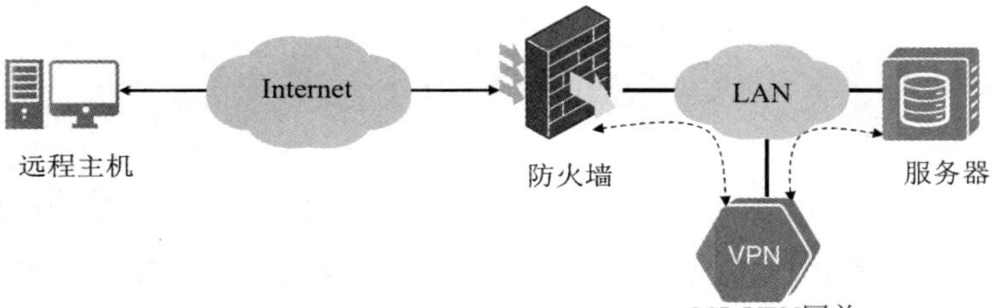

图 9-60　SSL VPN 单臂组网模式

SSL VPN 网关作为代理服务器响应外网远程主机的接入请求，在远程主机与内网服务器之间转发数据报文。使用单臂组网模式的好处是：设备不处在网络流量的关键路径上，设备的故障不会导致整个网络的通信中断；另外，网关的处理性能不会影响到整个内网与外网通信的性能。使用单臂组网模式的不足之处是：设备不能充分保护内部网络，有些流量可以不经过此设备而访问内部网络中的其他服务器。单纯的 SSL VPN 网关设备一般多采用单臂组网模式，不但可以免受外部的网络攻击，还可以避免成为网络的性能瓶颈和单点故障源。

2. SSL VPN 配置举例

SSL VPN 主要提供基于 Web 应用程序的安全访问，并在中小企业环境中应用广泛，具有配置简单和使用方便的特点。为了加深读者对 SSL VPN 技术的理解，下面以一个 Web 接入方式的 SSL VPN 应用实例来说明 SSL VPN 的配置过程。

（1）拓扑设计。假设一个公司分部的员工需要使用 SSL VPN 访问公司总部的 Web 服务器，如图 9-61 所示。Web 和 DNS 服务器上已经安装了 Windows Server2003 操作系统，并在 DNS 服务器上搭建网站 www.isp.com 和正确配置了 DNS 服务器。主机 PC 安装 Windows XP 系统，配置 DNS 指向 IP 地址 200.3.3.1/24（DNS 服务器地址）。思科 ASA 防火墙为公司总部的 SSL VPN 网关，PC 需要先和思科 ASA 防火墙公网出口通信，然后通过与 ASA

建立 SSL VPN，最终实现私网与私网之间穿越公网的通信。由于 PC 使用私网 IP 地址，因此需要对 PC 所在的网段进行 NAT。

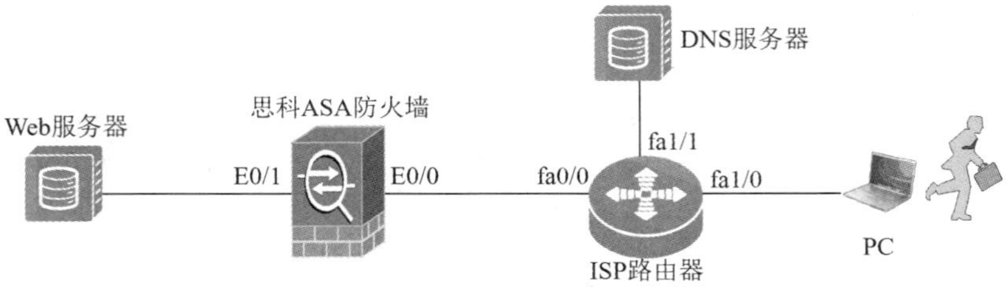

图 9-61 SSL VPN 配置拓扑设计图

（2）IP 地址规划。IP 地址的规划结果如图 9-62 所示。PC 使用的私网 IP 地址由 SSL VPN 网关动态分配。

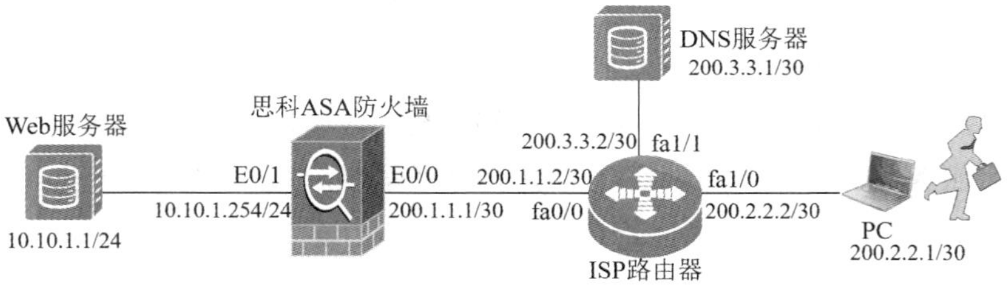

图 9-62 SSL VPN 配置 IP 地址规划

（3）配置接口 IP 地址。按照图 9-62 中的 IP 地址规划，为 ISP 路由器及思科防火墙的内口和外口接口配置 IP 地址，为服务器和 PC 配置 IP 地址、子网掩码和默认网关。该步骤完成后，确保在网络中任何一台设备上能够 ping 通对端设备接口的 IP 地址。

（4）配置路由。要使 SSL VPN 正常工作，前提是公网必须连通。图 9-62 中思科防火墙的 E0/0 和 ISP 路由器的 fa0/0、fa1/0 接口都连接到 Internet 上。

1）配置思科防火墙外口的公网路由。执行如下命令：

```
ASA(config)#route outside 0 0 200.1.1.2
```

2）配置 ISP 路由器公网路由。执行如下命令：

```
ISP(config)#ip route 0.0.0.0 0.0.0.0 200.1.1.1
```

3）测试公网连通性。执行 ping 命令测试 ASA 和 ISP 路由器之间数据链路的连通性。

（5）使用 TFTP 服务器上传 VPN Client 软件至思科 ASA 防火墙。

1）首先在配置 PC 中建立一个 TFTP 服务器，然后在思科官方网站上下载 VPN Client 软件 sslclient-win-1.1.3.173.pkg，并把它放在 TFTP 服务器的根目录下。

2）启动 TFTP 服务器，设置好放置 VPN Client 软件的目录路径和服务器接口 IP 地址，该接口 IP 地址就是思科 ASA 防火墙的内口 IP 地址。

3）执行 show flash：命令查看思科 ASA 防火墙的存储信息，保证思科 ASA 防火墙至少有 256MB 的存储空间。

4）在特权模式下，执行 copy tftp: flash:命令，输入 TFTP 服务器的 IP 地址和 VPN Client 软件的文件名，然后开始将 VPN Client 软件上传至思科 ASA 防火墙。上传完成后，使用 show flash：命令可以看到思科 ASA 防火墙上有刚才上传的 VPN Client 软件。

（6）开启 Web VPN 并安装 VPN Client 模块。将 VPN Client 软件上传到思科 ASA 防火墙之后，配置这个文件，使其可用作 Web VPN 会话。执行如下命令：

```
ASA(config)# webvpn
ASA(config-webvpn)# svc image disk0:/sslclient-win-1.1.3.173.pkg
INFO: Image does not contain head-end configuration.
```

（7）启用 SSL VPN 访问。执行如下命令：

```
ASA(config-webvpn)# enable outside
ASA(config-webvpn)# svc enable
ASA(config-webvpn)# exit
```

如果没有以上配置过程，在浏览器中输入访问的 URL 后，将不能打开 SSL VPN 的页面。

（8）建立 SSL VPN 拨号地址池。远程访问客户端需要在登录期间分配一个 IP 地址，需要为客户端建立一个 DHCP 地址池。

```
ASA(config)# ip local pool SSLClientPool 192.168.1.1-192.168.1.100 mask 255.255.255.0
```

（9）创建组策略。组策略用于指定所连接客户端的参数，这里创建一个称为 SSLCLientPolicy 的组策略。执行如下命令：

```
ASA(config)# group-policy SSLCLientPolicy internal
ASA(config)# group-policy SSLCLientPolicy attributes
ASA(config-group-policy)# dns-server value 200.3.3.1
ASA(config-group-policy)# vpn-tunnel-protocol webvpn svc
ASA(config-group-policy)# default-domain value tsweb.local
ASA(config-group-policy)# address-pools value SSLClientPool
ASA(config-group-policy)# exit
```

（10）配置访问列表旁路。执行 sysopt connect 命令，告诉思科 ASA 防火墙准许 SSL VPN 客户端绕过接口的访问列表：

```
ASA(config)# sysopt connection permit-vpn
```

（11）创建连接配置文件和隧道组。远程访问客户端连接到思科 ASA 防火墙时，也就连接到 connection profile 连接配置文件，也称为隧道组，用这个隧道组来定义其使用的特定连接参数，这里配置这些远程访问客户端使用 Cisco SSL VPN 客户端。

1）创建隧道组 SSL 客户端：执行如下命令：

```
ASA(config)# tunnel-group SSLClientProfile type remote-access
```

2）为 SSL VPN 隧道分配特定的属性。执行如下命令：

```
ASA(config)# tunnel-group SSLClientProfile general-attributes
ASA(config-tunnel-general)# default-group-policy SSLCLientPolicy
ASA(config-tunnel-general)# tunnel-group SSLClientProfile webvpn-attributes
ASA(config-tunnel-webvpn)# group-alias SSLVPNClient enable
ASA(config-tunnel-webvpn)# exit
```

在 group-alias 后面的 SSLVPNClient 就是我们在登录页面提示进行登录时看见的组。

（12）配置在登录页面中出现组的下拉列表。执行如下命令：

```
ASA(config)# webvp
ASA(config-webvpn)# tunnel-group-list enable
ASA(config-webvpn)# exit
```

（13）配置本地用户认证。执行如下命令：

```
ciscoasa(config)# username tjytwt password 123456
```

（14）测试 SSL VPN。

1）在浏览器中输入 SSL VPN Server 的公网地址：https://200.1.1.1，连接访问 SSL VPN Server 时会弹出提示信息，如图 9-63 所示，单击“确定”按钮。

2）弹出安装证书提示信息，如图 9-64 所示，单击“是”按钮。

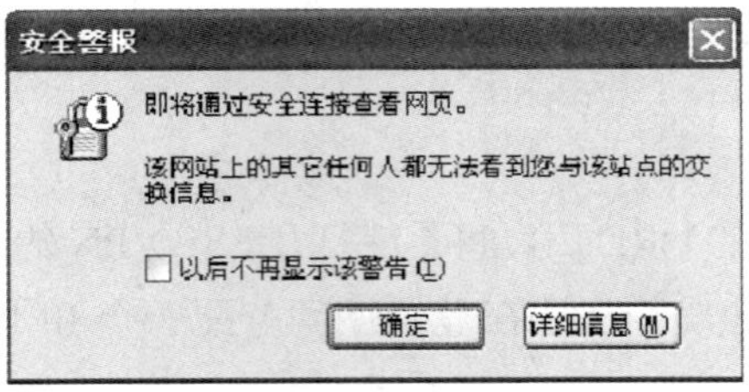

图 9-63　连接 SSL VPN Server 提示信息

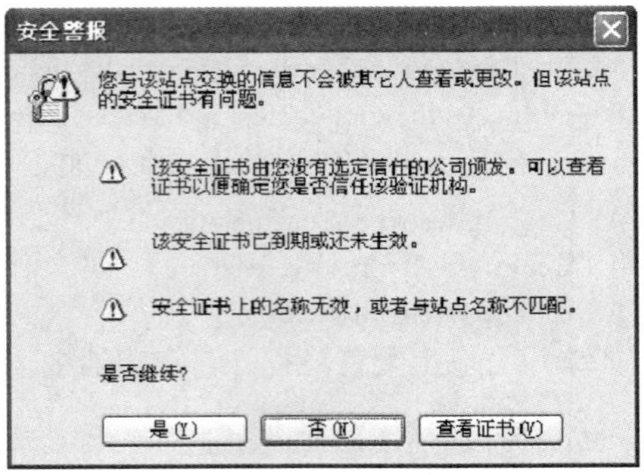

图 9-64　连接 SSL VPN Server 证书安装提示信息

3）这时会弹出网页，如图 9-65 所示，输入定义好的用户和密码，单击 Logon 按钮。

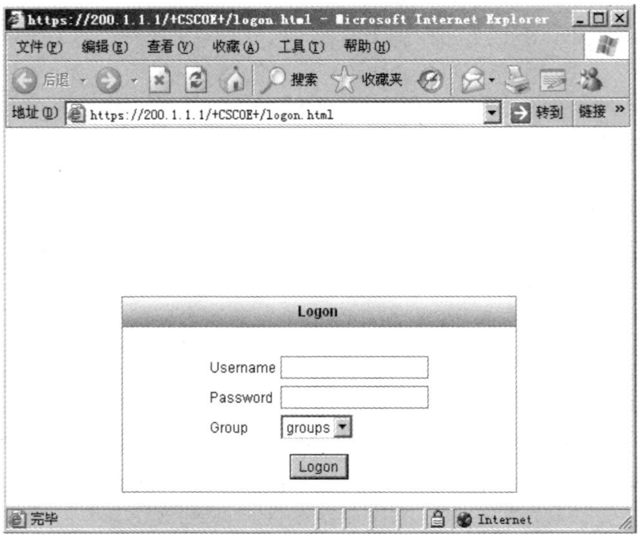

图 9-65　登录认证界面

4）输入正确的账号后，如果远程计算机安上装了 Java 虚拟机，则会弹出如图 9-66 所示的窗口。

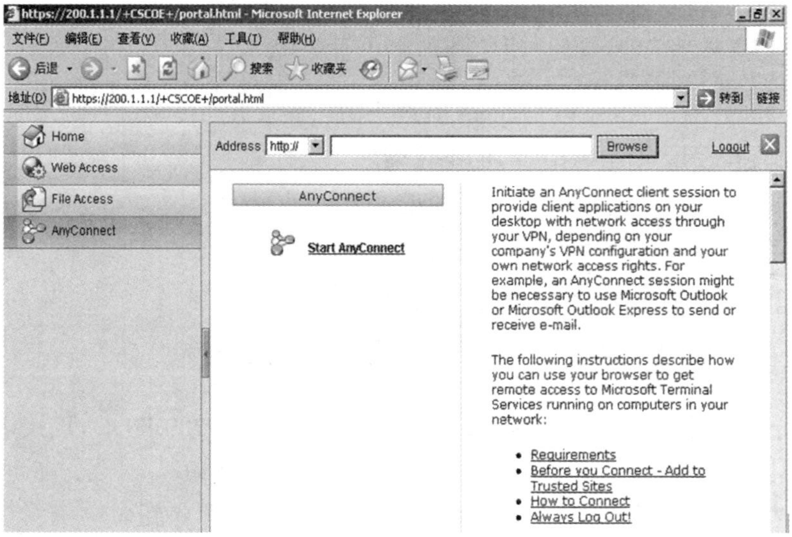

图 9-66　加载 VPN Client 软件界面

5）单击图 9-66 中的 Start AnyConnect 超链接，会弹出如图 9-67 所示的窗口。

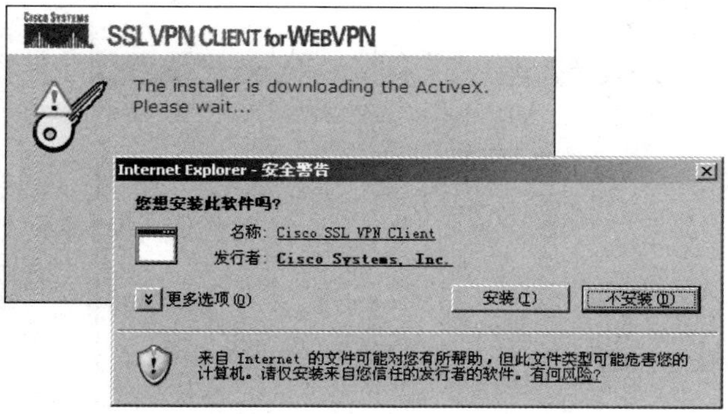

图 9-67　加载 VPN Client 插件界面

6）单击图 9-67 中的“安装”按钮，会弹出如图 9-68 所示的窗口。在等待过程中，会弹出与证书相关的信息对话框，单击“是”按钮即可。

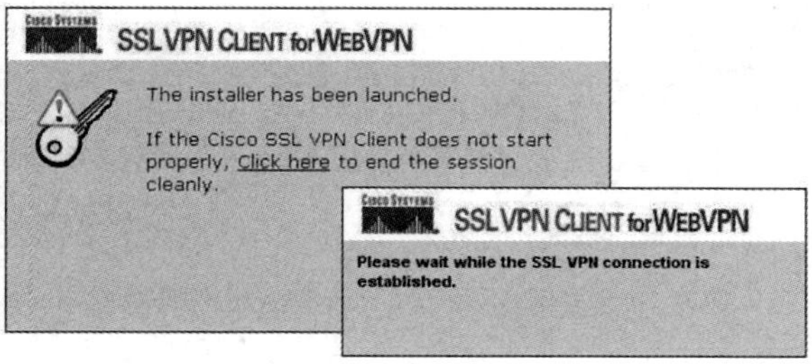

图 9-68　安装 VPN Client 插件界面（一）

7）插件安装完成后，远程计算机会自动连接 SSL VPN。连接成功以后，SSL VPN CLINET for WEBVPN 就会自动消失，在远程计算机上的通知区域会显示一把类似钥匙的图标，如图 9-69 所示。

图 9-69　SSL VPN 连接成功提示信息

8）在通知区域右击绿色小锁的图标，选择 Statistics 查看状态信息，弹出如图 9-70 所示界面。从图 9-70 中可以看见，SSL VPN Sever 端的 IP 地址、Client 所分配得到的 IP 地址、使用的加密算法和摘要算法以及数据包的转发情况等。

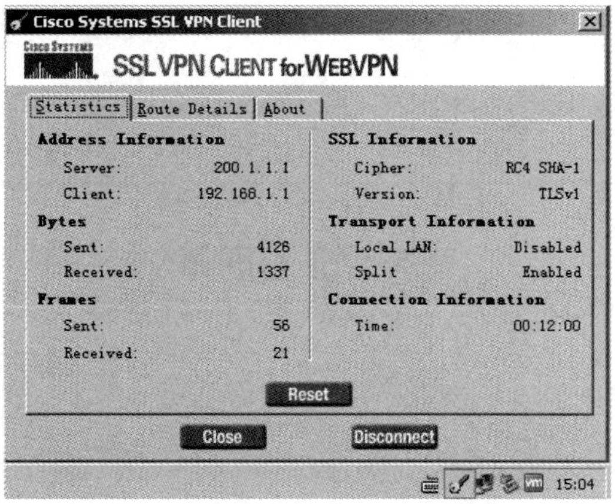

图 9-70　安装 VPN Client 插件界面（二）

9）在图 9-70 中单击 Route Details 标签，弹出如图 9-71 所示界面，可以看见，所有去往 10.0.0.0/8 网段的数据报文可以通过 SSL VPN Server 转发。

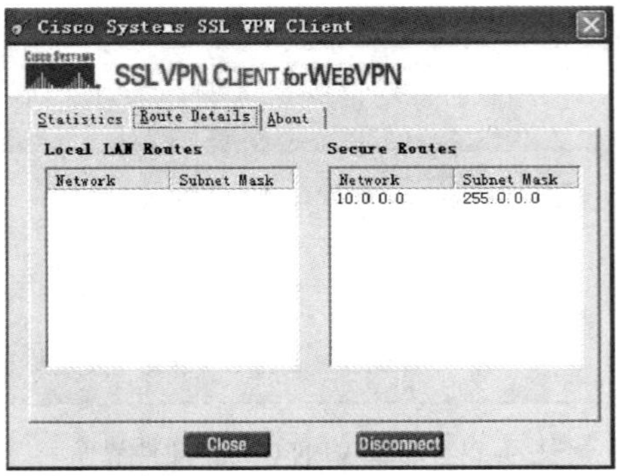

图 9-71　安装 VPN Client 插件界面（三）

10）此时在图 9-66 中的 Address 文本框输入公司总部的 Web 服务器的 URL，就可以安全访问公司总部的 Web 应用程序，如图 9-72 所示。

图 9-72　使用 SSV VPN 访问 Web 应用程序

3. SSL VPN 与 IPsec VPN 的对比

SSL VPN 和 IPsec VPN 都能通过远程访问功能，胜任保护数据流量的工作，但是用户获得的体验效果是不一样的，它们之间存在较大的差别，见表 9-2。

表 9-2　SSL VPN 与 IPsec VPN 的对比

比较项目	SSL VPN	IPsec VPN
身份认证	单向、双向身份认证和数字证书	双向认证和数字证书
数据加密	强加密，依赖 Web 浏览器	强加密，依靠应用
安全强度	从客户端到网关之间的通道加密	客户端到资源端全程加密
可访问性	适用于任何时间、任何地点	适用于受控用户的访问
安装方式	即插即用安装	需要手工安装客户端
用户体验	使用非常熟悉的 Web 浏览器	没有技术的用户使用困难
支持应用	基于 Web 的应用、文件共享、电子邮件	所有基于 IP 协议的应用
面对用户	客户、合作伙伴、远程用户等	适用于企业内部

9.5　过关训练

9.5.1　知识储备检验

1. 填空题

（1）VPN 的连接模式有________和________，常见的 VPN 类型分为________和

________。

（2）承载网的 IP 头以________标识 GRE 头。

（3）IPsec 协议主要包括________、________和________。

2. 选择题

（1）以下关于 VPN，说法正确的是（　　）。

A．VPN 指的是用户自己租用线路，和公共物理网络上完全隔离、安全的线路

B．VPN 指的是用户通过公用网络建立的临时的、安全的连接

C．VPN 不能做到信息验证和身份认证

D．VPN 只能提供身份验证、不能提供加密数据的功能

（2）IPsec 协议是开放的 VPN 协议，对它的描述有误的是（　　）。

A．适应于 IPv6 迁移

B．提供在网络层上的数据加密保护

C．可以适应设备动态 IP 地址的情况

D．支持 TCP/IP 外的其他协议

（3）如果 VPN 网络需要运行动态路由协议并提供私网数据加密，通常采用（　　）技术手段实现。

A．GRE　　B．GRE+IPsec　　C．L2TP　　D．L2TP+IPsec

3. 简答题

（1）什么是 VPN？常见的 VPN 封装协议有哪些？

（2）描述 GRE 隧道的建立过程。

（3）简述 IPsec 协商安全机制的 2 个过程。

9.5.2　实践操作检验

在图 9-73 所示的拓扑图中，R2 和 R4 是两个 VPN 站点连接互联网的网关路由器，同时它们也是 IPsec VPN 的加密设备，需要在 R2 和 R4 之间建立隧道模式的 IPsec VPN，以保护通信网络之间的流量。请在路由器等设备上完成恰当的配置，实现上述需求。

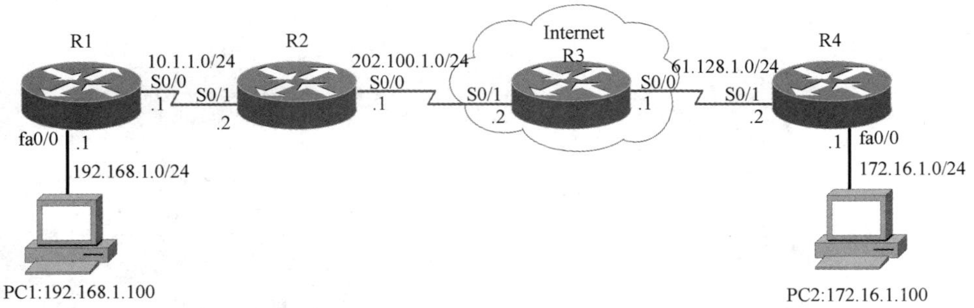

图 9-73　IPsec VPN 配置拓扑图

9.5.3　挑战性问题

按照图 9-74 所示的拓扑图，在 R1 上配置单臂路由，允许网段 192.168.1.0/24 和 192.168.2.0/24 内的主机相互通信，在 R1 上配置 NAT，允许内网用户访问 Internet。在 R1 和 R2 上配置 GRE+IPsec，使用 IPsec 技术对数据进行加密，预共享密钥为 123456，数据采

用 ESP-3DES、ESP-HASH-MD5、GROUP 2 加密方式，并配合 GRE 隧道，VPN 能够运行 OSPF 协议。为了安全，Tunnel 口采用 OSPF 密文认证，密码设定为 infosec。

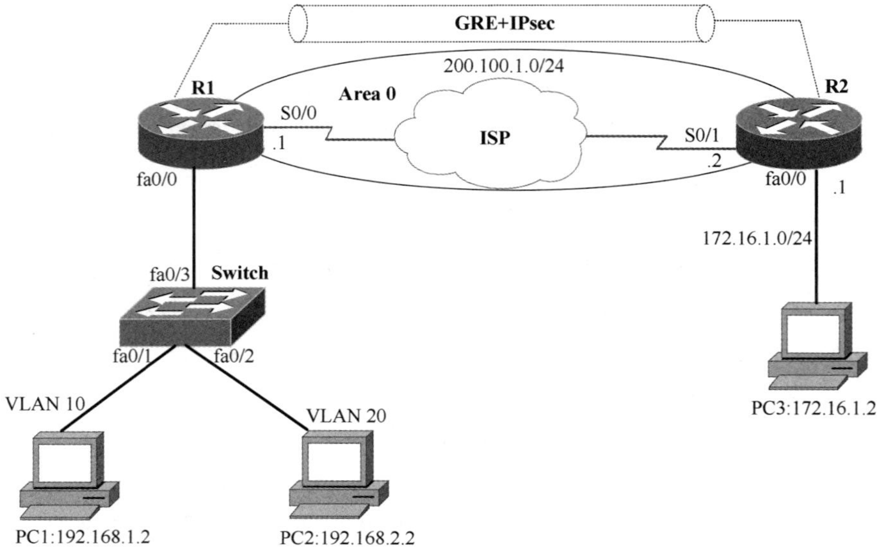

图 9-74 GRE+IPsec VPN 配置拓扑图

项目 10　网络安全管理技术

现在大多数组织都依赖于网络基础设施的平稳运行，网络宕机常常意味着产能、利润和声誉的损失，因而网络故障检测与排除是网络支持团队的重要职能。网络支持团队诊断和排除故障的效率越高，组织所遭受的损失就越少。网络维护任务可以分为两大类，即结构化任务和故障驱动型任务，其中，结构化任务是指按照预定计划执行网络运维任务；故障驱动型任务是指在收到故障报告后解决问题。在实际工作中永远也不可能消除故障驱动型任务，但通过结构化维护方法完全可以减少故障驱动型任务出现的概率。结构化维护方法不但能减少网络宕机时间（在故障出现之前解决问题），还是一种性价比非常好的维护方法。特别值得一提的是，结构化维护方法还能更快地解决网络中出现的各种意外故障，且因为降低了网络故障的发生概率，应对网络故障的资源消耗也对应减少了。由于结构化维护方法需要考虑组织的商业目标，因而可以根据商业因素来分配网络资源。另外，通过持续的网络监控行为（这也是结构化维护方法中的一个组成部分）能够更大程度地发现网络中存在的安全隐患，如配置系统日志（Syslog）、网络时间协议（NTP）、简单的网络管理协议（SNMP）、NetFlow 和交换端口分析器等，对网络系统实施不间断监控，及时反馈系统状态，保证业务的持续可靠运行，同时使用各种类型的数据来检测、验证和遏制漏洞攻击等。

10.1　网络运行与维护概述

在讨论网络维护方法之前，首先说明一下网络维护的定义。从本质上来说，网络维护是指让网络保持正常运行并满足企业机构商业需求而所要做的各种工作。下列任务就是网络维护工作的一些应用案例。

（1）硬件和软件安装及配置。

（2）针对故障报告进行故障检测与排除。

（3）监控和调整网络性能。

（4）规划网络扩容方案。

（5）记录网络状况以及网络发生的各种变更情况。

（6）确保网络与法律法规及企业策略保持一致。

（7）保护网络免受内部和外部的安全威胁。

10.2　网络故障排除方法

不同的网络管理员会使用不同的故障检测与排除方法，但大多数故障检测与排除方法都包含收集和分析信息、排除潜在原因、推断最可能的原因、验证可疑原因等步骤。

10.2.1　网络故障排除方法概述

1. 结构化故障检测与排除方法

完整的结构化故障检测与排除方法的步骤如图 10-1 所示。如果解决网络故障问题没有遵循结构化故障排除方法，那么基本上就是出于本能方式。虽然这种方式有时可能解决问题，但是这样做很容易让自己混淆，不知道已经尝试或未尝试哪些解决措施，而且假如还有另一个网络管理员协助解决故障，就很难跟他说清楚已经做了哪些排障步骤。因此，遵循结构化的故障检测与排除方法不但可以减少重复尝试同一种解决措施或忽略某项任务的可能性，还有助于与其他人沟通已经排除的故障潜在原因。

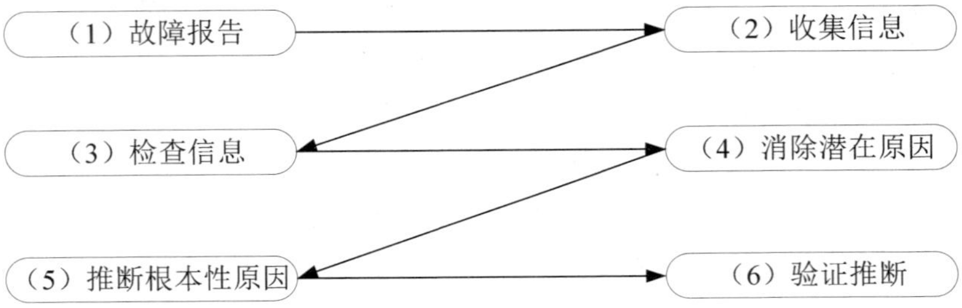

图 10-1 结构化故障检测与排除方法的步骤

2. 不假思索故障检测与排除方法

对于经验丰富的排障人员来说，他们很可能遇到过类似的故障问题，而且对自己所管理的网络细节也非常熟悉，那么再按部就班地检查收集到的信息、排除潜在故障原因就显得多此一举了。他们完全可以在收集到足够信息之后直接推断故障原因。如图 10-2 所示为不假思索故障检测与排除方法的步骤。

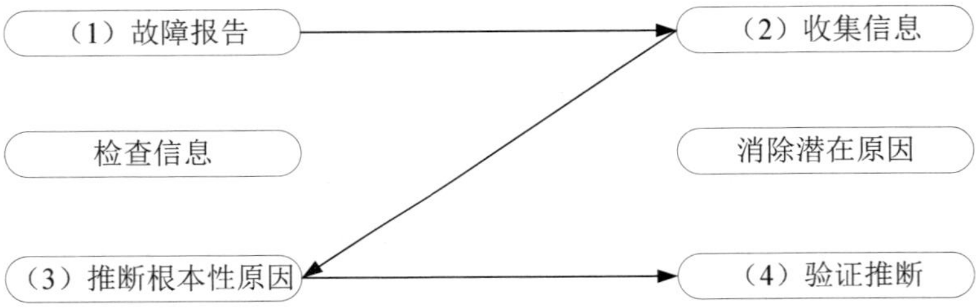

图 10-2 不假思索故障检测与排除方法的步骤

结构化故障检测与排除方法与不假思索故障检测与排除方法之间的最大区别在于根据收集到的信息来检查信息和排除潜在原因。不假思索故障检测与排除方法的最大风险在于排障人员的直觉是否正确，一旦出现错误，那么将浪费大量时间，因此排障人员必须清醒地知道何时该转回到结构化故障检测与排除方法。

10.2.2 网络设备配置文档

在排除网络故障的过程中，可以采取诊断多种问题的方法，包括试错法、参照法、替换法等。每一种方法的实施都离不开具体的网络环境，因此，在排除网络故障之前，必须弄清网络配置文件、终端系统配置文件、物理网络拓扑图、逻辑网络拓扑图。

1. 网络配置文件

网络配置文件应包含有关任何设备的所有相关信息，包括：

（1）设备类型、型号。

（2）IOS 映像名称。

（3）网络设备主机名。

（4）设备位置，如果有模块，还应包括模块和插槽等信息。

（5）数据链路和网络层地址。

（6）设备物理方面的任何其他重要信息。

图 10-3 和图 10-4 分别显示了路由器和交换机的相关配置信息。

Device Name, Model	Interface Name	MAC Address	IPv4 Address	IPv6 Addresses	IP Routing Protocols
R1, Cisco 1941, c1900-universalk9-mz.SPA.154-3.M2.bin	G0/0	0007.8580.a159	192.168.10.1 /24	2001:db8:cafe:10::1/64 fe80::1	EIGRPv4 10 EIGRPv6 20
	G0/1	0007.8580.a160	192.168.11.1 /24	2001:db8:cafe:11::1/64 fe80::1	EIGRPv4 10 EIGRPv6 20
	S0/0/0	N/A	10.1.1.1/30	2001:db8:acad:20::1/64 fe80::	EIGRPv4 10 EIGRPv6 20
R2, Cisco 1941, c1900-universalk9-mz.SPA.152-4.M1	S0/0/0	N/A	10.1.1.2/30	2001:db8:acad:20::2/64 fe80::2	EIGRPv4 10 EIGRPv6 20

图 10-3　路由器配置信息

Switch Information	Port	Speed	Duplex	STP	Port Fast	Trunk Status	Ether Channel L2 or L3	VLANs	Key
S1, Cisco WS-2960-24TT, 192.168.10.2/24, 2001:db6:acad:99::2, c2960-lanbasek9-mz.150-2.SE7.bin	G0/1	100 Gb/s	Auto	Fwd	No	On	None	1	Connects to R1
	F0/2	100 Mb/s	Auto	Fwd	Yes	No	None	1	Connects to PC1

图 10-4　交换机配置信息

2．终端系统配置文件

终端系统配置文件重点关注终端系统设备中使用的硬件和软件，例如服务器、网络管理控制台和用户工作站。文档应包括：

（1）设备名称（用途）。

（2）操作系统及版本。

（3）IPv4 和 IPv6 地址。

（4）子网掩码和前缀长度。

（5）默认网关和 DNS 服务器。

（6）终端系统上使用的任何高带宽网络应用。

图 10-5 显示了终端和服务器的相关配置信息。

Device Name, Purpose	Operating System	MAC Address	IP Address	Default Gateway
PC2	Windows 10	5475.D08E.9AD8	192.168.11.10 /24 2001:DB8:ACAD:11::10/64	192.168.11.1 /24 2001:DB8:ACAD:11::1
SRV1	Linux	000C.D991.A138	192.168.20.254 /24 2001:DB8:ACAD:4::100/64	192.168.20.1 /24 2001:DB8:ACAD:4::1

DNS Server	Network Applications	High Bandwidth Applications
192.168.11.11 /24 2001:DB8:ACAD:11::99	HTTP, FTP	Video
192.168.20.1 /24 2001:DB8:ACAD:11::99	FTP, HTTP	

图 10-5　终端与服务器配置信息

3．物理网络拓扑图

网络拓扑图可以跟踪网络中设备的位置、功能和状态，有两种类型：物理拓扑图和逻辑拓扑图。物理网络拓扑图显示连接到网络的设备的物理布局，通常包括：

（1）设备类型。

（2）型号和制造商。

（3）操作系统版本。

（4）电缆类型及标识符。

（5）电缆规格。

（6）接头类型。

（7）电缆连接端点。

图 10-6 为某组织的物理网络拓扑图。

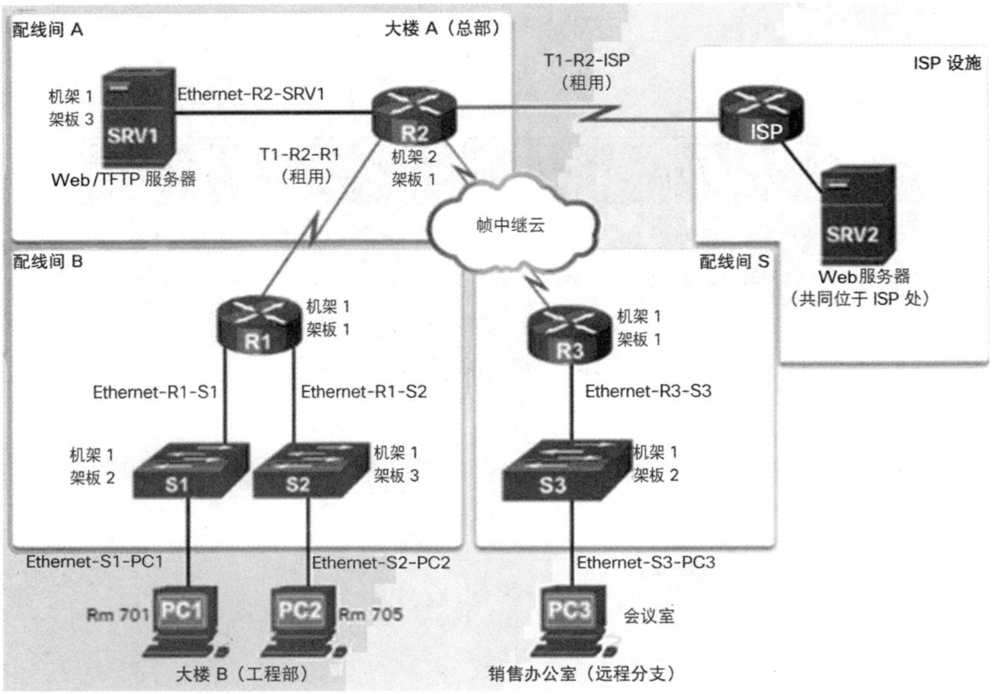

图 10-6　物理网络拓扑图

4. 逻辑网络拓扑图

逻辑网络拓扑图说明设备与网络的逻辑连接方式，图符用于表示各种网络元素，如路由器、交换机、服务器、主机、VPN 集中器及安全设备。记录的信息可能包括：

（1）设备标识符。

（2）IP 地址和前缀长度。

（3）接口标识符。

（4）连接类型。

（5）站点到站点 VPN。

（6）路由协议和静态路由。

（7）所采用的 WAN 技术。

（8）数据链路协议。

图 10-7 为某组织逻辑网络拓扑图。

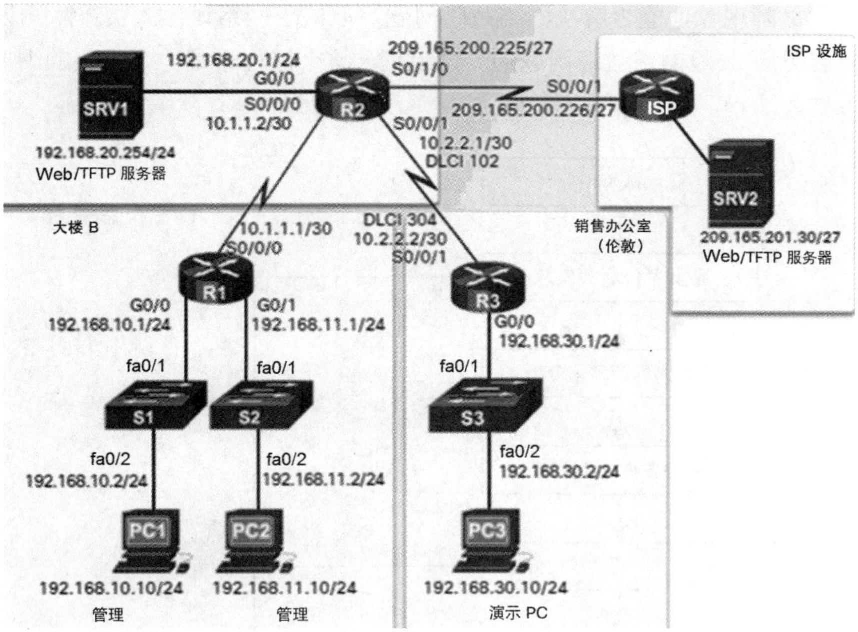

图 10-7　逻辑网络拓扑图

10.2.3　常见网络故障排除方法

1．试错法

试错法依据经验对解决问题的方法进行推测，随后实施这种解决方案并对得到的结果进行检验，然后不断地重复这一过程，直到得到了正确的解决方法为止。从严格意义上讲，采用试错法解决网络故障并不是一种科学的手段，常常遭到纯技术论者的反对。尽管如此，在现实工作中，这种方法仍然占有一席之地，而且没有几位网络专家敢说他从来没有使用过这种方法。虽然这种方法有着自己特殊的作用，但是并不能够作为唯一的解决方法，因为在某些情况下使用这种方法弊大于利。

2．实例对照法

假设有两个相近的网络环境，其中一个工作正常而另一个恰巧相反。那么在这种情况下就可以使用实例对照法，即将其中不正常的网络按照正常工作的网络进行设置。实例对照的方法是一种最为快速的解决问题方法，因为这种方法不需要任何特定的知识或者是解决相关问题的经验。许多组织在购买计算机的时候，总是喜欢购买相同的型号并且按照同样的方式进行设置。当其中的某台计算机出现问题的时候，就可以利用这种方法了。

3．替换法

在 IT 行业中，使用替换方法来解决问题是非常普遍的。采取这种方法，技术人员必须了解导致故障的可能原因，并且手中有正常工作的设备可供选择。正如这种方法最初给人的感觉一样，它非常简单，至少在确定导致故障的原因以后是这样。而确定产生故障的原因正是这种方法的困难和技巧所在。只有当产生故障的原因被确定，并且发生故障的组件存在缺陷的情况下，替换法才会产生效果。

10.2.4　网络故障排除流程

在实际的网络中，有可能相同的故障现象是由不同的原因造成的，也有可能相同的原因造成不同的故障现象，能否解决网络故障问题，取决于网络运维人员排障知识的积累程度。图 10-8 给出了一般网络故障问题的处理流程。这个流程不是一个僵化的纲要，网络运维人员可以修改流程，以适应特定的网络环境。

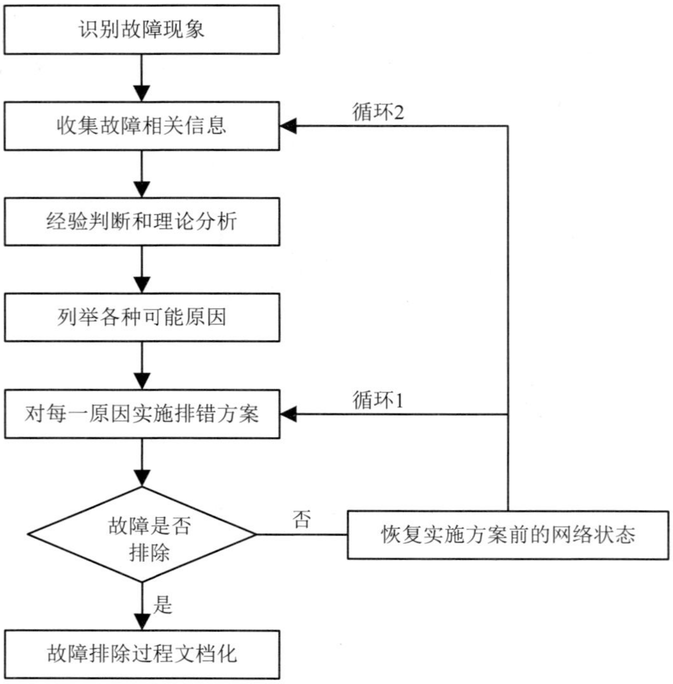

图 10-8　网络故障问题的处理流程

1. 识别故障现象

开始动手排除故障之前，最好先准备一支笔和一个记事本，将故障现象认真仔细记录下来。在观察和记录时一定要注意细节，排除大型网络故障时如此，排除一般十几台电脑的小型网络故障时也如此，因为有时正是一些最小的细节使整个问题变得明朗化。

例如这样一个案例：用户反映日志服务器与备份服务器间备份发生问题。这是一个不完整不清晰的故障现象描述，因为这个描述没有讲述清楚下列问题：

（1）这个问题是连续出现，还是间断出现的？

（2）是完全不能备份，还是备份的速度慢（即性能下降）？

（3）哪个或哪些局域网服务器受到影响，地址是什么？

正确的故障现象描述是：在网络的高峰期，日志服务器 10.11.56.11 到集中备份服务器 10.15.254.253 之间进行备份时，FTP 传输速度很慢，大约是 0.6Mbit/s。

2. 收集故障相关信息

收集网络故障相关的事实和症状很重要，有助于逐步排除可能的原因，并最终确定问题的根本原因。收集故障信息主要有以下几个步骤：

（1）收集信息。通过故障通知单、受故障影响的用户或终端系统收集信息以明确故障。

（2）确定所有权。如果故障在组织的控制范围之内，则进行下一阶段。如果故障不在组织的控制范围之内，则联系外部系统管理员。

（3）缩小范围。确定问题是出在核心层、分布层还是接入层。在确定的层中，分析现有故障症状，并尝试确定哪台设备最有可能发生故障。

（4）从可疑设备中收集症状。使用 ping、traceroute、telnet、show、debug、设备日志和数据包捕获命令/工具，从可疑设备中收集故障症状。

（5）记录症状。如果根据以前记录的故障症状仍然不能解决问题，则开始常规故障排除的下一阶段。

大多数情况下，网络故障问题一般是最终用户报告的，但这些信息通常不明确或具有误导性。因此，需要询问最终用户以便更好地帮助确定问题。当向最终用户询问可能遇到的网络问题时，需要使用有效的提问技巧。如上述案例，可以向用户提问或自行收集下列相关信息：

1）网络结构或配置是否最近修改过，即问题出现是否与网络变化有关？

2）是否存在用户在访问受影响的服务器时没有出现问题的情况？

3）在非高峰期日志服务器和备份服务器间 FTP 传输速度是多少？

通过该步骤，可以收集到下面的一些相关信息：

- 最近 10.11.56.0 网段的客户机不断在增加；
- 129.9.0.0 网段的机器与备份服务器间进行 FTP 传输时速度正常为 7Mb/s，与日志服务器间进行 FTP 传输时速度慢，只有 0.6Mb/s。
- 在非高峰期日志服务器和备份服务器间 FTP 传输速度正常，大约为 6Mb/s。

3. 使用 OSI 分层模型确认网络问题

只有确认网络问题是什么后，才能确定解决方案。OSI 分层模型为网络管理员提供一种通用语言，通常用于排除网络故障。网络运维人员提供比较问题的特征与网络的逻辑层，以查明网络问题。使用 OSI 分层模型的层次结构思想解决问题，有自下而上、自上而下和分段这三种主要的网络故障排除方法，每种方法都有其优点和缺点。

（1）自下而上故障排除法。首先检查网络的物理组件，然后沿着 OSI 分层模型的各个层向上进行排查，直到确定故障的原因。如果首先怀疑网络故障是物理故障时，采用这种方法较为合适。根据统计，网络故障产生的概率分布是由低到高，因此使用这种方法通常比较有效。这种方法的缺点也很明显：必须逐一检查网络中的各台设备和各个接口，直至查明故障的原因。

（2）自上而下故障排除法。这种方法首先排除最终用户的应用故障，然后再检查更具体的网络组件，故适用于较简单的故障。这种方法的缺点是：必须逐一检查各网络应用，直至查明故障。

（3）分段故障排除法。如两个路由器跨越电信部门提供的线路而不能相互通信时，采用以上两种方法，都需要逐层排除故障，比较费时，这时分段故障排除法是有效的。分段故障排除法是指网络运维人员选择一个层并从该层的两个方向进行测试。使用这种方法需要运维人员作出合理的推测，即从 OSI 分层模型的哪一层开始进行调查。如果某一层正常运行，则可认定其下面的所有层都能够正常运行。

（4）使用 OSI 分层模型排除网络故障的原则：要快速解决网络故障，需要选择最有效的网络故障排除法。图 10-9 给出了故障排除方法的选择原则。

10.2.5　网络故障排除实践

网络或部分网络中断，是再平常不过的事情，但这可能会造成严重的负面影响，网络管理员必须采用系统化的方法进行故障排除，尽快将网络恢复至完全运行状态。网络管理员要能快速且高效地解决网络问题，必须具备扎实的网络故障排除技能，掌握这些技能的唯一方法就是动手实践和使用系统化的故障排除方法。

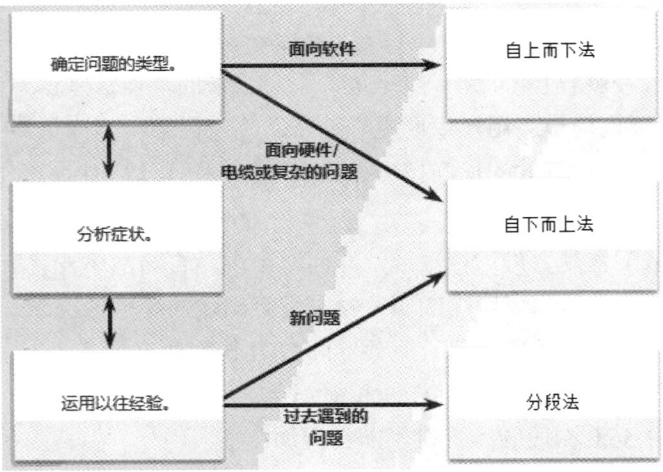

图 10-9　网络故障排除方法的选择原则

在此结合一个具体的网络案例，详细讨论使用自下而上故障排除法，所采用的网络拓扑图如图 10-10 所示，在 AS-SW、CO-SW、RA、RB 和 PC 上已做了预配。假定你是一名网络管理员，请排除网络中的故障问题，实现 PC1 能 ping 通 Server 的功能。具体要求是：排除所有网络故障，不要删除原有配置，只能修改或添加相关配置命令。

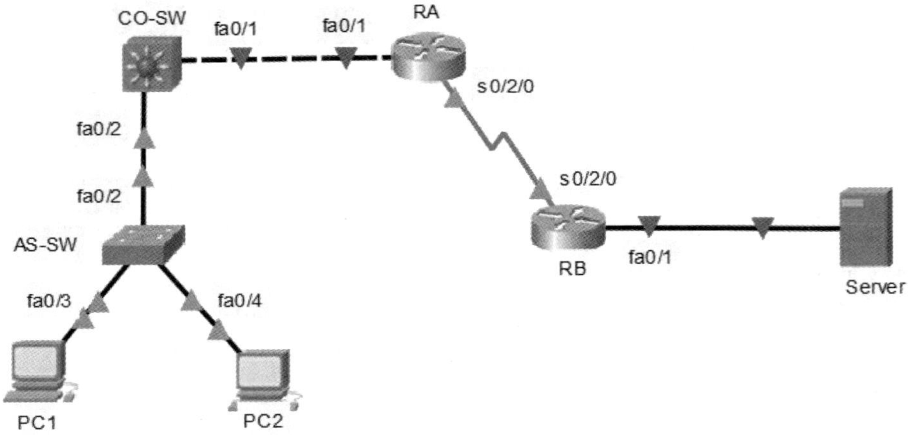

图 10-10　网络故障排除拓扑图

1. 检查物理层

据统计，70%的网络故障发生在物理层。物理层上常见故障有电源问题、设备硬件故障、布线故障（断开、接触不良）、衰减过大（超过电缆极限长度）、噪声过大、接口配置错误（双工不匹配、时钟频率设置不对，或没有配置 DCE）、CPU 过载。最常用的检查命令是 show processes cpu、show memory 和 show interfaces。

（1）首先能够发现的物理问题是 CO-SW 与 RA 之间，RB 与 Sever 之间连接指示灯不正常，经排查是用错了网线所致，CO-SW 与 RA 之间使用直通网线，RB 与 Sever 之间使用交叉网线，更换网线后，故障依旧。

（2）在 CO-SW 上执行 show interface fa0/1 命令，发现接口处于物理 down 状态，于是

接入该接口，执行 no shut 命令，激活该接口，故障还是存在。

（3）在 RA 上，执行 show interface fa0/1 命令，发现接口处于物理 down 状态，于是接入该接口，执行 no shut 命令，激活该接口，故障解除。

（4）在 RB 上，执行 show interface fa0/1 命令，发现接口处于物理 down 状态，于是接入该接口，执行 no shut 命令，激活该接口，故障解除。

2. 检查数据链路层

数据链路层故障排除比较困难，典型故障有封装错误，如配置子接口时，VLAN ID 封装错误，WAN 链路协议封装失配。地址映射错误，如 ARP 表，没有第二层和第三层地址信息的映射或根本没有地址信息映射。成帧错误，典型问题双工不匹配。配置错误，如没有将接口正确划分到对应 VLAN，VLAN 配置信息丢失，端口属性设置错误等。

（1）在 AS-SW1 上执行 show vlan、show inter trunk、show interface fa0/2、show interface fa0/3，show interface fa0/3 命令逐一查看 VLAN 划分、trunk 配置，双工配置情况。发现 AS-SW 上的配置没有问题。在 Core-SW 上，执行 show vlan、show inter trunk、show interface fa0/2 命令，发现 fa0/2 本应为 trunk，但没有配置其为 trunk。在 fa0/2 接口下，执行 switch trunk enc dot 和 switch mod trunk 命令后，AS-SW 与 Core-SW 之间的链路为 trunk，使用 802.1q 封装协议。

（2）在 RA 和 RB 上执行 show interface s0/2/0 命令，查看接口状态、协议封装情况。发现接口协议处于 down 状态，RA 封装协议为 PPP，RB 封装的协议是 HDLC，导致 RA 与 RB 串行链路处于 down 状态，在 RB 上执行 encapsulation ppp 命令封装 PPP 协议后，再在 RA 和 RB 上执行 show interface s0/2/0 命令，查看接口协议状态，发现其处于 up 状态。

3. 检查网络层

（1）检查 PC1、PC2、Server IP 地址参数设置情况。在 CO-SW 上执行 show run | begin interface VLAN 2 命令，可以看见 SVI VLAN 2 和 SVI VLAN 3 接口的 IP 地址，分别作为 PC1 和 PC2 的网关，但 PC1 和 PC2 的网关设置均有错，分别将网关填入 VLAN 2 和 VLAN 3 的 IP 地址。另外，Server 的网关配置也有问题，错误配置为 192.168.6.2，应该为 RB fa0/1 接口的 IP 地址，即 192.168.6.1。

（2）测试网络连通性。

1）在 PC1 上，ping vlan2 接口 IP 地址、ping CO-SW 的 fa0/1 接口 IP 地址，ping RA 的 fa0/1 接口 IP 地址，发现 ping RA 的 fa0/1 接口 IP 地址不通。可能的原因是在 RA 的路由器上没有到达 PC1 所在网段的路由。

2）在 RA 上，执行 show ip route 命令，输出结果中只有直连网段路由，没有其他远程网络的路由信息。由于 CO-SW 与 RA 路由器上已经运行了 OSPF 动态路由协议，因此为了解决该问题，需要在这两台设备上查看一下 OSPF 协议的配置情况。

3）在 CO-SW 上，执行 show run | begin router ospf 1 命令，发现宣告的网段 192.168.1.0 有错，应该是宣告 192.168.2.0，另外还缺少一个直连网段，正好是 CO-SW 与路由器 RA 之间的直连网段 192.168.4.0，修改并增加直连网段进入区域 0。

4）在 RA 上执行 show run | begin router ospf 1 命令，检查发现 OSPF 路由没有配置错误。再次在 RA 上执行 show ip route 命令，输出结果中已经学习到 VLAN 2 和 VLAN 3 接口所在网段的路由，再次使用 ping RA 的 fa0/1 接口 IP 地址，已经能 ping 通了。

5）继续 ping RA 的 s0/2/0 接口 IP 地址，能够 ping 通。

6）继续 ping RB 的 s0/2/0 接口 IP 地址，不能 ping 通。执行 show ip route 命令，发现没有任何的 OSPF 路由信息。在前面，我们已经发现 s0/2/0 串行口处于 down 状态，肯定学习不到任何远程网络信息。PPP 协议认证没有问题，可能是启用了 OSPF 协议认证。

7）在 RA 和 RB 上，执行 show run | begin interface Serial0/2/0 命令，从输出结果中发现，RA 上指定的认证密钥为 jnds，而 RB 上设置为 chjnds，这是影响 RB 不能学习到远程网络路由信息的原因之一，我们将 RA 原认证密码删除，设置新密码为 RB 上的 chjnds。

8）在输出结果中，也发现在 RA 上设置了 OSPF 报文的 hello 时间间隔和伤亡时间间隔，RB 采用的是默认值，这也是造成 RB 学习不到远程网络 OSPF 路由信息的原因，将 RA 上的 OSPF 报文恢复至默认值，执行 ip ospf hello-interval 10，ip ospf dead-interval 40 命令即可。

9）以上已经确保 OSPF 的路由进程和接口下的操作都没有问题了。但 RA 上还是学习不到远程网络的路由信息，RB 上也学习不到远程网络的路由信息，可能的原因是，发向 RA 的 OSPF 报文，可能在 RA 上使用 ACL 进行了过滤。在 RB 上，执行 show access-list 命令，可以看见配置了一条阻止 OSPF 报文发向 RA 的规则，接入命名的扩展访问列表 OSPF 配置模式下，使用 no 删除该条规则，改为 permit ip any any。

经过以上操作后，RA 和 RB 上有了正确的全网路由信息，这时在 PC1 上执行 ping Server 的 IP 地址命令，输出结果是能够 ping 通。至此，已经排除了网络的所有故障。

从以上的故障排除过程来看，应当注意一些典型的物理层、数据链路层、网络接入层、传输层和应用层症状及问题，可能需要特别注意物理连接、默认网关、路由信息。另外，排除网络故障不是一件容易的事情，需要良好的网络设备配置方面的知识积累和操作技能。

10.3 网络硬件诊断工具

一般网络故障大多发生在网络的物理层，排除物理层故障离不开各种仪表等辅助工具，否则只能望网兴叹，无从下手。这些设备可以分为三类：一是低端设备，如电缆测试仪、万用表；二是中端设备，如网络万用表 NetTools；三是高端设备，如 FLUKE 公司生产的 DSP-4300 型高精度数字式电缆分析仪。当进行故障的诊断时，这些设备都可以检测网络电缆和连接器是否进行了正确的连接。

10.3.1 电缆测试仪

电缆测试仪是每一个网络工程人员和网络管理员都不能缺少的工具之一。好的电缆测试仪将显示出线缆的问题以及 RJ-45（俗称水晶头）是否制作良好。电缆测试仪可以检测 UTP/STP/FTP 双绞线、RJ-45、RJ-11、BNC 同轴电缆，特别适合施工现场的测试。如果测试较短的线缆，如一条跳线，那么可以直接把跳线两端插入主电缆测试仪中；如果是测试较长的线路，需将线路两端分别插入两块电缆测试仪中。

电缆测试仪根据 LED 发光二极管的电气原理来检查电缆的连通性，如果线路两端测试器的 LED 同时发光，那么说明线路正常；如果有一端 LED 没发光，说明线路没有连接好。图 10-11 所示的是简易的网络多功能电缆测试仪，它采用 8 根双绞线逐根自动扫描方式，只需打开电源开关，选择慢速或快速测试挡位即可完成双绞线或同轴电缆的连通性测试。

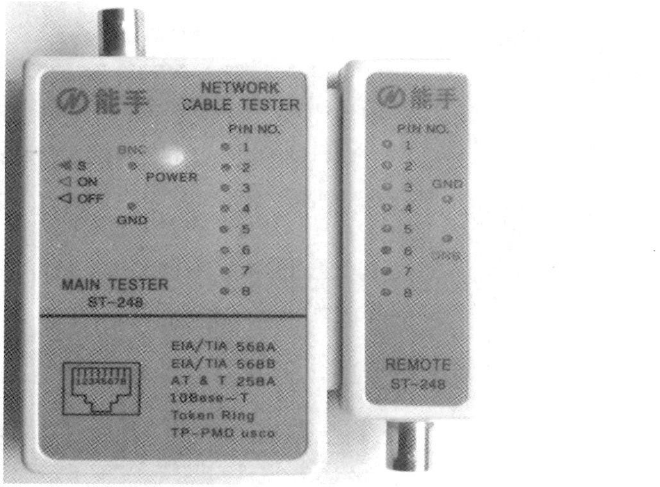

图 10-11　简易的网络多功能电缆测试仪

10.3.2　万用表

万用表分为指针式万用表（图 10-12）和数字式万用表（图 10-13）两种，但指针式万用表没有数字式万用表容易使用和直观，所以这里我们只介绍数字式万用表。数字式万用表是一个多用途的电子测量工具，它所能揭示的信息远远超出电阻两端的电压，使用该表可以确定：

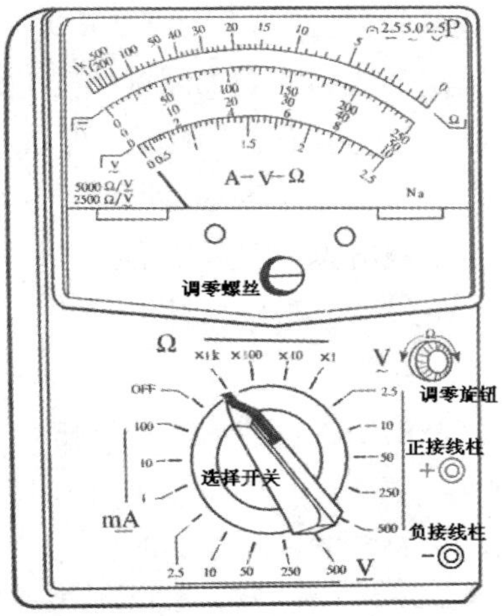

图 10-12　指针式万用表

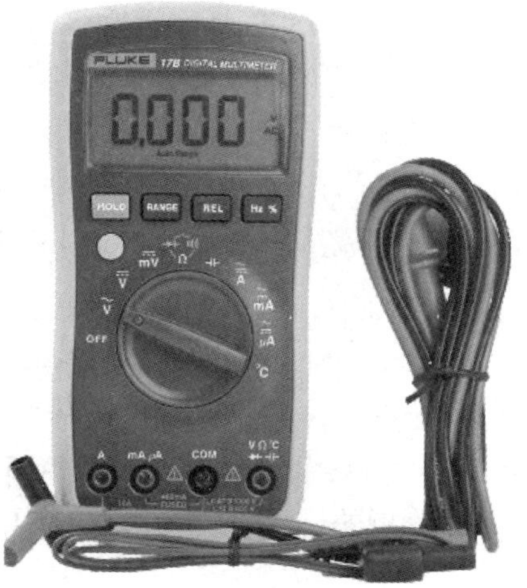

图 10-13　数字式万用表

（1）电缆是否连接（是否有断路）。

（2）电缆是否可以运载通信量。

（3）同一电缆的两个部分是否暴露和接触（因而造成短路）。

（4）电缆的暴露部分是否接触了另一导体，如金属表面。

数字式万用表还可以检查网络设备的电源。网络设备要正常工作，首要的是保证电源电压在正常的范围之内。若网络设备长时间保持在低电压会导致间断性的错误，过高的电压会导致设备被破坏。另外，建筑物中不正确的电路走线也有可能导致实际的电压输出超过 220V，特别是网络设备的机壳没有接地或接地不良好，都会造成网络设备故障。这种情况，在雷雨天气时，会有遭到雷击的危险。

10.3.3 网络万用表

NetTools 是 FLUKE 公司生产的集电缆、网络及 PC 配置测试功能于一体的手持式网络测试仪，也被称作网络万用表，是网络故障现场测试的利器，如图 10-14 所示。FLUKE 公司生产的 NetTools 分为标准型和在线型。

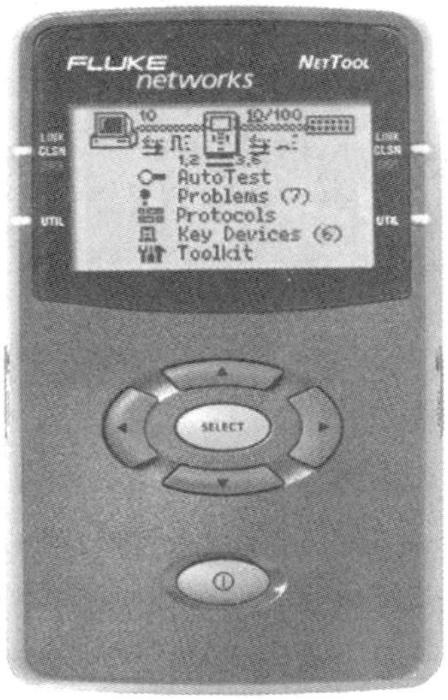

图 10-14　FLUKE 公司生产的 NetTools

标准型 NetTools 只能工作在单端模式下（即只能同时测试一个网络端口）。此模式可快速验证网络接口或网络设备是否处于工作状态，确定其速率、双工配置、网络健康状况及网络的连接状况等。如果在购买标准型 NetTools 后再购买一个附件，便可将标准型 NetTools 升级为在线型 NetTools，用户可将 NetTools 串接到一个物理链路中，从而测试出该链路的网络流量。在线型 NetTools 同时具有标准型 NetTools 的所有功能。

10.3.4 时域反射计

时域反射计（TDR）是一种沿着电缆发送类似声呐的脉冲，以确定电缆中是否存在断点、短路或者缺陷的设备，如图 10-15 所示。如果 TDR 发现了问题，就会对问题进行分析，并显示出分析的结果，这在对现有网络进行检查和维护时是非常有帮助的。

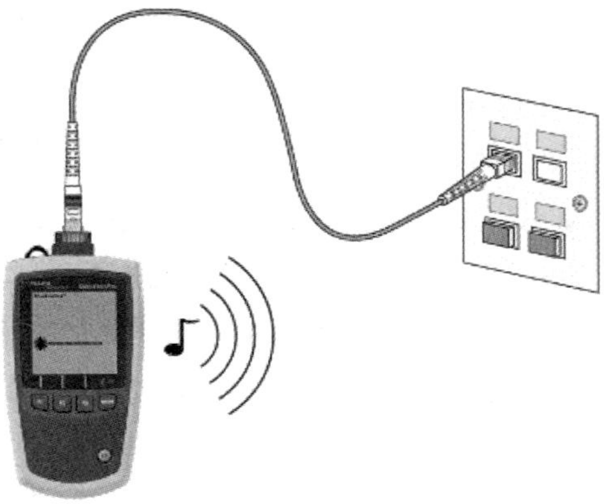

图 10-15　时域反射计

TDR 在安装网络时使用比较繁琐，使用 TDR 要经过专门的训练，并且并不是每个维护部门都有这种设备。但是，网络管理员应该知道 TDR 的功能，在网络出现介质问题时，可以用它来发现问题。

10.3.5　数字式电缆分析仪

如图 10-16 所示的 DSP-4300 是 FLUKE DSP-4000 系列高精度数字式电缆分析仪的最新产品，可提供 5 类、超 5 类及 6 类线测试所要求的 TIA Ⅲ级精度。配合 DSP 光缆测试适配器，DSP-4300 可进行单模、千兆和多模光缆布线系统的测试；具有 350MHz 的高带宽测试能力，并可保证对同一条电缆多次测试的准确性；包含永久链路接口适配器，从而使双绞线布线现场测试符合标准要求。

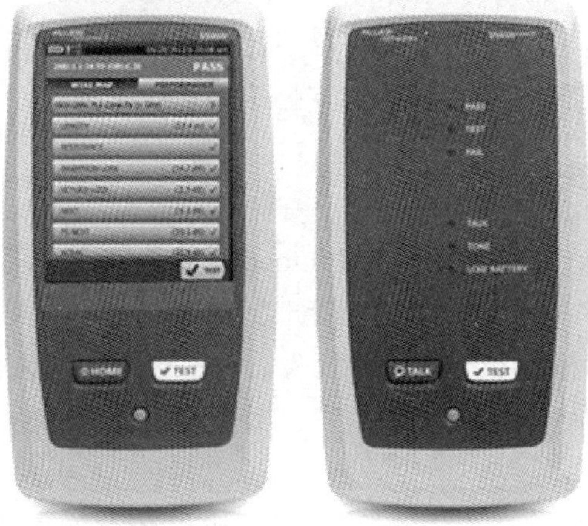

图 10-16　FLUKE DSP-4300 数字式电缆分析仪

10.4　网络安全监控

网络运行中会发生很多突发情况，需要对网络设备进行监控，这有利于管理员使用各种类型的数据来检测、验证和遏制漏洞攻击等。网络运行监控主要使用的技术措施是配置系统日志（Syslog）、网络时间协议（NTP）、简单网络管理协议（SNMP）及 NetFlow 等。

10.4.1　系统日志

日志记录是发现网络事件和执行排错的一项重要工具。正确的日志记录，能够反应多台设备事件之间的关联，是建立安全网络的重要一环。如果没有合适的时间戳，系统日志消息就无法在排除故障中发挥作用。

日志信息通常是指 IOS 中系统产生的报警信息，其中每一条信息都分配了一个警告级别，并携带一些说明问题或事件严重性的描述信息，如图 10-17 所示。默认情况下，IOS 只发送日志信息到 Console 口，但是日志信息发送到 Console 口并不方便存储、管理，因此更多情况下是将日志发送至 Logging buffer、Logging file、Syslog server 或 SNMP 管理终端上。

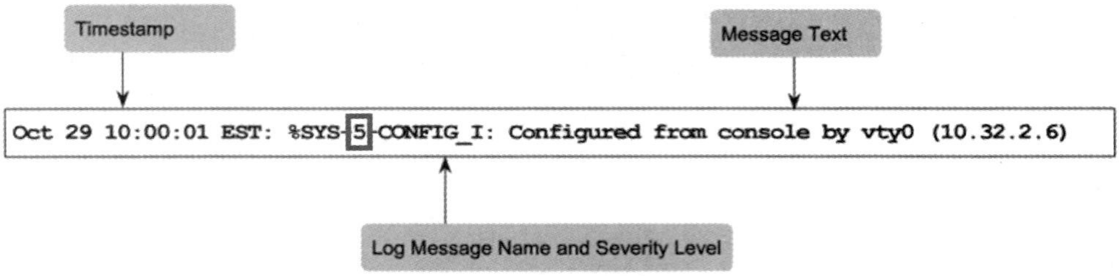

图 10-17 日志信息格式

10.4.2 网络时间协议

时间是一个非常重要的元素，使用 NTP 来同步时间，使产生信息和时间戳的事件能够相互建立关联，如果没有合适的时间戳，系统日志消息就无法在排除故障中发挥作用。NTP 使用权威时间源的层次结构，使网络上的设备之间可以共享时间信息，并且共享一致时间信息的设备消息可以提交到系统日志服务器上，NTP 通常侦听在 UDP 的 123 端口。

10.4.3 简单网络管理协议

SNMP（Simple Network Management Protocol，简单网络管理协议）的前身是简单网关监控协议（SGMP），用来对通信线路进行管理。SNMP 由一组网络管理的标准组成，包含一个应用层协议、数据库模型和一组资料物件，该协议用以监测连接到网络上的设备是否有任何引起管理上关注的情况。SNMP 是广泛用作网络管理的协议，直到第 3 版都还没有真正的安全选项。

SNMPv2 认证是由简单的文本字符串组成的，并且在设备之间以明文且未加密的形式进行通信。Read-Only（只读）字符串能满足多数案例的需求。要想以安全的方式使用 SNMP，就要使用 SNMPv3 和加密密码，并使用 ACL 来限制可信工作站和可信子网，执行如下命令：

```
R1(config)#snmp-server community crnet@aia!nf0 RW 10
R1(config)#snmp-server community bjcrnet RO 10
//设置 SNMP 只读或读写串口令，10 为 Access-list 号
R1(config)#access-list 10 permit 210.82.8.65 0.0.0.0
R1(config)#access-list 10 permit 210.82.8.69 0.0.0.0
//只让 210.82.8.65 和 210.82.8.69 两台主机可以通过 SNMP 采集路由器数据
```

10.4.4 NetFlow

NetFlow 是思科开发的一种协议，为 IP 应用提供高效的一系列重要服务，包括网络流量统计、基于利用率的网络账单、网络规划、安全、拒绝服务监控功能和网络监控，可提供有关网络用户、应用程序、高峰使用时间以及流量路由的重要信息。

NetFlow 不像完整的数据包捕获一样捕获数据包的全部内容，而是记录有关数据包流的信息。例如，在 Wireshark 中可以查看完整的数据包捕获，而 NetFlow 收集元数据或有关流的数据，而不是数据流本身，将高速缓存中的流量进行归纳总结，以图形化更为直观的方式在管理终端上显示出来。

10.4.5 使用 SNMP 管理网络设备

使用 SNMP 管理网络设备

SNMP 将不同种类的设备、不同厂家生产的设备、不同型号的设备，定义为一个统一

的接口和协议，使得管理员可以使用统一的界面对这些需要管理的网络设备进行管理。通过网络，管理员可以管理位于不同物理空间的设备，从而大大提高网络管理的效率，简化网络管理员的工作。

本节主要介绍 SNMP 的操作，采用如图 10-18 所示的网络拓扑结构，通过在路由器 R2 上配置读写权限的共同体命令，能够查询路由器接口 fa0/0 的 MAC 地址和关闭该接口。具体操作过程如下。

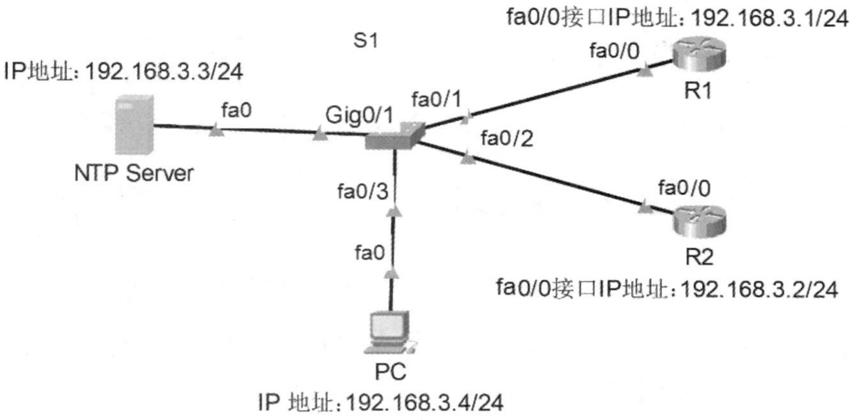

图 10-18　SNMP 配置网络拓扑结构

1. 配置读写共同体

执行如下命令：

```
R2(config)#snmp-server community cqcet rw    //在 R2 上配置读写共同体 cqcet
```

2. 配置终端管理程序

启动 PC 桌面下的 MIB Browser 程序，单击 Advanced 按钮，输入被管理设备的 IP 地址，读写权限共同体 cqcet，版本选 v3，单击 OK 按钮，如图 10-19 所示。

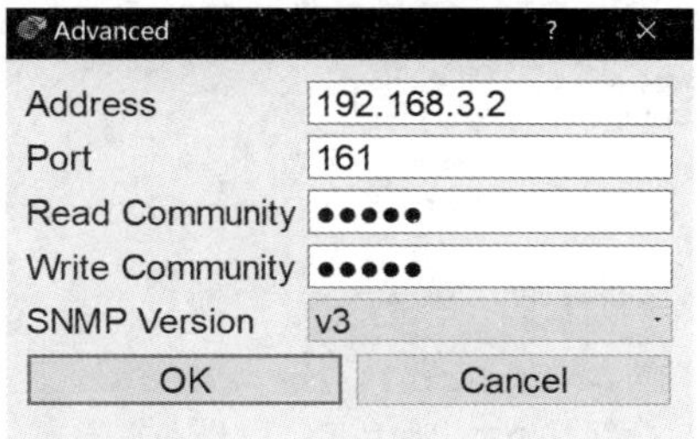

图 10-19　管理终端配置界面

3. 查询路由器接口的 MAC 地址

查询路由器 R2 接口 fa0/0 接口的 MAC 地址，在 SNMP MIBS 栏展开被管理对象节点，确定被管理对象，在 Operation 下拉菜单中选择 get 选项，单击 GO 按钮，在 Result Table 栏中出现路由器接口的 MAC 地址，路由器总共有三个接口：两个物理接口 fa0/0 和 fa0/1 和一个 VLAN1 接口，其中两个物理接口的 MAC 地址，可以通过路由器接口配置界面获得，如图 10-20 所示。

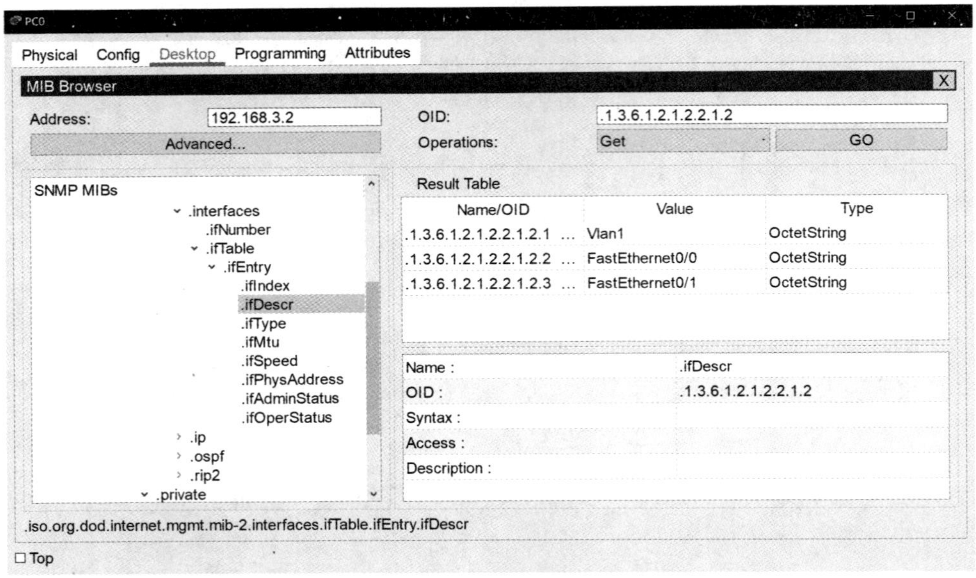

图 10-20　路由器接口 MAC 地址配置界面

可以看出：配置界面中 fa0/0 接口的 MAC 地址与通过 SNMP 查询得到的其中一个接口的 MAC 地址相同，查询该接口状态为 UP，如图 10-21 所示。

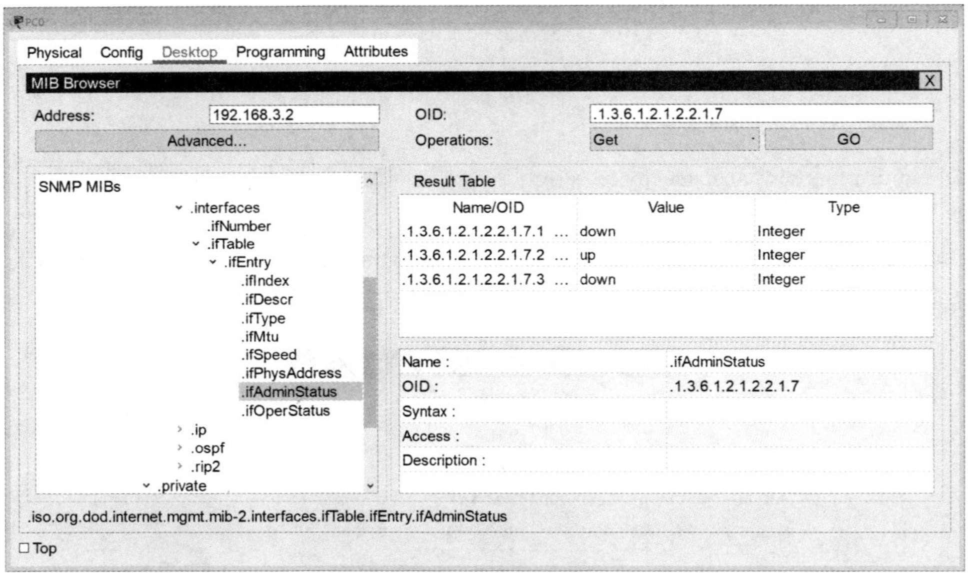

图 10-21　路由器接口状态查询

4. 关闭路由器接口

在 Operation 下拉菜单中选择 set 选项，单击 GO 按钮，弹出 SNMP Set 配置界面，在 OID 框中输入 fa0/0 接口对象对应的 OID，Data Type 选择为 Integer，Value 值填写为 2，表示关闭接口操作，然后单击 OK 按钮，如图 10-22 所示。

10.4.6 使用端口镜像来监控网络流量

使用端口镜像来监控网络流量

作为网络管理员，需要借助网络协议分析仪监控网络流量，从而完成故障排除或流量分析任务。

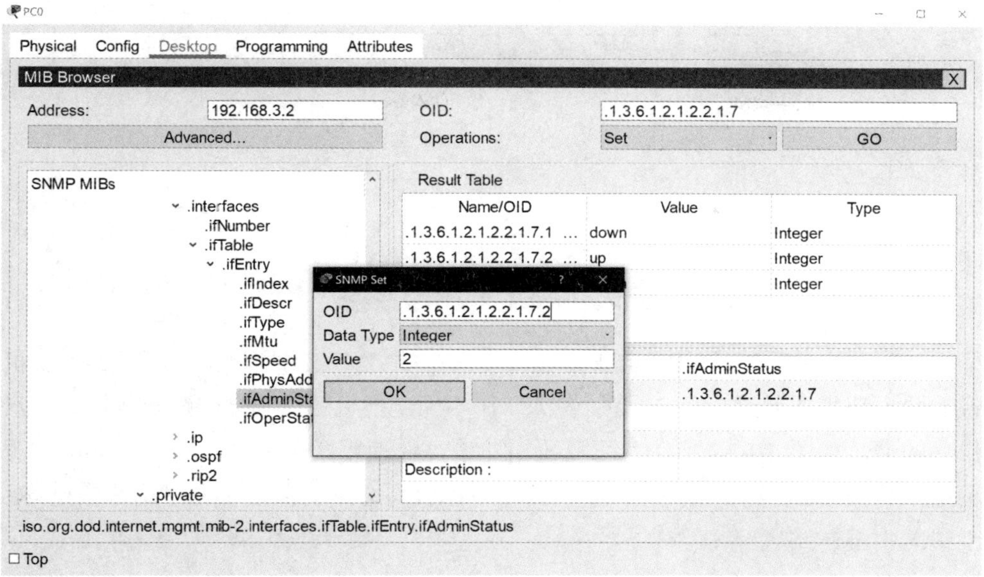

图 10-22　关闭路由器接口配置界面

1. 端口分析器的概念

交换机总是尽可能地将数据帧直接转发至目的地，除非目的 MAC 地址不明确，或是广播或组播 MAC 地址时，数据帧才会被交换机泛洪至 VLAN 内的所有交换机的端口，由此可见，并不能简单地把网络协议分析仪连接到交换机来监控感兴趣的数据流。

交换机能够使用端口分析器（SPAN）特性，把一个或多个端口/VLAN（镜像源）的数据流“镜像”（复制）到特定的目的端口，如图 10-23 所示。

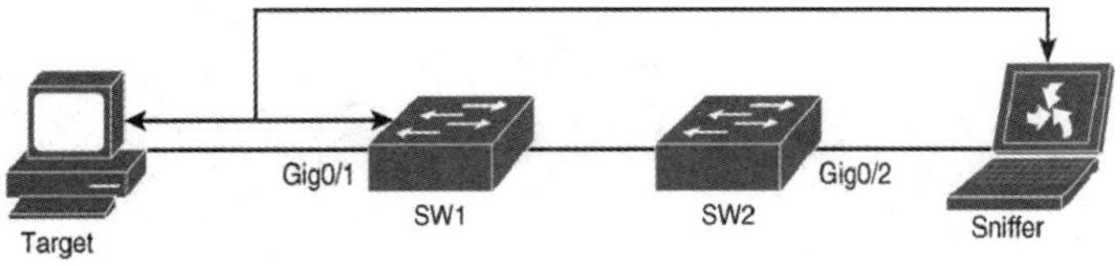

图 10-23　交换机端口分析器原理

当到达镜像端口或 VLAN 时，数据帧会被打上特殊的标记。这些标记代表着数据帧在转发给正常的目的端口时，应当同时复制一份给 SPAN 的目的端口，协议分析仪设备能够接收到 SPAN 镜像源发送或接收的数据帧的副本。

实施 SPAN 通常是为了向以下专用设备传输流量：

（1）数据包分析器：使用软件（如 Wireshark）捕获和分析流量，以便进行故障排除。

（2）入侵防御系统：侧重于流量安全，实施后可在发生网络攻击时检测网络攻击。

2. 端口分析器的分类

端口分析器分为本地 SPAN 和远程 SPAN（RSPAN）。

（1）本地 SPAN。当交换机上被监控端口（源端口）的流量（出、入均可）被镜像到该交换机上的另一个端口（目的端口）时，使用本地 SPAN，如图 10-24 所示。本地 SPAN 会话是源端口（或 VLAN）和目的端口之间的关联。配置 SPAN 时需考虑以下三个重要事项：

①目的端口不能是源端口，源端口也不能是目的端口。

②目的端口的数量取决于平台。

③目的端口不再是普通的交换机端口，仅被监控的流量会通过该端口。

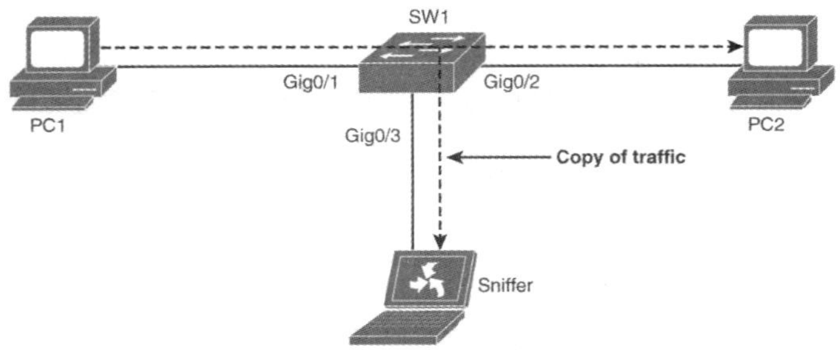

图 10-24　本地 SPAN 工作原理

（2）远程 SPAN（简称 RSPAN）。SPAN 的源端口和目的端口位于不同的交换机上。被镜像的数据流需要通过一个专用的 VLAN 在不同交换机的 Trunk 链路上传输，并最终到达镜像目的端，如图 10-25 所示。可以看出 RSPAN 使用两个会话：一个会话用作源，一个会话用于从 VLAN 复制或接收流量。每个 RSPAN 会话的流量都通过用户指定 RSPAN VLAN 中的中继链路进行传输。

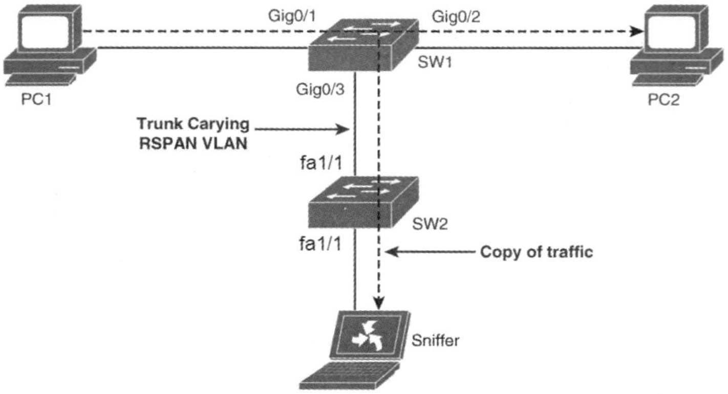

图 10-25　RSPAN 工作原理

3. SPAN 的配置实践

本案例使用如图 10-26 所示的网络拓扑图，图中的 PC1 连接到交换机 S1 的 fa0/10，位于 VLAN 10，Sniffer1 连接到 fa0/5，位于 VLAN 5，目的是捕获 PC1 通过端口 fa0/10 发送或接收的所有流量，并将这些帧的副本发送到端口 fa0/5 上的 Sniffer1，达到监控交换机 S1 端口上流量的目的，这种模式叫作本地交换端口分析器 SPAN。PC2 连接到交换机 S2 的 fa0/10，位于 VLAN 10，Sniffer2 连接到 fa0/1 位于 VLAN 10，目的是捕获 PC1 通过 S1 的端口 fa0/10 接收的所有流量，这种模式叫作远程交换端口分析器 RSPAN。另外，交换机 S1 与交换机 S2 之间因为复制太多的流量，因此其上配置了链路聚合。

（1）网络基本配置。

1）划分 VLAN。在交换机 S1 和 S2 创建 VLAN 10，将 fa0/10 接口划分到 VLAN 10 中。

2）配置链路聚合。在交换机 S1 上，执行 interface port-channel 5 命令创建聚合端口，执行 interface range fa0/15，fa0/24 命令选定端口，执行 channel-group 5 mode on 命令将指定端口加入聚合编口中，并指定聚合端口采用手动方式，然后选定聚合组号 5，再执行 switchport mode trunk 命令指定端口属性为 Trunk，执行 switchport trunk allowed vlan 1-10 命令指定 Trunk 链路上允许通过的 VLAN。在交换机 S2 上，执行相同的命令进行配置。

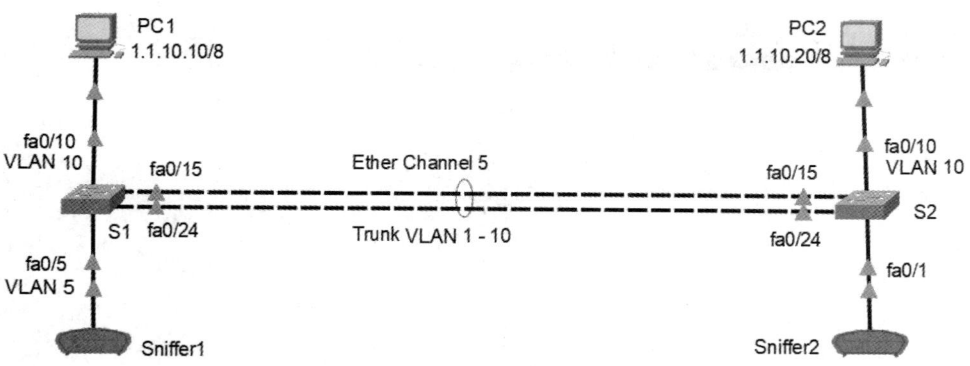

图 10-26 SPAN 配置网络拓扑图

3）验证聚合链路配置。在交换机 S1 和 S2 执行 show etherchannel summary 命令进行验证。

4）配置 PC1 和 PC2 主机的 IP 地址。它们在同一网段，因此无需网关。配置完 ip 地址后，在 PC1 的命令行界面中，执行 ping 1.1.10.20 命令，输出结果显示，PC1 与 PC2 之间的链路正常。

（2）配置本地 SPAN。

1）定义会话数据源。执行 monitor session 1 source interface fa0/10 命令，将 SPAN 会话与源端口 fa0/10 关联。

2）定义 SPAN 的镜像目的。执行 monitor session 1 destination interface fa0/5 命令，将 SPAN 会话与目的端口 fa0/5 关联。

3）验证本地 SPAN 配置。在 Sniffer1 的配置界面，打开 GUI 菜单，在弹出的窗口中，单击 Editor Filter，只选中 ICMP 协议。然后在 PC1 上 ping PC2 的 ip 地址。此时发现 Sniffer1 捕获到 8 个 ICMP 数据包。

（3）配置 RSPAN。

1）创建并定义 RSPAN VLAN。在交换机 S1 和 S2 上创建 VLAN 5，执行 remote-span 命令指定为 RSPAN VLAN。

2)在镜像源交换机 S1 上定义 RSPAN 的源和目的。执行 monitor session 3 source interface fa0/10 rx 命令，将 SPAN 会话与源端口 fa0/10 关联，只捕获接收流量，执行 monitor session 3 destination remote vlan 5 reflector-port fa0/6 命令，将 SPAN 会话与反射端口 fa0/6 关联，并将流量通过 VLAN 5 传输。

3）在镜像目的交换机 S2 上定义 RSPAN 的源和目的。执行 monitor session 5 source remote vlan 5 命令，将 SPAN 会话与源端口 VLAN 5 关联。执行 monitor session 5 destination interface fa0/1 命令，将 SPAN 会话与目的端口 fa0/1 关联。

4）验证 RSPAN 配置。按照 2）第 3）步使用的方法，先配置 Sniffer1，然后在 PC2 上 ping PC1 的 IP 地址。此时发现 Sniffer2 捕获到 8 个 ICMP 数据包，如图 10-27 所示。

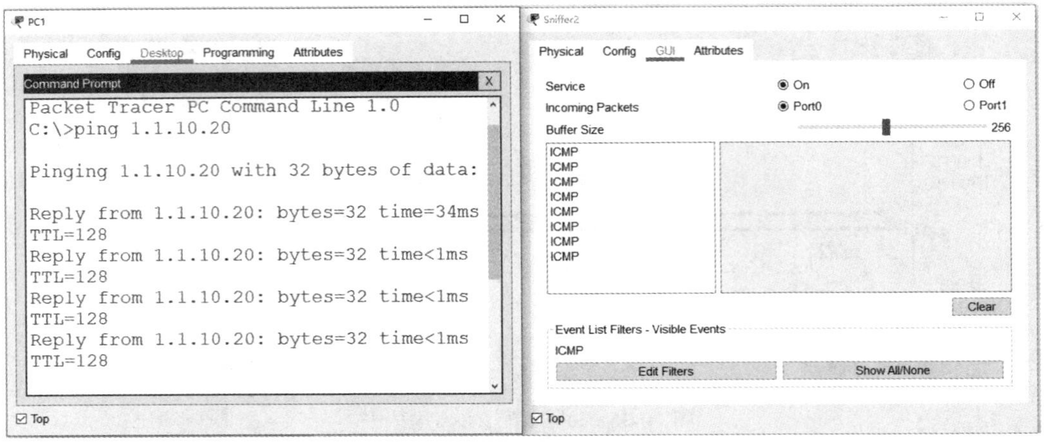

图 10-27 SPAN 配置结果验证

10.5 过关训练

10.5.1 知识储备检验

1. 填空题

（1）如果拥有一台相近的设备，采用________法可以帮助网络管理人员很好地解决问题。

（2）________是一种常用的网络维护方法，前提是网络管理员知道可能导致故障的因素，且有能够正常工作的其他设备可供替换。

（3）监视网络运行的主要措施有________、________和________。

2. 选择题

（1）（　　）能使用逐步逐层的方法解决问题。

A. 当你把问题分解为和 OSI 模型相关的层时

B. 当你使用试错法时

C. 当你必须在定义一个问题之前进行深入研究时

D. 当你从用户那里收集信息时

（2）在一台主机上用浏览器无法访问到域名为 www.pku.edu.cn 的网站，并且在这台主机上执行 ping 命令时有如下信息：

```
C:1>ping www.pku.edu.cn
Pinging www.pku.edu.cn [162.105.131.113] with 32 bytes of data:
Request timed out.
Request timed out.
Request timed out.
Request timed out.
Ping statistics for 162.105.131.113:
Packets: Sent=4, Received=0, Lost=4 (100% loss)
```

分析以上信息，可以排除的故障原因是（　　）。

A. 网络链路出现故障

B. 该计算机的浏览器工作不正常

C．服务器 www.pku.edu.cn 工作不正常

D．该计算机设置的 DNS 服务器工作不正常

（3）可以配置（　　）协议或服务来发送不请自来的消息，以警告网络管理员有关网络事件的信息，例如路由器上 CPU 使用率过高。

A．NetFlow　　B．系统日志

C．NTP　　D．SNMP

（4）关于 RSPAN VLAN 的描述正确的是（　　）。

A．RSPAN VLAN 可用于在交换机之间传输安全流量

B．源和目标交换机上的 RSPAN VLAN 必须相同

C．RSPAN VLAN 必须与本地 VLAN 相同

D．RSPAN VLAN 可用于网络交换机的远程管理

（5）（　　）描述了思科交换机中使用的 SPAN 工具的功能。

A．交换机将日志发送到 syslog 服务器的安全通道

B．它支持交换机上的 SNMP 陷阱操作

C．它提供了多个交换机之间 VLAN 之间的互连

D．它从一个交换机端口复制流量，并将其发送到连接监视设备的另一个交换机端口

（6）SNMP 的功能是（　　）。

A．在网络中的所有设备上同步时间

B．提供用于网络设备管理器和代理之间通信的消息格式

C．捕获进入和退出网络接口卡的数据包

D．提供对流经思科路由器或多层交换机的数据包的统计分析

（7）NetFlow 工具提供（　　）服务。

A．QoS 配置　　B．日志分析

C．访问列表监控　　D．网络监控

（8）（　　）用于自动同步路由器上的软件时钟。

A．SNMP 协议　　B．NTP

C．DHCP 服务器　　D．域名解析

（9）网络管理员可以使用（　　）来接收网络设备提供的系统消息。

A．NTP　　B．NetFlow

C．SNMP 协议　　D．系统日志

3．简答题

（1）结构化网络维护方法的好处是什么？

（2）使用分层模型排除故障的方法有哪些？

（3）列举常见的网络维护的硬件工具。

10.5.2　实践操作检验

请采用合适的分层模型故障排除方法解决如图 10-28 所示的网络拓扑结构中存在的问题：工作站 A 上的用户不能访问服务器 1 上的文件，而工作站 B 和工作站 C 能够访问服务器 1 上的文件。

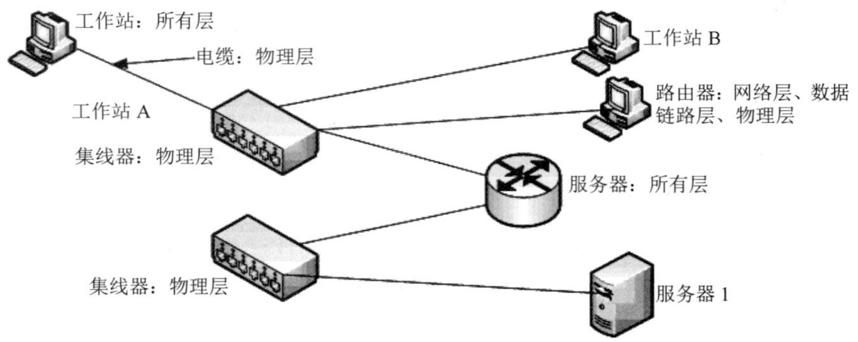

图 10-28　分层模型网络故障排除方法案例用图

网络安全监控规划与部署

10.5.3　挑战性问题

如图 10-29 所示的网络拓扑结构，将路由器 R1 和路由器 R2 的日志信息记录到日志服务器上；为了确保记录信息的有序，网络中部署了 NTP 服务器。日志信息和 NTP 服务的安全性主要由服务器自身来保障。在时间同步过程中，R1 和 R2 与 NTP 服务之间交互的信息，通过协议认证来加强。另外，在网络中的 R1 上部署了 NetFlow，将 R1 的 fa0/0 接口下的流量（ICMP、Telnet）统计到报告系统，并用流量分析器进行监控。

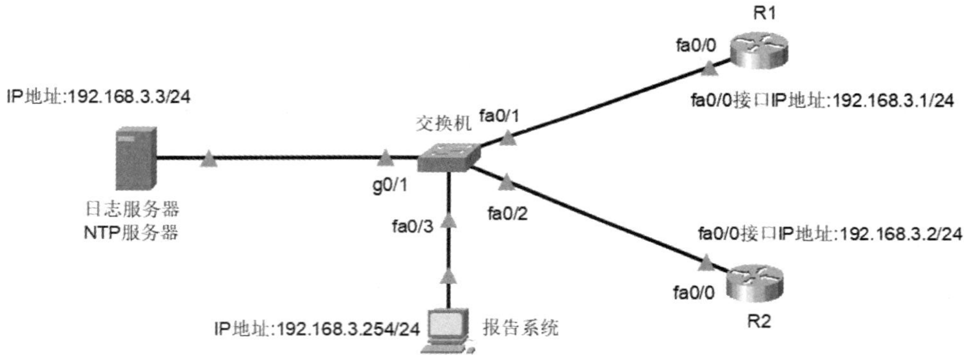

图 10-29　网络安全监控规划与部署拓扑结构

参考文献

[1] 唐继勇，林婧，武春岭，等. 计算机网络基础[M]. 北京：中国水利水电出版社，2010.

[2] 唐继勇，刘明. 局域网组建技术教程[M]. 北京：中国水利水电出版社，2011.

[3] 唐继勇，张选波. 无线网络组建项目教程[M]. 北京：中国水利水电出版社，2010.

[4] 张选波. 企业网络构建与安全管理项目教程（上册）[M]. 北京：机械工业出版社，2012.

[5] 张选波. 企业网络构建与安全管理项目教程（下册）[M]. 北京：机械工业出版社，2012.

[6] 谭亮，何绍华. 构建中小型企业网络[M]. 北京：电子工业出版社，2012.

[7] 梁广民，王隆杰. CCNP（路由技术）实验指南[M]. 北京：电子工业出版社，2012.

[8] 梁广民，王隆杰. CCNP（交换技术）实验指南[M]. 北京：电子工业出版社，2012.

[9] 丁喜纲. 网络安全管理技术项目化教程[M]. 北京：北京大学出版社，2012.

[10] 卓伟，李俊锋，李占波. 网络工程实用教程[M]. 北京：机械工业出版社，2013.

[11] 刘彦舫，褚建立. 网络工程方案设计与实施[M]. 北京：中国铁道出版社，2011.

[12] 陈国浪. 网络工程[M]. 北京：电子工业出版社，2011.

[13] 易建勋，姜腊林，史长琼. 计算机网络设计. 2版[M]. 北京：人民邮电出版社，2011.

[14] 黎连业，黎萍，王华，等. 计算机网络系统集成技术基础与解决方案[M]. 北京：机械工业出版社，2013.

[15] 刘晓晓. 网络系统集成[M]. 北京：清华大学出版社，2012.

[16] 秦智. 网络系统集成[M]. 北京：北京邮电大学出版社，2010.

[17] 斯桃枝，李战国. 计算机网络系统集成[M]. 北京：北京大学出版社，2010.

[18] 杨威. 网络工程设计与系统集成[M]. 2版. 北京：人民邮电出版社，2010.